高等教育规划教材

软件工程实用教程

周元哲　编著

机 械 工 业 出 版 社

本书较为全面、系统地讲述了当前软件工程领域的理论和实践知识，涉及了最新的软件工程理论、标准、技术和工具，展望了软件工程的发展趋势。

本书内容包括软件工程学概述、软件可行性与项目计划、软件需求分析、软件设计、编程、测试、软件项目验收与维护、软件项目管理、软件过程、面向对象开发与 UML、软件工具与开发环境、文档、软件工程进展、软件工程案例和软件工程实验指导。

本书适合作为高等院校软件工程相关专业的教材或教学参考书，也可供计算机应用开发人员参考或用作全国软件技术资格与水平考试的培训资料。

本书配有授课电子课件，需要的教师可登录 www.cmpedu.com 免费注册，审核通过后下载，或联系编辑索取（QQ：2966938356，电话：010-88379739）。

图书在版编目（CIP）数据

软件工程实用教程 / 周元哲编著. —北京：机械工业出版社，2015.3
高等教育规划教材
ISBN 978-7-111-50887-8

Ⅰ. ①软… Ⅱ. ①周… Ⅲ. ①软件工程－高等学校－教材
Ⅳ. ①TP311.5

中国版本图书馆 CIP 数据核字（2015）第 162655 号

机械工业出版社（北京市百万庄大街 22 号 邮政编码 100037）
策划编辑：郝建伟 责任编辑：郝建伟
责任校对：张艳霞 责任印制：刘 岚

涿州市京南印刷厂印刷

2015 年 8 月第 1 版 · 第 1 次印刷
184mm×260mm · 13.75 印张 · 339 千字
0001－3000 册
标准书号：ISBN 978-7-111-50887-8
定价：36.00 元

凡购本书，如有缺页、倒页、脱页，由本社发行部调换

电话服务
服务咨询热线：（010）88379833
读者购书热线：（010）88379649

网络服务
机 工 官 网：www.cmpbook.com
机 工 官 博：weibo.com/cmp1952
教育服务网：www.cmpedu.com
金 书 网：www.golden-book.com

出版说明

当前，我国正处在加快转变经济发展方式、推动产业转型升级的关键时期。为经济转型升级提供高层次人才，是高等院校最重要的历史使命和战略任务之一。高等教育要培养基础性、学术型人才，但更重要的是加大力度培养多规格、多样化的应用型、复合型人才。

为顺应高等教育迅猛发展的趋势，配合高等院校的教学改革，满足高质量高校教材的迫切需求，机械工业出版社邀请了全国多所高等院校的专家、一线教师及教务部门，通过充分的调研和讨论，针对相关课程的特点，总结教学中的实践经验，组织出版了这套“高等教育规划教材”。

本套教材具有以下特点：

1）符合高等院校各专业人才的培养目标及课程体系的设置，注重培养学生的应用能力，加大案例篇幅或实训内容，强调知识、能力与素质的综合训练。

2）针对多数学生的学习特点，采用通俗易懂的方法讲解知识，逻辑性强、层次分明、叙述准确而精炼、图文并茂，使学生可以快速掌握，学以致用。

3）凝结一线骨干教师的课程改革和教学研究成果，融合先进的教学理念，在教学内容和方法上做出创新。

4）为了体现建设“立体化”精品教材的宗旨，本套教材为主干课程配备了电子教案、学习与上机指导、习题解答、源代码或源程序、教学大纲、课程设计和毕业设计指导等资源。

5）注重教材的实用性、通用性，适合各类高等院校、高等职业学校及相关院校的教学，也可作为各类培训班教材和自学用书。

欢迎教育界的专家和老师提出宝贵的意见和建议。衷心感谢广大教育工作者和读者的支持与帮助！

机械工业出版社

前　言

软件工程是本科计算机相关专业及信息管理与信息系统专业的主干课程，也是电子信息工程专业的选修课程。它是一门理论与实践紧密联系的课程，直接关系到学生的理论分析能力和综合动手能力的培养。本书简要介绍软件开发生命周期的各个阶段的理论内容，重点介绍每阶段所需完成的图表以及如何采用相关的软件工具完成这些图表。

软件工程理论繁杂，让学生在实践中学习理论知识，并用理论知识指导实践是本书的写作目的。本书培养学生按照软件工程的原理、方法、技术、标准和规范进行软件开发的能力，培养学生的合作意识和团队精神，从而提高学生软件开发的综合能力。

本书内容精练、文字简洁、结构合理、综合性强，明确定位面向初、中级读者，由“入门”起步，侧重“提高”。特别适合作为高等院校相关专业软件工程课程的教材或教学参考书，也可供计算机应用开发人员参考。

本书内容包括软件工程学概述、软件可行性与项目计划、软件需求分析、软件设计、编程、测试、软件项目验收与维护、软件项目管理、软件过程、面向对象开发与UML、软件工具和开发环境、文档、软件工程新进展、软件工程案例和软件工程实验指导。

西安电子科技大学计算机学院鱼滨教授对本书的编写给予了大力的支持并提出了指导性意见。西安邮电大学计算机学院刘海、浙江大学城市学院周苏教授对本教材的大纲、写作风格等提出了很多宝贵意见。

本书在写作过程中参阅了大量中外专著、教材、论文、报告及网上资料，由于篇幅所限，未能一一列出。在此，向各位作者表示敬意和衷心的感谢。

由于作者水平有限，时间紧迫，本书难免有不足之处，诚恳期待读者的批评指正，以使本书日臻完善。

目 录

出版说明
前言
第 1 章 软件工程学概述……1
1.1 软件……1
1.1.1 软件发展历史……1
1.1.2 软件特点……1
1.1.3 软件分类……3
1.2 软件危机……3
1.2.1 软件缺陷案例……3
1.2.2 软件危机产生原因……4
1.3 软件工程研究范畴……5
1.3.1 软件开发方法……5
1.3.2 软件开发工具……6
1.3.3 软件开发过程……7
1.4 软件开发模型……8
1.4.1 瀑布模型……8
1.4.2 原型模型……10
1.4.3 增量模型……10
1.4.4 螺旋模型……11
1.4.5 喷泉模型……12
1.5 软件工程基本原理……13
1.6 软件产业……14
1.6.1 国内外软件产业的现状……14
1.6.2 对软件人才的要求……14
小结……15
习题……15
第 2 章 软件可行性与项目计划……16
2.1 可行性研究目的……16
2.2 可行性研究内容……16
2.2.1 分析现有系统……16
2.2.2 技术可行性……16
2.2.3 经济可行性……17
2.2.4 其他可行性……17
2.3 可行性研究步骤……18
2.4 项目计划……19
2.4.1 项目计划作用……19
2.4.2 项目计划种类……19
2.4.3 项目计划内容……20
2.4.4 项目计划目的……21
小结……21
习题……22
第 3 章 软件需求分析……23
3.1 需求分析内容……23
3.2 需求分析困难……24
3.3 需求分析步骤……24
3.4 相关图表……25
3.4.1 实体关系图……26
3.4.2 数据流图……27
3.4.3 数据字典……29
3.4.4 状态转换图……30
3.4.5 层次方框图……30
3.4.6 加工逻辑工具……31
小结……32
习题……32
第 4 章 软件设计……33
4.1 软件设计概述……33
4.1.1 数据结构设计……33
4.1.2 接口设计……34
4.1.3 过程设计……34
4.2 软件设计的基本原理……34

4.2.1 模块化设计……34
4.2.2 耦合性和内聚性……35
4.2.3 改进软件结构的指导原则……37
4.3 两种设计方法……38
4.3.1 面向数据流设计方法……38
4.3.2 面向数据结构设计方法……39
4.4 软件体系结构……41
4.4.1 二层模式——C/S 体系结构……41
4.4.2 三层模式——MVC 模式……42
4.5 人机界面设计……43
4.5.1 用户特性……43
4.5.2 人机界面设计原则……44
4.5.3 人机界面设计四个问题……46
4.6 相关图表……47
4.6.1 程序流程图……47
4.6.2 N-S 图……48
小结……49
习题……50
第 5 章 编程……51
5.1 编程语言……51
5.1.1 程序设计语言历史……51
5.1.2 结构化程序设计……52
5.1.3 选择语言的标准……53
5.2 高级程序设计语言……54
5.2.1 面向过程程序设计语言……54
5.2.2 面向对象程序设计语言……55
5.2.3 面向过程与面向对象的区别……57
5.3 编码规范……59
5.3.1 编码风格……59
5.3.2 程序效率……60
5.4 程序调试……63
5.4.1 调试策略……63
5.4.2 三种调试工具……63
小结……65
习题……65
第 6 章 测试……67
6.1 测试历史演变……67
6.2 测试目的和原则……67
6.3 测试模型……68
6.3.1 V 模型……69
6.3.2 W 模型……69
6.3.3 H 模型……70
6.3.4 X 模型……70
6.4 测试用例……71
6.5 测试方法……71
6.5.1 白盒测试……71
6.5.2 黑盒测试……74
6.6 测试生命周期……81
6.6.1 测试计划……81
6.6.2 测试分析……81
6.6.3 测试设计……82
6.6.4 测试执行……82
6.6.5 评估测试……87
6.7 自动测试技术……88
6.7.1 自动化测试适用场合……88
6.7.2 测试工具原理……88
小结……89
习题……90
第 7 章 软件项目验收与维护……92
7.1 软件项目验收……92
7.1.1 项目结束……92
7.1.2 项目验收过程……92
7.1.3 项目移交与清算……93
7.1.4 项目评价……94
7.2 软件维护……95
7.2.1 软件维护种类……95
7.2.2 软件维护过程……96
7.2.3 软件维护副作用……98
7.2.4 软件可维护性……98
小结……98
习题……99

第 8 章 软件项目管理 100
8.1 项目管理与软件质量 100
8.1.1 项目管理 100
8.1.2 软件质量 101
8.1.3 软件测试与质量保证 103
8.2 成本管理 103
8.2.1 代码行法 104
8.2.2 功能点法 104
8.2.3 构造型成本模型法 106
8.3 进度管理 107
8.3.1 图示方法 107
8.3.2 活动历时估计 108
8.4 人力资源管理 110
8.4.1 项目人员角色 110
8.4.2 项目组织结构 110
8.5 风险管理 112
8.5.1 风险类型 112
8.5.2 风险管理主要活动 113
8.6 配置管理 114
8.6.1 相关概念 114
8.6.2 配置管理流程 115
小结 116
习题 117
第 9 章 软件过程 118
9.1 过程改进 118
9.2 ISO 9000 系列 118
9.2.1 ISO 9000-3 介绍 119
9.2.2 ISO/IEC 9126 标准 120
9.3 CMM/PSP/TSP 120
9.3.1 软件能力成熟度模型 120
9.3.2 个体软件过程 122
9.3.3 群组软件过程 123
9.4 ISO/IEC 15504 过程评估 124
9.5 其他软件过程 125
9.5.1 Rational 统一过程 126
9.5.2 敏捷过程 129
9.5.3 微软解决方案框架 130
小结 132
习题 133
第 10 章 面向对象开发与 UML 134
10.1 面向对象开发过程 134
10.1.1 面向对象分析 134
10.1.2 面向对象设计 134
10.1.3 面向对象实现 135
10.2 统一建模语言 137
10.2.1 UML 简介 137
10.2.2 UML 模型图概述 138
10.2.3 用例图、时序图、状态图举例说明 138
10.3 UML 在三种模型中的应用 140
10.3.1 对象模型 140
10.3.2 动态模型 144
10.3.3 功能模型 148
小结 149
习题 149
第 11 章 软件工具与开发环境 151
11.1 软件工具与开发环境 151
11.2 软件工具分类 151
11.3 通用项目管理工具 152
11.4 分析与设计工具 153
11.4.1 Project 153
11.4.2 GanttProject 155
11.4.3 Excel 156
11.4.4 Visio 156
11.4.5 PowerDesigner 156
11.5 软件测试工具 158
11.5.1 测试管理软件 TestDirector 158
11.5.2 功能测试工具 WinRunner 158
11.5.3 性能测试工具 LoadRunner 158
11.5.4 单元测试工具 JUnit 158

11.6 缺陷跟踪工具……163
11.6.1 Rational ClearQuest……164
11.6.2 JIRA……164
11.6.3 Bugzilla……165
11.7 软件配置工具……165
11.7.1 Subversion（SVN）……165
11.7.2 VSS……165
11.7.3 ClearCase……166
11.7.4 CVS……166
11.8 UML 工具……166
11.8.1 Rational Rose……166
11.8.2 ArgoUML……167
小结……169
习题……169
第 12 章 文档……170
12.1 文档作用……170
12.2 文档编制原则……170
12.3 文档分类……171
12.3.1 可行性研究报告……172
12.3.2 项目开发计划……172
12.3.3 软件需求说明书……172
12.3.4 概要设计说明书……173
12.3.5 详细设计说明书……173
12.3.6 测试计划……174
12.3.7 测试分析报告……174
12.3.8 用户手册……174
12.3.9 项目开发总结报告……174
小结……174
习题……174
第 13 章 软件工程进展……175
13.1 软件外包……175
13.1.1 外包分类……175
13.1.2 外包项目监理……176
13.2 开源软件……176
13.2.1 开源软件文档……177
13.2.2 开源软件协议……177
13.2.3 开源软件简介……178
13.3 净室软件工程……180
13.3.1 净室软件工程历史……180
13.3.2 净室软件工程内容……180
13.4 软件再工程……182
13.4.1 设计恢复……182
13.4.2 逆向工程……182
13.4.3 正向工程……183
13.4.4 重构……183
13.5 软件复用……183
13.5.1 软件复用分类……184
13.5.2 软件复用技术……184
13.6 面向方面的编程……185
13.6.1 AOP 概述……185
13.6.2 AOP 术语……186
13.6.3 AOP 语言……187
13.6.4 AOP 研究方向……187
13.7 多 Agent 软件体系结构……187
13.7.1 Agent 概述……187
13.7.2 面向对象与面向代理……188
13.7.3 MAS 系统……189
13.7.4 MAS 优点……189
13.8 网格动态体系结构……190
13.8.1 基本概念……190
13.8.2 网格的定义……190
13.8.3 网格的技术特征……191
13.8.4 网格的体系结构……191
小结……193
习题……193
第 14 章 软件工程案例……194
14.1 面向过程开发案例——学生宿舍管理系统……194
14.1.1 需求分析……195
14.1.2 软件设计……199
14.1.3 系统实现……201
14.2 面向对象开发案例——广告管理系统……202

14.2.1 需求分析……202
14.2.2 软件设计……202
14.2.3 系统实现……205
小结……205
习题……205
第 15 章 软件工程实验指导……206
15.1 实验内容……206
15.1.1 实验目的……206
15.1.2 实验要求……206
15.1.3 实验组织形式……206
15.2 实验题目……207
15.2.1 工资管理系统需求……207
15.2.2 学校课程安排系统需求……207
15.2.3 学校教材订购系统需求……208
15.2.4 实验室设备管理系统需求……208
15.2.5 机票预订系统需求……209
小结……209
习题……209
参考文献……210

第 1 章　软件工程学概述

软件工程学主要研究如何以较小的代价获得高质量的软件。软件固有特点导致软件危机。而软件工程就是为了解决软件危机而产生的。本章就软件工程的内容，如软件开发方法、工具和开发过程进行了说明，介绍了几种软件开发过程模型，如瀑布模型、原型模型、增量模型和螺旋模型等，最后介绍了软件工程基本原理以及软件产业的发展情况。

1.1　软件

本节主要介绍软件的发展历史、软件的特点及软件的分类。

1.1.1　软件发展历史

自第一台计算机诞生以来，软件需求迅速增长。软件的发展演变大体上经历了程序、软件、软件产品等几个阶段，具体阶段如下所示。

1．程序设计时代（1946～1956 年）

在这一时期，软件的生产主要是依靠个体手工劳动的生产方式。程序设计者使用机器语言、汇编语言作为工具；开发程序的方法主要是追求编程技巧和程序运行效率。在程序设计中还没有注意其他辅助作用，因此所设计的程序难读、难懂、难修改。这个时期软件开发的特征是只有程序、程序设计概念，不重视程序设计方法。

2．程序系统时代（1956～1968 年）

随着计算机的应用领域不断扩大，软件的需求也不断增长，由于软件处理的问题域扩大而使程序变得复杂，设计者不得不由个体手工劳动转变成小集团合作，形成作坊式生产方式的小集团合作生产的程序系统时代。生产工具是高级语言。开发方法仍旧靠个人技巧。由于大的程序需要合作开发，在程序设计中开始提出结构化方法。

3．软件工程时代（1968 年至今）

北大西洋公约组织（NATO）在 1968 年举办了首次软件工程学术会议，讨论了软件危机的问题，并在会中提出“软件工程”术语，确定软件的生产方式采用工程的概念和方法进行开发。

1.1.2　软件特点

软件作为计算机系统中与硬件相互依存的一部分，具有以下内容。

1）在运行中能提供所希望的功能与性能的程序。

2）使程序能够正确运行的数据及其结构。

3）描述软件研制过程和方法所用的文档。

Frederick Brooks 在《没有银弹》（发表于 IFIP 第 10 届世界计算大会会议录）中总结了软件的以下特点：

1）软件是逻辑实体，而不是物理实体。软件可以记录在纸面上，保存在计算机的存储器中，也可以保留在磁盘、磁带等介质上，但无法看到软件的形态，它不具有空间的形体特征。

2）软件不会“磨损”，但会退化。一般情况下，有形的硬件产品在使用过程中总会磨损。在使用初期，往往磨损比较严重，而经过了一段时间进入到相对稳定期，随着元器件老化等原因，整个硬件最后寿命快要到了。硬件的磨损与时间之间的关系如图 1-1 所示，具有“浴缸曲线”的形状。

软件不是有形的产品，因此也就不存在所谓的“磨损”问题，软件的故障曲线与时间的关系如图 1-2 所示。在软件的运行初期，由于未知的错误会使程序有较高的故障率，然而当修正了这些错误并且没有引入新的错误后，软件将进入到平稳运行期。软件尽管不会“磨损”，但会退化，因为软件在其生命周期中会经历多次修改，每次修改都会引入新的错误，而对这些错误又要进行新的修改，使得软件的故障曲线呈现出锯齿形。

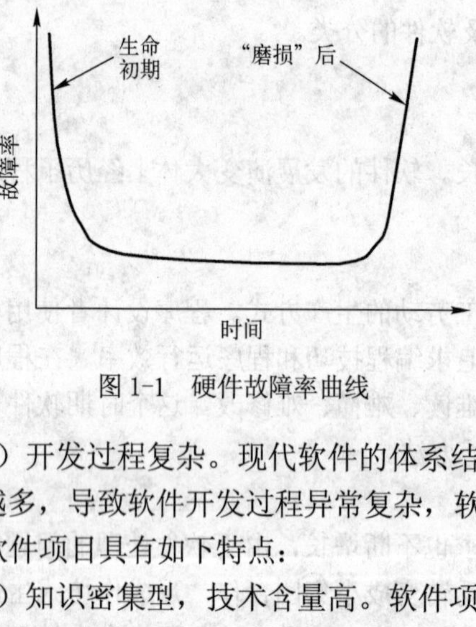

图 1-1　硬件故障率曲线

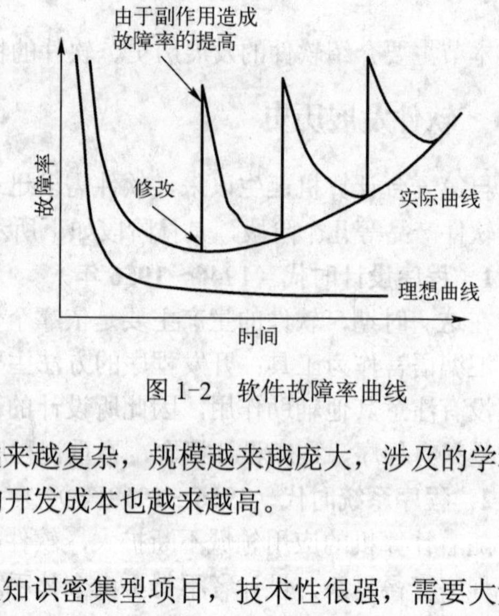

图 1-2　软件故障率曲线

3）开发过程复杂。现代软件的体系结构越来越复杂，规模越来越庞大，涉及的学科也越来越多，导致软件开发过程异常复杂，软件的开发成本也越来越高。

软件项目具有如下特点：

1）知识密集型，技术含量高。软件项目是知识密集型项目，技术性很强，需要大量高强度的脑力劳动。项目工作十分细致、复杂和容易出错。软件项目不需要使用大量的物质资源，而主要是使用人力资源，因此人员的因素极为重要，项目团队成员的结构、技能、责任心和团队精神对软件项目的成功与否有着决定性的影响。

2）涉及多个专业领域，多种技术综合应用。软件项目属于典型的跨学科合作项目，例如开发大型管理信息系统就需要项目成员具有行业的业务知识、数据库技术、程序设计技术和信息安全技术等多专业领域知识。

3）项目范围和目标的灵活性。随着项目的进展，客户需求可能会发生变化，从而导致项目范围和目标的变化。衡量软件是否成功的重要标准就是用户满意度，这个标准在软件开发前很难精确地、完整地表达出来。

4）风险大。由于技术的高度复杂性和需求等因素的不确定性，软件项目风险控制难度较大，项目的成功率较低。

5）客户化程度高。软件开发商往往要根据客户的具体要求提供独特的解决方案，即使有现成的解决方案，也通常需要进行一定的客户化工作。

6）过程管理的重要性。“质量产生于过程”，需要对整个项目过程进行严格和科学的管理，监控软件开发的中间结果。

软件项目管理强调阶段性和过程性，在实施项目管理的过程中，应该把项目划分为便于管理的一系列阶段，并在不同的阶段进行相应的项目管理活动。

1.1.3 软件分类

当今社会，软件应用渗透到社会的各行各业，从不同的角度对软件进行分类，如表 1-1 所示。

表 1-1 软件的分类

分类方法	对应类别	典型应用与特征
按功能分类	（1）系统软件	与计算机硬件的接口并为其他程序服务，如操作系统、驱动程序等
	（2）支撑软件	用于开发软件的工具性软件，如开发平台、数据库管理系统、种种工具软件等
	（3）应用软件	为解决某一领域而开发的软件，如商业软件、嵌入式软件、个人计算机软件、Web 软件、人工智能等
按版权分类	（1）商业软件	版权受法律保护、经授权方可使用且必须购买的软件
	（2）共享软件	与商业软件类似，但可以“先尝后买”，其获取途径主要是通过因特网
	（3）开源软件	无须支付许可证费用便可得到和使用的软件，发行渠道类似于共享软件
	（4）公有领域软件	没有版权，任何人均可以使用而且可以获得源代码的软件
按工作方式分类	（1）实时软件	用于即时处理实时发生的事件的软件，如控制、订票系统等
	（2）分时软件	多个联机用户同时使用计算机的软件
	（3）交互式软件	能够实现人机通信的软件
	（4）批处理软件	多个作业或多批数据一次运行，顺序处理的软件
按销售方式分类	（1）定制软件	受某个特定的客户委托，在合同的约束下而开发的软件
	（2）产品软件	由软件开发机构开发可以为众多用户服务的，并直接提供给市场的软件

1.2 软件危机

软件危机是指落后的软件生产方式无法满足迅速增长的计算机软件需求，从而导致软件开发与维护过程中出现系列严重问题的现象。本节介绍了软件危机的表现形式以及软件危机产生的原因等相关内容。

1.2.1 软件缺陷案例

1963 年，由于用 FORTRAN 程序设计语言编写的飞行控制软件中的循环语句 DO 5 I=1，3 误写为 DO 5 I=1.3，DO 语句少了一个逗号，导致美国首次金星探测飞行失败，造成价值约 1000 多万美元的损失。

1979 年，新西兰航空公司的一架客机因计算机控制的自动飞行系统发生故障而撞在阿尔卑斯山上，机上 257 名乘客全部遇难。

1983 年，美国科罗拉多河泛滥，但由于计算机对天气形势预测有误，水库未能及时泄洪，以致造成严重的经济损失和人员伤亡。

1992 年 10 月 26 日，伦敦救护中心的计算机辅助系统刚启动就崩溃，导致当时全世界最大的每天要接运五千多病人的救护机构全部瘫痪。

1994 年，美国迪斯尼公司的《狮子王》游戏软件由于与一部分用户操作系统不兼容，导致游戏崩溃。愤怒的家长们将迪斯尼告上了法庭，迪斯也因此蒙受了巨大的经济和名誉损失。

1996 年 6 月 4 日，耗资 80 亿美元的欧洲航空航天局发射的阿里亚娜 501 火箭，发射升空后爆炸。原因是主发动机打火顺序开始 37s 后，制导信息由于惯性制导系统的软件出现规格和设计错误而完全遗失。

2000 年，著名的“千年虫”问题。计算机早期的硬件资源珍贵，程序员为节约内存资源和硬盘空间，在存储日期数据时，只保留年份的后 2 位，如“1980”被存储为“80”。当 2000 年到来的时候，问题出现了。如银行存款的软件在计算利息时，本应该用日期“2000 年 1 月 1 日”减去当时存款的日期。但是，由于计算机无法分清“00”是指“2000”还是“1000”，结果用“1000 年 1 月 1 日”减去存款时的日期，存款年数就变为负数，导致存款者反要付给银行利息。

……

1.2.2 软件危机产生原因

软件危机是指在计算机软件的开发和维护过程中所遇到的一系列严重问题，主要是指如何开发软件，怎样满足对软件日益增长的需求，如何维护数量不断膨胀的现有软件。软件危机主要有如下表现形式。

1）对软件开发成本和进度的估计很不准确。由于缺乏软件开发经验和软件开发数据的积累，使得开发工作的计划很难制定。主观盲目制定的计划，执行起来和实际情况有很大差距，使得开发经费一再突破。由于对工作量和开发难度估计不足，进度计划无法按时完成，开发时间一再拖延。

2）开发的软件产品不能完全满足用户要求，用户对已完成的软件系统不满意的现象常常发生。有时，软件开发人员与用户未能就需求进行十分明确的认定，导致开发工作开始后，一些问题不能及时解决，致使开发的软件产品不能完全满足用户要求。

3）开发的软件可靠性差。由于在开发过程中，没有确保软件质量的体系和措施，在软件测试时，又没有严格的、充分的、完全的测试，导致提交给用户的软件质量可靠性较差。

4）软件通常没有适当的文档。开发过程无完整、规范的文档，发现问题后进行杂乱无章地修改，导致即使发现错误也难以更正。

5）软件的可维护性差。由于开发过程没有统一的、公认的规范，软件开发人员各行其是，导致程序的错误非常难以改正。

软件危机产生的具体原因如下所示。

1）用户对软件的需求描述不清楚，可能有遗漏、二义性，甚至在软件的开发过程中，用户还可能会提出修改软件功能、界面、支撑环境等方面的要求。

2）开发人员对需求理解与用户的本来愿望有差异，由于软件开发人员精通“技术”，而用户只熟悉相关“业务”，两者的交流不在一个平台上，这种差异必然导致软件产品与用户需求的不一致。

3）软件开发是团体的智力创造，软件项目需要组织一定的人力共同完成，各类人员的信息交流不及时，不准确，有时还会产生误解。

4）缺乏有力的方法学和工具方面的支持，过分依靠程序设计人员在软件开发过程中的技巧和创造性。

1.3 软件工程研究范畴

为了克服软件危机，1968 年在联邦德国召开的国际会议上提出了“软件工程”的概念。IEEE 对软件工程的定义如下：软件工程是将系统化的、严格约束的、可量化的方法应用于软件的开发、运行和维护，即将工程化应用于软件。软件工程是一门综合性的交叉学科，它涉及哲学、计算机科学、工程科学、管理科学、数学及应用领域知识。

软件工程研究的内容主要集中在软件的开发技术与管理两大方面。开发技术包括软件的开发模型、开发过程、开发方法、工具与环境等；管理技术包括人员组织、项目计划、标准与配置、成本估算、质量评价等。

为了提高软件生产力改善软件质量和降低软件成本，软件工程从“过程”“方法”和“工具”三方面进行控制。软件工程的层次结构如图 1-3 所示，“工具”可以对软件工程的过程与方法提供自动或半自动的支持。在适当的软件工具辅助下，开发人员可以既快又好地做好软件开发工作，这些工具被称为 CASE（计算机辅助软件工程）工具。“方法”提供了实现软件过程的技术，它涉及一系列的任务：需求分析、开发模型、设计、编码、测试和支持等。“过程”是指必须为软件开发流程规定一系列的关键过程域，以此作为软件项目管理控制的基础，通过人员组织管理、项目计划管理、质量管理等环节来保证软件开发按时保质保量地完成。

图 1-3　软件工程的层次

1.3.1 软件开发方法

软件开发方法就是指导研制软件的某种标准规程，指导人们“什么时候做什么以及怎么做”。由于软件研发过程毕竟是比较复杂的，软件方法通常规定了明确的工作步骤，具体的描述方式以及确定的标准。

1．明确的工作步骤

软件项目开发需要考虑和解决许多问题，必须将诸多问题安排好先后顺序，每一步集中精力解决一个问题。软件开发方法提供了处理问题的基本步骤，其中包括每一步的目的、产生的工作结果、需具备的条件以及要注意的问题等。

2．具体的描述方式

工程化生产必须强调文档化，也就是说每一个人必须将自己的工作结果以一定的书面形式记录下来，以保证软件开发人员之间有效的交流，也有利于维护工作的顺利进行。软件方法规定了描述软件产品的格式，这包括每一步应该产生什么文档、文档中记录些什么内容、采用哪些图形和符号等。

3．确定的评价标准

对于同一个问题，解决方案往往是不唯一的，应具体方案具体评价。

在长期的软件开发实践中，人们总结出如下几类常用的软件开发方法。

（1）SASD 方法

1978 年，E.Yourdon 和 L.L.Constantine 提出了结构化方法，即SASD方法，也可称为面向功能的软件开发方法或面向数据流的软件开发方法。作为 20 世纪 80 年代使用最广泛的软件开发方法，它首先采用结构化分析（SA）对软件进行需求分析，然后采用结构化设计（SD）方法进行设计，最后才进行结构化编程（SP）。

（2）面向对象的软件开发方法

面向对象技术是软件技术的一次革命，在软件开发史上具有里程碑的意义。面向对象的软件开发方法包括OOA（面向对象分析）、OOD（面向对象设计）和OOP（面向对象编程），它以对象建模为基础，用于描述系统的数据结构；用动态模型描述系统的控制结构；用功能模型描述系统的功能。在需求分析、可维护性和可靠性等软件开发的关键环节有所提高，从而较好地保证了软件的质量。

1.3.2 软件开发工具

软件开发工具是指能支持软件生存周期中某一阶段（如系统定义、需求分析、设计、编码、测试或维护等）的需要而使用的软件系统。在软件开发工具的基础上形成了软件开发环境。软件开发环境是面向软件整个生存周期，为支持各个阶段的需要，在基本硬件和宿主软件的基础上使用的一组软件系统。1985 年第八届国际软件工程会议提出的关于“软件开发环境”的定义是：“软件开发环境是相关的一组软件工具集合，它支持一定的软件开发方法或按照一定的软件开发模型组织而成。”软件开发工具和软件开发环境都是软件工程的重要支柱，对于提高软件生产力，改进软件质量以及适应计算机技术的迅速发展有着越来越大的作用。

通常，软件开发环境一般由环境数据库、接口软件和工具组等构成。

1）环境数据库。作为软件开发环境的核心，环境数据库是指被研制软件在其生存周期中所必须的信息和软件研制工具的有关信息等。在环境数据库中，可以分别标识的信息组称为对象，作为一组相关的版本而存在的一组对象称为版本组，把一个项目中各个不同的“对象组”组合起来，就可以构成各种不同的软件配置。

2）接口软件。接口软件包括系统与用户的接口、子系统和子系统之间的接口，开发环境要求所有的接口都具有统一调用方式。

3）工具组。软件方法和工具是软件开发的两大支柱，软件方法作为设计软件工具的基础，提出了明确的工作步骤和标准的文档格式，而软件工具的实现又将促进软件方法的推广和发展。

软件开发环境中的工具彼此有交互作用。工具组中的各个工具被设计成由一些基本功能成分组成。这些成分可以组合，供用户选用，并且可通过环境数据库进行通信。

1）语言工具。它一般提供编译（或解释）程序、连接装配程序、调试程序、静态及动态分析程序等一系列语言支撑工具。也有的系统支持非过程语言的运行。

2）质量保证工具。目前大量使用的仍是静态、动态测试技术以及各种形式的评审技术。与形式方法相联系的程序证明和验证技术已为许多专家所重视。

3）需求分析及设计工具。主要由文本编辑工具、图形工具及一致性检验工具等支持。

4）配置管理工具。对于不同用户或不同的硬件配置，一个系统往往需不同的软件配置；即使同一软件也有不同的版本；加上软件产品的修改需要进行严格的管理等原因，软件的配置管理已成为软件生产管理的重要课题。

1.3.3　软件开发过程

任何有生命的动物、植物与人都有一个生存周期，例如人的生存周期就是：胎儿——婴儿——幼儿——儿童——少年——青年——中年——老年——死亡。而没有生命的事物或实体如计算机、汽车等也有一个生存周期，这种生存周期实际上就是使用寿命。软件生存周期是指从提出软件产品开始，直到该软件产品被淘汰的全过程。软件生存周期要求软件的开发必须分阶段进行，前一个阶段任务的完成是下一个阶段任务的前提和基础，而后一个阶段通常是将前一个阶段提出的方案进一步具体化。每一个阶段的开始与结束都有严格的标准，在每一个阶段结束之前都要接受严格的技术与管理评审。

软件生存周期大体分为三个时期：软件定义、软件开发、软件支持，每个时期又可以分为若干个阶段，如表 1-2 所示。

表 1-2　软件周期

生存阶段	周期序号	周期名称	生存阶段	周期序号	周期名称
软件定义	1	问题定义 可行性分析	软件开发	6	测试
软件开发	2	需求分析		7	软件发布或 安装与验收
	3	概要设计	软件支持	8	软件使用
	4	详细设计		9	维护或退役
	5	编码			

1．软件定义阶段

软件项目或产品分为定制软件和非定制软件两种。定制软件是软件开发者与固定的客户签订软件开发合同，由软件公司负责该项目的开发；非定制软件则是由软件公司通过市场调研，并在人力、设备、风险抵御、资金与时间等方面都具备开发该产品的能力，从而决定立项开发。

软件定义作为软件生存周期的第一阶段，主要解决如下三个问题：

1）问题的定义。对于定制软件，首先要根据用户所提出的书面材料（设计要求或招标文件），研究用户的基本要求，确定需要解决的问题；而对于非定制软件则要研究软件的基本应用场合与功能、用户群等。通过对问题的研究应该得到关于软件的问题性质、工程目标与基本规模等。

2）可行性分析。可行性分析是为前一阶段提出的问题寻求一种到数种在技术上可行且在经济上有较高效益的解决方案，最主要的是对系统进行成本/效益分析。如果是定制软件，要决定是否能参加投标或竞争；如果是非定制软件，则要决定是否进行开发。

3）立项或签订合同。当进行了全面的可行性分析后，就可以立项或与用户签订正式的软件开发合同。

2．软件开发阶段

开发阶段一般经过四个步骤：需求分析、设计、编码与测试、安装与验收。

1）需求分析。分析用户对软件系统的全部需求，以确定软件必须具备哪些功能。

2）设计。设计包括概要设计与详细设计，概要设计确定程序的模块、结构及模块间的关系，而详细设计是针对单个模块的设计，以确定模块内的过程结构，形成若干个可编程的程序模块。

3）编码与测试。根据详细设计所形成的文档，采用某些编程语言将其转化为所要求的源程序，以实现功能，同时对程序进行调试和单元测试，以验证模块接口与详细设计文档的一致性。测试的任务是根据需求分析制定测试计划，将经过单元测试的模块逐步进行集成和测试，其目的是测试各模块连接的正确性、系统的输入/输出是否达到设计要求、系统的处理能力与承载能力。

4）安装与验收。当软件通过了测试后，就可以进入安装与验收阶段了。该阶段主要是对软件推向市场或为用户安装进行准备，如相关资料的准备、培训、软件的客户化或初始化等。软件安装完成后经过用户的验收合格即可正式移交用户使用。

3. 软件支持阶段

软件支持阶段是软件生存周期中的最后一个阶段也是最重要的阶段。它包括软件的使用、维护与退役三个阶段。软件只有通过使用才能充分发挥社会效益与经济效益，在使用过程中客户与维护人员必须认真收集被发现的软件错误，定期撰写“软件问题报告”和“软件修改报告”。

软件在使用过程中必须随着需求的变化、所发现的软件缺陷对软件进行必要的修改与维护。同时为了实现功能的扩充与完善，也是为了适应软件运行环境的变化，需要对软件进行维护或升级。软件的退役意味着软件生存周期的终止，从客户来说要停止使用该软件，从开发方来说也就不再对该软件产品进行任何技术支持。

1.4 软件开发模型

软件开发模型（Software Development Model）又称为软件生命周期模型，是指软件开发全部过程、活动和任务的结构框架。软件开发模型主要用于直观地表达软件开发全过程，明确规定软件过程中应完成的主要活动和任务。下面依次介绍瀑布模型、原型模型、增量模型和螺旋模型等经典软件开发过程模型。

1.4.1 瀑布模型

瀑布模型是 1970 年 由 W. Royce 首先提出的。顾名思义，瀑布模型认为软件开发过程如同“瀑布”一样，从上到下，不可逆转。瀑布模型把软件的生命周期分为定义时期、开发时期和支持时期，每个时期里又可划分为若干个阶段。如图 1-4 所示。

瀑布模型包括如下阶段。

1）可行性研究：作为计划时期的开始，主要是要弄清“用户要计算机解决什么问题”，从经济、技术等角度论证解决问题的方案是否可行，由此确定出工程规模和目标。然后再由系统分析员更准确地估算出系统的成本和效益。

2）需求分析：这个阶段的主要任务是确定系统必须具备哪些功能。并设计出由用户确认的系统逻辑模型，包括数据流图、数据字典和简要的数据描述。

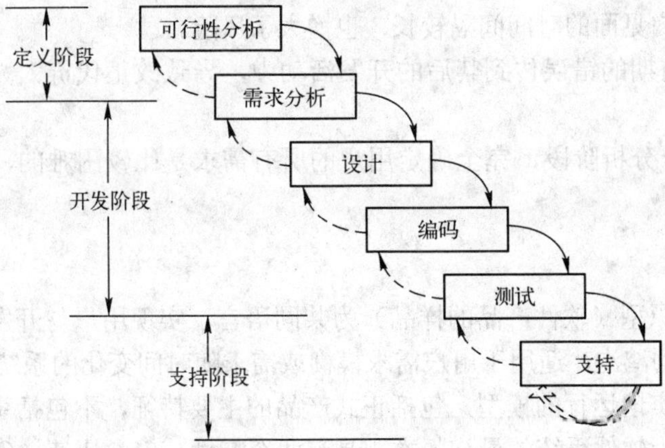

图 1-4　瀑布模型

3）设计：这个阶段一般分为概要设计和详细设计。其中，概要设计建立系统的总体结构，描绘由模块组成的“软件结构图”。详细设计细化“结构图”，给出模块实现算法，设计出详细的规格说明书。

4）编码：通过具体的计算机程序设计语言，把设计阶段所产生的各种图解和一些文字描述翻译成源程序。

5）测试：测试分为两部分，单元测试是对每个模块进行测试，其后将模块装配在一起进行集成测试等。

6）支持：这个时期的主要任务就是对软件进行维护，延长软件的使用寿命和提高软件效益。

瀑布模型提供了软件开发的基本框架，在软件工程中占有很重要的地位，主要具有以下几个特点：

（1）顺序性和依赖性

1）强调先后关系，即必须等到前一阶段的工作完成后，方能开始后一个阶段的工作。

2）强调依赖关系，即前一阶段的输出文档就是后一阶段的输入文档，因此只有前一阶段的输出文档正确，后一阶段的工作才有可能获得正确的结果。

（2）推迟实现的观点

瀑布模型的一个重要思想是区分逻辑设计与物理设计，在需求分析与设计阶段的基本任务是确定系统的逻辑模型，而不涉及软件的物理实现，应尽可能推迟程序的物理实现。

（3）质量保证的观点

1）每个阶段必须完成规定的文档，完整、准确、合格的文档不仅是软件开发时期各类人员的通信媒介，也是运行时期对软件进行维护的重要依据。

2）在每个阶段结束之前要对文档进行评审，尽早发现问题并进行改正，以保证软件质量，降低软件开发成本。

瀑布模型迫使开发人员采用规范的方法，严格规定每个阶段必须提交的文档，要求每个阶段交出的所有产品都必须经过质量保证小组的仔细验证等。但是，软件开发的实践表明，各项活动之间并非完全是自上而下且呈线性式的，因此瀑布模型存在如下三点缺陷。

1）由于开发模型呈线性，所以当开发成果尚未经过测试时，用户无法看到软件的效果。这样软件与用户见面的时间间隔较长，也增大了风险。

2）软件开发前期的错误传到其后的开发活动中，导致改正代价太大，甚至会造成整个软件项目开发失败。

3）在软件需求分析阶段，完全确定用户的所有需求是比较困难的，甚至可以说是不太可能的。

1.4.2 原型模型

快速原型法以原型（软件产品的样品）为共同语言，实现用户与开发者双向沟通，解决用户与开发者之间的鸿沟，适用于用户需求模糊或需求随时间变化的系统。

原型是一个可实地运行的模型，包括正式产品的主要特征，不包括系统的细节，例如异常处理等。原型作为软件系统的最初版本，具有两个特性：（1）快速；（2）容易修改。原型以最少的费用和最短的时间开发，用以反映软件的主要特征，用户可在使用原型系统的过程中进行评价，开发者根据用户的意见对原型加以改进，反复迭代，随着不断使用、评价和修改，将得到软件的最终产品。原型模型如图 1-5 所示。

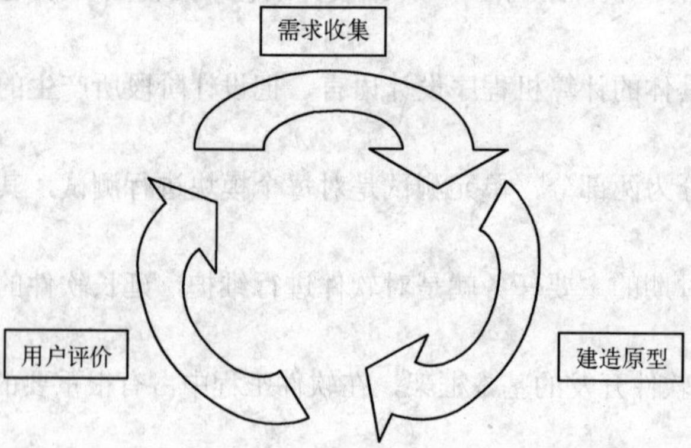

图 1-5　原型模型

1.4.3 增量模型

增量模型也称为渐增模型，如图 1-6 所示。它将软件分解为一系列小的构件，然后按一定顺序实现和向用户交付构件，每个要交付的构件应该给用户带来一些效益。

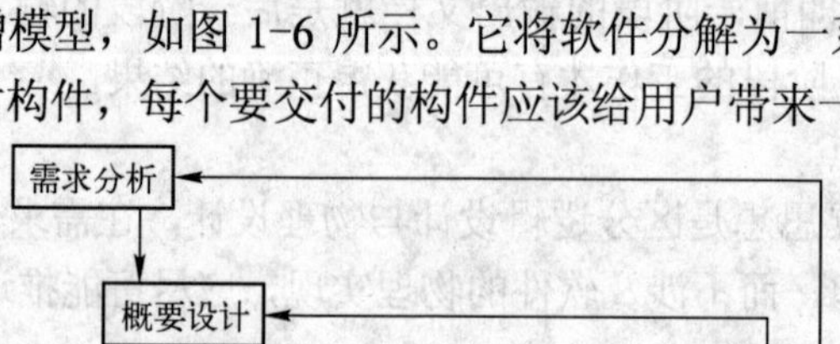

图 1-6　增量模型

在增量模型中，软件开发者通过需求分析和概要设计把软件产品分解为若干构件，每个构件可完成特定的功能，可称为一个“增量”。通过制定增量交付计划，确定按什么顺序开发和交付增量构件。每设计和实现一个增量，就把它交付给用户使用，并由用户进行评价，评价结果可以反馈给前面的各阶段，有利于改进这些阶段的工作。一些增量的开发工作可以适当并行执行。例如，在实现或评价第一个增量的同时就开始设计第二个增量，以提高软件开发的效率。

增量模型一般适用于规模较大，子系统较多的系统，作为瀑布模型和原型模型的结合，增量模型强调版本升级，强调较早地多次地改进开发。此外，用户可以较早地通过使用软件得到效益，开发者也可较早地得到一些投资回报，通过逐步交付产品功能可以使用户有较充裕的时间适应软件，减少软件对用户带来的冲击。

当然，增量模型也存在以下缺陷：

1）由于各个构件是逐渐并入已有的软件体系结构中的，所以加入构件必须不破坏已构造好的系统部分，这需要软件具备开放式的体系结构。

2）在开发过程中，需求的变化是不可避免的。增量模型的灵活性使其适应这种变化的能力大大优于瀑布模型和快速原型模型，但也很容易退化为边做边改模型，从而使软件过程的控制失去整体性。

1.4.4 螺旋模型

大型软件项目通常有很多的不确定性和风险，瀑布模型“一次性完成”的线性过程会导致项目失败的风险加大，因此需要采用一种渐进式的演化过程模型，“螺旋模型”就是为适应这样的要求而产生的。螺旋模型是 B. Boehm 于 1988 年提出的，它将瀑布模型与软件项目的迭代特性相结合，注重项目风险的分析和应对。螺旋模型如图 1-7 所示，图中的螺旋线每绕一周表示一次迭代，每次迭代经历制定计划、风险分析、工程实施和客户评估 4 个阶段，每次迭代结束后产生一个新的软件版本。

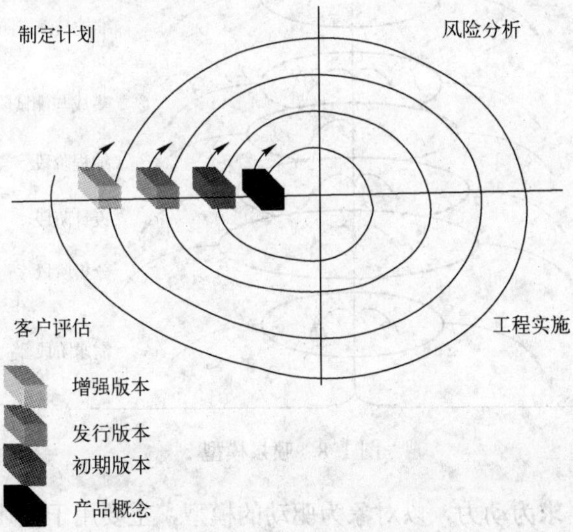

图 1-7　螺旋模型

螺旋模型中每次迭代的 4 个阶段可描述如下：

1）制定计划：通过需求分析理解应用领域，获取用户需求。经过一个迭代的工作之后，根据用户和软件开发人员对前一迭代工作成果的评审，修改和完善需求，明确下一轮软件开发的目标和约束条件，选择开发方案制定新一轮迭代的软件开发计划。

2）风险分析：评审开发方案和开发计划，识别出风险并给出消除或降低风险的途径。这一步通常要使用构造系统原型的方式来确认需求和开发方案，以降低项目风险。

3）工程实施：实施开发计划，构造软件产品，包括设计、编码、测试等。

4）客户评估：将本次迭代开发的软件版本提交用户使用并征询用户的意见。根据用户意见整理新的产品需求，开始计划下一次迭代。

螺旋模型是一种演化式的过程模型。初始的迭代可能只产生软件的一个概念模型，后续的迭代会产生逐渐完善的发行版本和增强版本。螺旋模型的每次迭代中的 4 个阶段是对典型“瀑布模型”的改进，它不仅保留了瀑布模型中系统地、按阶段、逐步地进行软件开发和“边开发，边评审”的风格，而且还引入了风险分析，把制作原型作为风险分析的主要措施，使用户参与软件开发并对阶段性的软件版本提出修改意见。因此，螺旋模型由风险驱动，强调可选方案和约束条件，支持软件的重用，从而有助于将软件质量作为特殊目标融入产品开发之中。但是，螺旋模型也有一定的限制条件，具体如下：

1）螺旋模型强调风险分析，适应于内部的大规模软件开发。

2）如果执行风险分析将大大影响项目的利润，进行风险分析将毫无意义。

1.4.5 喷泉模型

喷泉模型以面向对象的软件开发方法为基础，体现了迭代和无间隙的特性，由于类和对象等概念的引入，喷泉模型以对象、类为核心进行分析、设计及实现等活动，喷泉模型如图 1-8 所示。

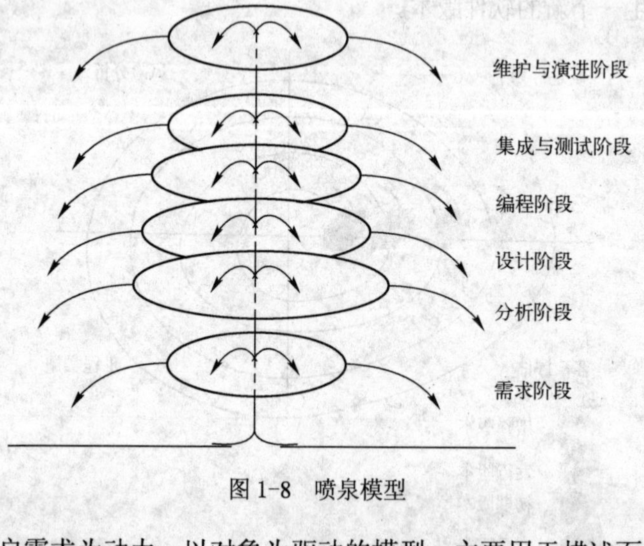

图 1-8　喷泉模型

喷泉模型以用户需求为动力，以对象为驱动的模型，主要用于描述面向对象的软件开发过程。该模型认为软件开发过程自下而上，周期的各阶段是相互重叠和多次反复的，就像水喷上去又落下来，类似一个喷泉。各个开发阶段没有特定的次序要求，可以交互进行，可以在某个开发阶段中随时补充其他开发阶段的遗漏内容。喷泉模型不像瀑布模型那样，需要分析活动结束后才开始设计活动，设计结束后才能开始编码。

由于喷泉模型在各个开发阶段是重叠的，因此在开发过程中需要大量人员，而且要求严格的文档管理。因此，喷泉模型对项目管理的要求较高。

1.5 软件工程基本原理

著名的软件工程专家 B. W. Boehm 于 1983 年提出了软件工程的 7 条基本原理，这 7 条原理是确保软件产品质量和开发效率的原理的最小集合，7 条原理互相独立且完备，其中任意 6 条原理的组合都不能代替另一条原理。

（1）用分阶段的生命周期计划严格管理

在软件开发与维护的漫长的生命周期中，需要完成许多性质各异的工作。这条基本原理意味着，应该把软件生命周期划分成若干个阶段，相应地制定出计划，严格按照计划执行。

（2）坚持进行阶段评审

根据 Boehm 等人的统计，设计错误占软件错误的 63%，而编码错误仅占 37%。另外，错误发现与改正得越晚，付出的代价越高。因此，应在每个阶段进行评审，以便尽早发现和改正错误。

（3）实行严格的产品控制

在软件开发过程中改变需求是难免的，只能依靠科学的产品控制技术来顺应这种要求。也就是说，当改变需求时，为了保持软件各个配置成分的一致性，必须实行严格的产品控制，绝对不能随意进行修改。

（4）采用现代程序设计技术

实践表明，采用先进的技术不仅可以提高软件开发和维护的效率，而且可以提高软件产品的质量。

（5）结果应能清楚地审查

软件产品不同于物理产品，是看不见摸不着的逻辑产品，其开发过程难以评价和管理。为了提高软件开发过程的可见性，应该根据软件开发项目的目标及期限，规定开发组织的责任和产品标准，使得开发结果能够清楚地审查。

（6）开发小组的人员应该少而精

这条基本原理的含义是，软件开发的组成人员素质应该高，且人数不宜过多。素质高的人员开发效率比素质低的人员的开发效率可能高几倍至几十倍。另外，当开发小组人员数为 N 时，其交流通信路径有 N(N-1)/2 条，可见开发小组人员数目过多会导致相互交流的通信开销急剧增加。因此，组成少而精的开发小组是软件工程的一条基本原理。

（7）承认不断改进软件工程实践的必要性

遵循上述前六条基本原理，就能够按照当代软件工程基本原理实现软件的工程化生产，但是，仅有上述前六条原理并不能保证软件开发与维护与时俱进。因此，Boehm 提出应把承认不断改进软件工程实践的必要性作为软件工程的第七条基本原理。按照这条原理，软件开发不仅要积极主动地采纳新的软件技术，更要不断总结经验。

1.6 软件产业

本节针对当前国内外软件产业的现状以及如何成为一名合格的软件人才所需要具备的素质。

1.6.1 国内外软件产业的现状

近年来，云计算、物联网、移动互联网、大数据等新技术、新业态蓬勃发展，商业模式、服务模式创新不断涌现，软件、硬件、内容、服务之间的边界日益模糊，软件产业加快向网络化、服务化、平台化、融合化方向发展，与其他产业的关联性、互动性显著增强。以 Linux 为代表的开源软件，正在改变软件产业的发展。

美国占据全球软件产业链的上游位置，以标准化的产品和服务规范引导位于中下游的软件产业门类，走的是“全面主导”发展道路。日本和韩国主要针对国内市场，出口比重较少。以色列将领先的军用软件技术知识转化为民用，在数据、信息安全和无线通信领域等软件细分市场取得了领先地位。爱尔兰吸引跨国公司在爱尔兰本土建立生产基地，逐渐成为软件跨国公司在欧洲的运营中心和软件集散地。印度规避了国内市场狭窄、信息化基础薄弱等劣势，大力发展软件外包服务和离岸开发业务，大型软件企业为跨国公司承包价值链高端产品和服务，小型软件企业提供诸如解码、编程和测试等价值链低端服务，由于印度的软件具有质量可靠、价格低廉、时效性强、售后服务好的特点，因此成为目前除美国以外的第二大软件出口国。

我国信息产业中软硬件比例不均，研发体系比较薄弱，支撑体系不完善，结构不合理。由于软件产业规模较小，软件企业的实力较弱，人才缺口大，缺乏核心技术，处于全球软件产业链的末端，出口能力较差。

为了发展我国软件，应根据本国特色走自己独特的软件发展之路。

（1）对内应大力发展核心技术

我国国产软件基本上属于应用型软件，技术含量小，基本上依赖国外著名系统软件作为开发平台。我国软件市场份额被很多商用的跨国软件公司占去了大半，尤其体现在平台软件和数据库软件，由于掌握核心技术不足，在开发技术、开发工具和开发理念方面只能更多地充当产业追随者。因此，应大力发展核心技术。

（2）对外暂寻求对日外包

在对外发展上，由于欧美软件外包市场上，中国软件企业与印度软件企业的差距十分明显，从英文水平到签证难度，从法制制度的不同到对知识产权认识程度的差异，中国软件企业要在对美软件外包市场赶上印度企业还需要很长时间。由于我国和日本在文字、文化、地理位置等方面具有相似之处，所以应大力发展对日外包。

1.6.2 对软件人才的要求

目前，我国严重短缺的软件人才主要有如下四类：软件高端人才、低端软件人才、高质量复合型人才和国际化软件人才。软件人才培养存在如下问题：

1）人才培养与产业发展需要脱节。难以学以致用，培养出来的软件人才实际操作能力不强，普遍不熟悉国际标准和工程技术规范。通过正规院校培养的毕业生总体上实践能力比较差，需要锻炼很长时间才能胜任工作。

2）软件培训的结构和层次不合理，软件培养模式比较单一。约 80%的软件人才来自高等院校以及职业技术学校，过于依赖正规院校的培养，造成人才培训结构失衡。

3）国内软件人才培训认证缺乏统一标准和规范的市场竞争环境。因此，软件人才培养需向国际化迈进。人才需熟悉国际标准和软件开发规范，能够迅速进入国际化软件企业的技术开发流程，具备软件项目组织、运营与国际化企业管理的能力，具备市场开拓能力，能为用户提供高质量的技术支持与服务，掌握国际化软件项目管理、版本管理和质量保证技术等方面的知识，并且具有国际交流与沟通的能力。

小结

本章首先回顾了软件发展经历的几个阶段，并就软件特点和分类进行了介绍，列举了历史上比较重大的软件危机案例，从软件的开发方法、工具和开发过程三方面介绍了软件工程的内容。软件工程主要研究软件开发的技术与管理两大方面。

本章介绍了几种典型的软件过程模型，如瀑布模型、原型模型、增量模型和螺旋模型等，给出了每种模型的优缺点以及适应场合。其中，瀑布模型作为软件开发的经典模型，提供了软件开发基本的理论框架，在软件工程中占有很重要的地位。原型模型用于用户与开发者双向沟通，现实中应用较为广泛。

本章最后介绍了软件工程 7 条基本原理和国内外软件现状和发展趋势。

习题

1．什么是软件工程？构成软件工程的要素是什么？

2．什么是软件？软件发展经历了几个历史阶段？

3．软件与硬件相比，有什么特点？

4．什么是软件危机，它有哪些典型表现？软件工程是如何用来消除软件危机的？

5．软件工程的目的是什么？

6．简述软件工程的基本原理。

7．什么是软件生命周期？什么是软件生命周期模型？

8．简述瀑布模型、快速原型模型、增量模型和螺旋模型的优缺点，说明它们各自的适用范围。

9．我国软件产业现状如何？和国外软件相比有什么特点？

第 2 章　软件可行性与项目计划

本章介绍了可行性研究的步骤、目的与意义，就技术可行性、经济可行性和其他方面的可行性，项目计划的作用、种类、内容和目的等相关内容进行了说明与介绍。

2.1　可行性研究目的

可行性研究并不提出解决问题的方案，而是给出解决问题的必要性和可能性，探讨用最小代价在尽可能短的时间内解决问题的可能性。可行性研究需要的时间长短取决于工程的规模，其成本占软件整个开发成本的 5%～7%。在软件开发实践中，由于软件开发人员或用户对市场的了解不充分、对技术的把握不成熟、对进行开发的各项风险估计不足等因素，许多问题都不能在预期的时间范围内或资源限制下得到解决，特别是如果开发人员预知问题没有合理的解决方案，就应尽早停止项目的开发，避免时间、资金、人力和物力的浪费。

2.2　可行性研究内容

可行性研究的主要任务是了解客户的要求以及分析现有系统，从技术、经济和社会因素以及人等方面研究并论证本软件项目的可行性，编写可行性研究报告，制定初步项目开发计划。

2.2.1　分析现有系统

明确了软件项目的规模和目标之后，对现有的软件系统进行分析，明确现有系统对于新项目目标的实现程度，有哪些局限，经过改进性维护能否实现目标。只有符合以下情况，才有必要开发新的软件系统。

1）原有系统的功能和性能有较大局限，不能通过简单地扩充和改进来达到新系统的目标。扩充和改进原系统的成本可能会接近甚至超过开发新系统的成本。

2）原系统采用落后的设计技术，系统架构设计不合理，难以扩充和修改。

3）原系统的开发工具、软硬件平台已经过时，在原有平台上继续维护系统已无必要，需要开发基于当前流行平台的新系统。

2.2.2　技术可行性

技术可行性分析的目的是确定能否利用现有的或可能拥有的技术能力来实现项目目标，需要分析实现系统功能和性能所需要的各种设备、技术、方法和过程，评价技术人员的能力，分析项目开发在技术方面可能承担的风险以及技术问题对开发进度和成本的影响。技术可行性分析可以简单地表述为：做得了吗？做得好吗？做得快吗？具体有以下内容。

（1）项目总体技术方案分析

着重分析项目所采用的技术方案是否合理，包括项目所依据的技术原理，主要技术、方法、过程与性能指标，项目拟采用的质量标准类型等。

（2）项目技术来源分析

项目技术来源主要有以下几种情况。

1）自主研发：指在产品的规划、需求分析、系统设计、详细设计、测试与改进中以企业自身为主来展开工作，拥有完全的自主知识产权和决策权。

2）合作开发：指以某种方式与其他企业或组织合作，在这种方式下要明确双方的利益、技术成果的所有权和使用权。

3）使用国内外其他组织或个人的技术：这种方式需要明确是技术转让还是技术入股以及技术成果的所有权是否转移等。

（3）与项目相关的专利分析

技术专利受法律保护，因此要仔细研究项目相关技术专利的全部信息，如专利号码、专利名称、专利类型、专利权人、专利进展情况和范围等。

（4）项目负责人及技术骨干的资质分析

项目负责人和技术骨干的项目研发经历、近期主要科研成果、论文和专著、所获奖励、与项目承担单位之间的关系（全职、兼职、股东）等情况进行全面分析。

2.2.3 经济可行性

经济可行性主要回答：该软件系统的经济效益能超过它的开发成本吗？主要针对开发项目的开发成本与预期收益进行评估，确定该项目是否值得去投资开发，经济可行性分析主要采用“成本—收益”方法，其主要包括如下内容：

1）成本。支出的资金成本涉及硬件资源的支出（计算机购置和网络环境的搭建等）、软件资源的支出（操作系统、支持软件和应用软件的购置与安装）、办公必需品的支出等。

软件项目成本主要可分为以下几类：

- 开发成本：项目开发阶段支出的成本，包括参与开发员工的工资和其他雇用成本及所有相关成本。
- 安装成本：包括使系统投入使用需要的成本，主要由新的硬件和外部设备的成本组成，但也包括文件转换、招聘和员工培训的成本。
- 运行成本：系统在运行阶段支出的成本，一般包括操作费用和维护费用。

2）收益。包括开支的减少，效率的改进，客户的增多等。

3）收益/投资比。

4）投资回收周期。

5）敏感度分析。

2.2.4 其他可行性

除了技术可行性和经济可行性分析外，还需要从社会环境和人等方面进行可行性分析。

1）市场可行性：市场又分为未成熟的市场、成熟的市场和将要消亡的市场。涉足未成熟的市场要冒很大的风险，要尽可能准确地估计：潜在的市场有多大？自己能占多少份额？多长时间能实现？

2）法律可行性：产品开发过程中是否会涉及有关合同、侵权、责任以及各种与法律相抵触的问题？

3）政策可行性：项目产品是否有政府政策的支持或限制？政策对软件公司的生存与发展影响非常大。

4）操作可行性：项目产品的运行操作方式与用户组织的规章制度、习惯、企业文化等是否相容？在用户环境下能否行得通？

2.3 可行性研究步骤

可行性分析最根本的任务是对以后的行动方针提出建议。合理的建议可以避免软件开发在时间、资源、人力和金钱上的浪费。可行性分析提供软件开发的解决方案，并且为工程制定一个初步的计划。

软件可行性分析具有如下步骤：

（1）复查系统规模和目标

系统分析员通过对提交的文档（系统目标与范围说明书）进行复查确认，改正含糊不清的叙述，清楚地描述系统的一切限制和约束，确保解决问题的正确性。

（2）研究目前正在使用的系统

现有的系统是信息的来源，通过对现有系统的文档资料的审读、分析和研究，再加实地考察，总结出现有系统的优点和不足，从而得出新系统的雏形。

（3）导出新系统的高层逻辑模型

通常是从现有的物理系统出发，导出现有系统的高层逻辑模型，逻辑模型是由数据流图来描述的。

（4）推荐可行性方案

在经过对各种方案分析比较的基础上，向用户推荐方案，在推荐的方案中应清楚地表明本项目的开发价值与推荐这个方案的理由，并制定实现进度表。

（5）撰写可行性研究报告

可行性研究报告是可行性研究阶段的输出文档，包括项目背景、管理概要、候选方案、系统描述、经济可行性分析、社会可行性分析、技术可行性分析及可行性研究的结论等。

可行性研究的结论一般有三种：

1）同意按计划进行软件项目的开发。

2）需要解决某些存在的问题（如资金短缺、设备陈旧和开发人员短缺等）或者需要对现有的解决方案进行调整或改善后才能进行软件项目的开发。

3）待开发的软件项目不具有可行性，立即停止该软件项目。

上述可行性研究的步骤只是一个经过长期实践总结出来的框架，在实际的使用过程中，它不是固定的，而是根据项目的性质、特点以及开发团队对业务领域的熟悉程度会变化的。

（6）提交申请

由用户、使用部门负责人及有关方面专家，对该方案进行论证，最后由论证会员签署意见，指明该任务计划书是否通过。

2.4 项目计划

软件项目经过可行性研究之后，就开始立项，进行项目计划。项目计划由项目经理制定，在计划书完成之后，由项目团队负责人、测试负责人、系统分析负责人、设计负责人、质量监督员等综合评审和完善。最后将计划书提交给项目高层分管领导或其授权人员进行审批。

2.4.1 项目计划作用

项目计划一般回答做什么、如何做、何时做、谁去做、需要多少资源等五个基本问题，主要具有如下作用：

1）确定完成项目目标所需的各项任务范围、落实责任、制定各项任务的时间表、明确各项任务所需的人力、物力、财力。

2）确定项目组各成员的工作规范、遵循的标准、成为项目实施的依据和指南。

3）明确项目组各成员及其工作责任范围以及相应的职权，使项目组成员明确自己的工作目标、工作方法、工作途径、工作期限要求。

4）保证项目进行过程中项目组成员与项目干系人之间的交流、沟通与协作，使得项目各项工作协调一致，提高客户满意度。

5）为项目的跟踪控制提供基础。

6）项目计划在项目中起到承上启下的作用，计划批准后应当作为项目的工作指南。

2.4.2 项目计划种类

项目计划的种类包括如下内容：

（1）项目范围计划

项目范围计划阐述进行这个项目的原因或意义，形成项目的基本框架，使项目所有者或项目管理者能够系统地、逻辑地分析项目关键问题及项目形成中的相互作用要素，使项目干系人对项目的基本内容和结构达成一致；项目范围计划应当形成项目成果核对清单，作为项目评估的依据，在项目终止以后或项目最终报告完成以前进行评估，以此作为评价项目成败的依据；范围计划还可以作为项目整个生命周期监控和考核项目实施情况的基础以及项目其他相关计划的基础。

（2）项目进度计划

进度计划是说明项目中各项工作的开展顺序、开始时间、完成时间及相互依赖衔接关系的计划。进度计划是进度控制和管理的依据，可以分为项目进度控制计划和项目状态报告计划。在进度控制计划中，要确定应该监督哪些工作、何时进行监督、监督负责人是谁，用什么样的方法收集和处理项目进度信息，怎样按时检查工作进展和采取什么调整措施，并把这些控制工作所需的时间和人员、技术、物资资源等列入项目总计划中。

（3）项目质量计划

质量计划针对具体待定的项目，安排质量监控人员及相关资源、规定使用哪些制度、规范、程序、标准。项目质量计划应当包括保证与控制项目质量有关的所有活动，确保项目的质量目标都能达到。根据 ISO 9000 等规范，组织者应遵循以顾客为中心、全员参与、过程方法、管理的系统方法、持续改进、基于事实的决策方法、互利的供方关系等质量管理原则。

（4）项目资源计划

项目资源计划就是决定在项目中的每项工作中所用的资源（人、材料、设备、信息和资金等），在各个阶段使用多少资源。

（5）项目沟通计划

沟通计划就是制定项目过程中项目干系人之间信息交流的内容、人员范围、沟通方式、沟通时间或频率等约定。

（6）风险对策计划

风险对策计划是为了降低项目风险的损害而分析风险、制定风险应对策略方案的过程，包括识别风险、量化风险等策略。

（7）项目采购计划

项目采购计划就是识别哪些项目需求可通过从本企业外部采购产品或设备来得到满足，采用对外包的进度监控计划。

（8）变更控制、配置管理计划

由于项目计划无法保证预测准确，项目过程也无法保证实时监控，从而导致项目计划与项目实际情况常常不符，因此必须进行有效的项目变更处理。变更控制计划主要是规定变更的步骤、程序，配置管理计划就是确定项目的配置项和基线，控制配置项的变更，维护基线的完整性，向项目干系人提供配置项的准确状态和当前配置数据。

2.4.3 项目计划内容

一般情况下，项目计划包括如下内容：

（1）项目所涉及范围

项目所涉及范围定义了系统可能涉及哪些领域，一般采用甘特图、工作分解图来表述项目的人员分工、任务安排、时间进度等信息。

（2）项目进度

（3）项目团队管理组织

项目计划包括开发小组成员名单，组织形式，每人的任务。该计划也包含资源分配情况。

（4）技术描述

技术报告描述包含硬件、软件、编译器、接口和一些特殊的设备。其中，执行时间，反应时间，安全和其他方面功能、性能都应列在计划中。该计划还包含任何所涉及的标准、方法。如：算法、工具、设计语言、测试技术等。

（5）项目标准、过程、所需技术和工具

（6）质量认证计划

（7）配置管理计划

（8）文档计划

项目文档是在开发过程中产生的，项目计划列出了所有可能得到的文档，解释谁将负责记录文档，如何与配置管理计划沟通，描述文档如何变化。

（9）数据管理计划

（10）资源管理计划

（11）测试计划

（12）培训计划

（13）安全计划

（14）风险管理计划

（15）维护计划

2.4.4 项目计划目的

项目计划有如下一些目的：

1）建立估计值，即建立和维护项目计划因素的估计值。为此应该确定项目范围，即通过建立高层工作分解结构来估计项目范围；监理工作产品和任务属性的规模与复杂度；确定项目的生命周期阶段，以此来限定计划范围；基于估算的原理进行对工作产品和任务的项目工作量和成本的估算。

2）开发项目计划文档，即文档化项目计划、维护项目计划，并以此作为项目管理的基线。为此应该建立和维护项目的预算和进度表；要识别和分析项目风险；确定如何采集和管理项目数据；确定实施计划所需要的各种资源；确定项目实施所必需的知识和技能；确定各项任务或活动的承担人；编写项目计划文档。

3）获得并维持所有项目干系人对项目的承诺。为此应当评审影响项目的所有计划，使所有项目干系人理解项目承诺；必要时调整计划适应资源；获取所有项目干系人特别是项目任务或活动的承担人对项目计划的承诺。项目计划是项目实施的基础。通过所有项目干系人认可的项目计划形成文件，便于项目组成员、客户、相关单位等所有项目干系人之间的交流和沟通。项目计划是项目组为实现项目目标而科学地预测并确定项目生命周期的行动方案。任何项目计划都是为了解决三个问题：

- 确定项目目标。
- 确定为了达成项目目标的各项行动的顺序和时间。
- 确定项目中每项行动所需要的资源。

项目计划就是在明确项目目标的基础上，确定项目行动方案，分配相关资源的项目综合管理过程，通过对历史的、当前的项目或组织内部的项目或组织外部的有关信息进行分析和评价，对项目生命周期过程中可能的发展进行评估、预测，对新项目实施工作进行的各项活动做出尽可能周密的安排，最终形成一个所有项目干系人认可的、约定项目各项活动、作为项目实施工作基础的文件——项目计划。

小结

可行性研究进一步探讨问题定义阶段所确定的问题是否有可行的解。可行性研究的目的不在于提出解决问题的方案，而在于研究解决问题的必要性和可能性，就是用最小代价在尽可能短的时间内确定问题是否能够解决。本章介绍了可行性研究的步骤、目的与意义，就技术可行性、经济可行性和其他方面的可行性进行了说明，介绍了项目计划的作用、种类、内容和目的。项目计划一般由项目经理来制定，在计划书完成之后，由项目团队内部的项目团队负责人、测试负责人、系统分析负责人、设计负责人、质量监督员来评审和完善。最后将计划书提交给项目高层分管领导或其授权人员进行审批。

习题

1．软件可行性的步骤有哪些？
2．软件可行性的目的、意义分别是什么？
3．软件可行性的内容包括哪些？
4．项目计划的目标是什么？
5．制定项目计划有哪些作用？
6．项目计划涉及哪些内容？

第 3 章　软件需求分析

软件需求分析对用户的业务活动进行分析，回答“系统必须做什么？”。本章讲授了需求分析的过程、需求分析的困难，详细介绍了需求分析相关技术，如实体联系图、数据流图、数据字典、状态转换图等。

3.1　需求分析内容

可行性分析是要决定软件项目“做还是不做”，需求分析则要决定“做什么，不做什么”。需求分析作为软件开发阶段的重要内容，主要是软件开发人员与业务用户之间沟通后，确定软件的功能和性能等。由于开发人员不熟悉用户的业务活动，而用户又不熟悉计算机技术应用的相关知识，双方往往都不能准确地提出软件项目要“做什么”。为此，软件开发人员和用户往往采用原型模型进行交流，通过需求规格说明书确定系统必须完成哪些工作，对目标系统提出较为完整、准确的目标。

需求工程用于确定需求的过程及其相关的活动，决定软件应当做什么，不是怎么做的问题。需求工程分为需求开发和需求管理，如图 3-1 所示。

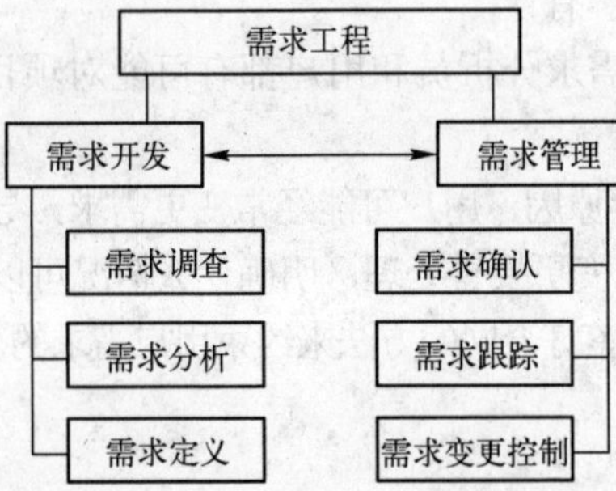

图 3-1　需求工程的结构图

需求开发的目的是通过调查与分析，获取用户需求并定义产品需求。

1）需求调查的目的是通过各种途径获取用户的需求信息（原始材料），产生《用户需求说明书》。

2）需求分析的目的是对各种需求信息进行分析，一般采用“问答分析法”和“建模分析法”两种方法。

3）需求定义的目的是根据需求调查和需求分析的结果，进一步定义准确无误的产品需求，产生《产品需求规格说明书》。系统设计人员将依据《产品需求规格说明书》开展系统设计工作。

4）需求管理的目的是在客户与开发方之间建立对需求的共同理解，维护需求与其他工作成果的一致性，并控制需求的变更。需求管理包括需求确认、需求跟踪和需求变更控制等内容。

- 需求确认是指开发方和客户共同对需求文档进行评审，双方对需求达成共识后作出书面承诺，使需求文档具有商业合同效果。
- 需求跟踪是指通过比较需求文档与后续工作成果之间的对应关系，建立与维护“需求跟踪矩阵”，确保产品依据需求文档进行开发。
- 需求变更控制是指依据“变更申请－审批－更改－重新确认”的流程处理需求的变更，防止需求变更失去控制而导致项目发生混乱。

3.2 需求分析困难

需求开发的主要困难与对策如下所示：

（1）应用领域问题

软件开发人员往往是某一技术领域的专家，但对业务应用领域却知之甚少。

（2）合作关系

需求调查的开发方和用户方撰写《用户在需求工程中的权利与义务》，即以协议的方式确定合作关系，使用户明白需求的重要性，积极参加需求工程中的各项活动。

（3）用户说不清楚需求

用户说不清楚需求是普遍现象，需求分析员应引导客户阐述常规的需求，再由客户否定不需要的，最终确定客户真正的需求。

（4）用户或需求分析员理解有误

由于自然语言的二义性，需求分析员和用户都有可能对项目存在误解。

（5）用户经常变更需求

由于业务变动、需求模糊等原因，用户可能经常变更需求，导致对项目的进度、人力资源、经费产生影响。因此，应对需求变更妥善处理，明确什么情况可以接收，什么情况应当拒绝，什么情况可以部分接收等，应采取签订合同的方法来约束用户需求的变更，以保证双方的利益。

3.3 需求分析步骤

需求分析经历问题识别、分析系统的数据要求、导出系统的逻辑模型、制订规格说明书和评审等步骤，具体如下所示。

（1）问题识别

从系统角度来理解软件，确定对所开发系统的综合要求，并提出这些需求的实现条件以及需求应该达到的标准，具体有如下需求。

1）界面需求：描述软件系统的外部特性，即系统如何从外部得到数据输入，如何向外部输出数据。

2）功能需求：列出软件系统必须完成的所有功能。

3）性能需求：某些指标，如响应时间、吞吐量、处理时间、对存储空间的限制等，对安全性、保密性和可靠性要求。

4）资源使用需求：对硬件、支持软件、数据通信接口等的要求。

5）软件成本消耗与开发进度需求：对时间、经济的要求。

6）异常处理需求：在运行过程中出现异常情况（如临时性或永处性的资源故障，不合法或超出范围的输入数据、非法操作、数组越界等）时应采取的行动以及希望显示的信息。

7）未来的需求：列出哪些需求不属于当前系统开发范畴但属于将来，从而为将来可能的扩充和修改做准备，便于需要时较容易地进行这种扩充和修改。

（2）分析系统的数据要求

通过逐步细化软件功能,找出系统各元素间的联系、接口特性和设计上的限制等，采用实体-关系模型进行数据描述。

（3）导出系统的逻辑模型

通过需求调查，对所获取的信息进行分析，将用户的需求变为软件的功能和性能描述。分析方法有“问答分析法”和“建模分析法”。“问答分析法”比较适合用户需求调查阶段，通过回答问题的方式将需求分析弄清楚。“建模分析法”通过对已获取信息进行抽象描述，为目标系统建立一个详细的逻辑模型，更清晰地记录用户对需求的表达，确定被开发系统的功能和性能要求。

（4）制订规格说明书

明确了用户的真正需求后，可以更准确地估算软件的成本和进度，从而对以前提出的软件项目计划进行必要的修正，编制软件需求规格说明书。

（5）评审

一般从如下几个方面对需求的正确性进行严格的验证。

1）一致性：所有需求必须一致，任何一条需求不能和其他需求互相矛盾。

2）完整性：需求必须是完整的，规格说明书应该包括用户需求的所有功能和性能。

3）现实性：需求所使用的硬件和软件技术应从现有技术水平出发，判断需求的现实性。

4）有效性：需求必须能解决用户面对的问题。

只有通过评审的“四性”，软件开发才可进行下一阶段的工作，否则重新进行需求分析。

3.4 相关图表

需求分析会生成一些图表。其中，数据字典用于描述数据对象，以它为核心，有实体-关系图、数据流图、状态转换图等，具体如下所示。

1）“实体关系图”描述数据对象之间的关系，是用来进行数据建模活动的图形。“实体-关系图”是数据建模的基础。

2）“数据流图”描述数据在软件系统中如何变换，描述变换数据流的功能和子功能。“数据流图”是功能建模的基础。

3）“状态转换图”描绘了系统各种行为模式（称为“状态”）和在不同状态间转换的方式。“状态转换图”是行为建模的基础。

3.4.1　实体关系图

实体关系图，英文是 Entity-Relationship，简称 E-R 图，提供了表示实体、属性和联系的方法，描述了从用户角度看到的数据。

1）实体：作为数据对象，实体是对信息的抽象，由一组属性所定义，在 E-R 图中用矩形表示，矩形框内写明实体名。

2）属性：定义了数据对象的特征。如学生实体有学号、姓名、性别、出生年月、籍贯等。通过定义数据对象中的一个属性或几个属性为关键码（key）唯一地标识数据对象，例如在“学生”数据对象中用“学号”做关键码，唯一地标识“学生”。在 E-R 图中，属性用椭圆形表示，并用无向边将其与相应的实体连接起来，如图 3-2 所示。

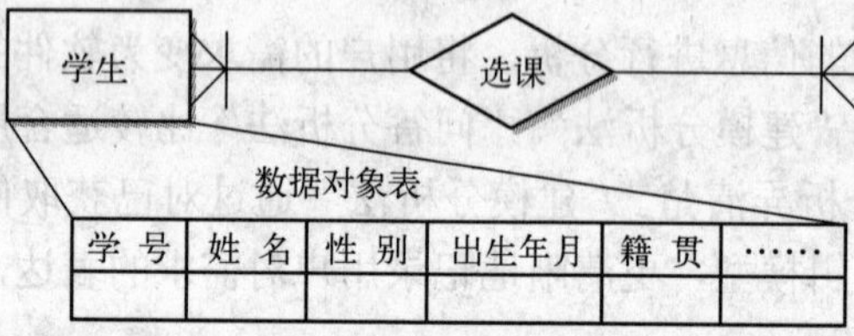

图 3-2　学生的属性

3）联系：又名关系，各个数据对象的实例之间有关联。在 E-R 图中，联系用菱形表示，菱形框内写明联系名，并用无向边分别与有关实体连接起来。联系可分为以下 3 种类型：

- 一对一联系（1∶1）。例如，一个部门有一个经理，而每个经理只在一个部门任职，则部门与经理的联系是一对一的。
- 一对多联系（1∶N），例如，某校教师与课程之间存在一对多的联系（“教”），即每位教师可以教多门课程，但是每门课程只能由一位教师来教。
- 多对多联系（M∶N），例如，学生与课程间的联系（“学”）是多对多的，即一个学生可以学多门课程，而每门课程可以有多个学生来学。

E-R 图是数据建模的基础，图 3-3 给出了教师与学生之间教课的 E-R 图。

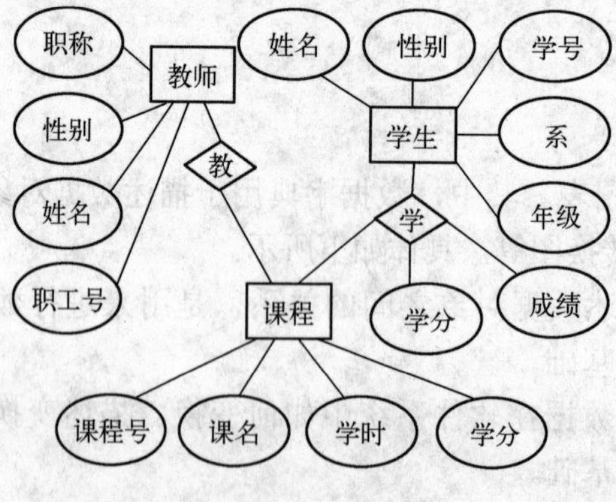

图 3-3　教师与学生之间教课的 E-R 图

3.4.2　数据流图

数据流图，英文是 Data Flow Diagram，简称 DFD。描绘信息流和数据从输入移动到输出的过程中所经受的变换，用于描述软件的功能模型。数据流图中没有任何具体的物理部件，描绘的是数据流动和被处理的逻辑过程。设计数据流图时只需考虑系统必须完成的基本逻辑功能，不需要考虑怎样具体地实现这些功能。

DFD 由数据流、数据加工处理、数据存储、源点与终点 4 部分构成，用于指明数据在系统中移动时如何变换，并描述对数据流进行变换的功能。DFD 基本图形符号如表 3-1 所示，其中，数据存储和数据流都是数据，仅仅所处的状态不同。数据存储是处于静止状态的数据流，数据流是处于运动状态的数据。

表 3-1　DFD 基本图形符号

符　号	说　明
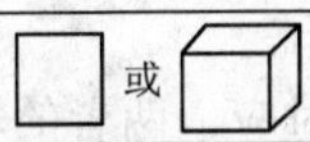	数据的源点/终点
	数据加工处理
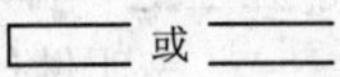	数据存储
	数据流

数据流图中，如果有两个以上数据流指向一个加工，或是从一个加工中引出两个以上的数据流，这些数据流之间往往存在一定的关系。数据流加工的标记符号如图 3-4 所示。

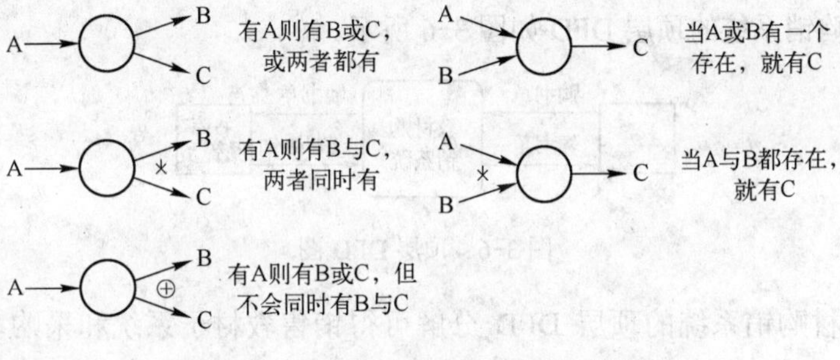

图 3-4　多个数据流与加工之间关系的符号

为了精确表达数据加工处理情况，往往采用分层的数据流图反映系统结构关系。分层数据流图的示例如图 3-5 所示，数据处理 S 包括三个子系统 1、2、3。顶层下面的第一层数据流图为 DFD / L1。第二层数据流图 DFD / L2.1、DFD / L2.2 及 DFD / L2.3 分别是子系统 1、2 和 3 的细化。任何一层数据流图，上层图为父图，其下一层的图称为子图。

数据流图的绘制步骤概括地说，就是自外向内、自顶向下、逐层细化、完善求精。一般遵守如下原则：

1）数据流图上所有图形符号为表 3-1 中四种基本图形元素。

2）顶层数据流图必须包括四种基本图形元素，缺一不可。

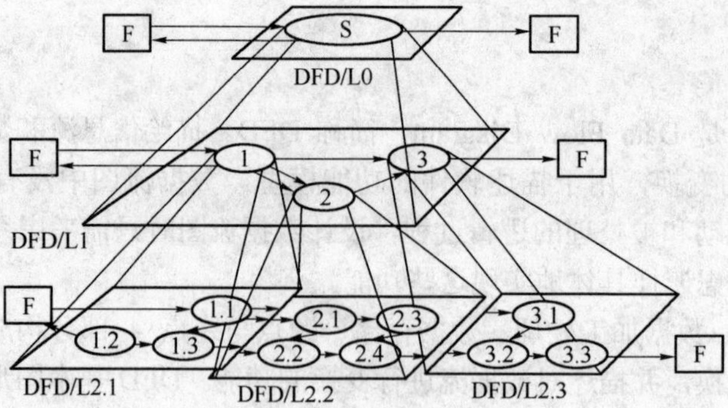

图 3-5　分层数据流图

3）顶层数据流图上的数据流必须封闭在外部实体之间。

4）每个加工至少有一个输入数据流和一个输出数据流。

5）在数据流图中，需按层给加工框编号，编号表明该加工处在哪一层以及上下层的父图与子图的对应关系。

6）规定任何一个数据流子图必须与它上一层的一个加工对应，两者的输入数据流和输出数据流必须一致。

7）图上每个元素都必须有名字。数据流和数据文件的名字应当是“名词”或“名词性短语”，表明流动的数据是什么，加工的名字应当是“名词＋宾语”，表明做什么事情。

8）数据流图中不可夹带控制流。

DFD 图描述软件项目步骤如下：首先，根据需求分析画出系统的顶层 DFD 图，确定系统的边界。其次，将 DFD 顶层图采用图 3-5 所示的方法进行分层处理。

【例 3-1】 DFD 图描述教材购销系统。

首先，教材购销系统的顶层 DFD 如图 3-6 所示。

图 3-6　顶层 DFD 图

其次，对教材购销系统的顶层 DFD 分解可得销售教材子系统和采购教材子系统。如图 3-7 所示。

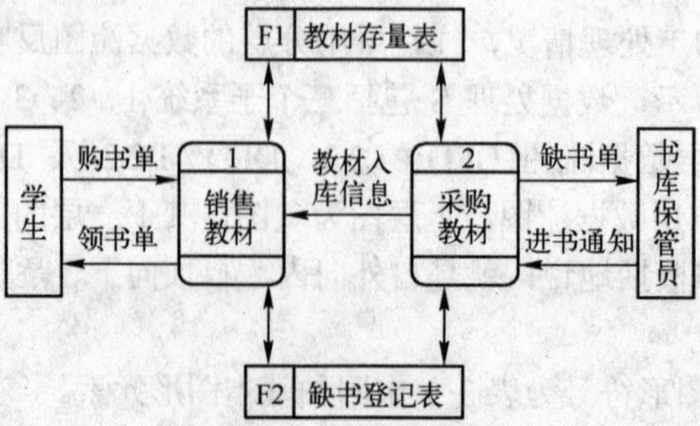

图 3-7　对教材购销系统进行分解

最后，将销售教材子系统和采购教材子系统的 DFD 图子系统进行细化，如图 3-8 和图 3-9 所示。

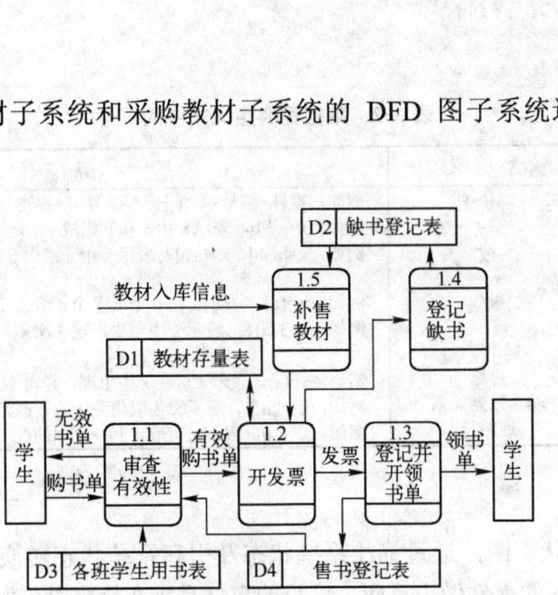

图 3-8　销售教材子系统

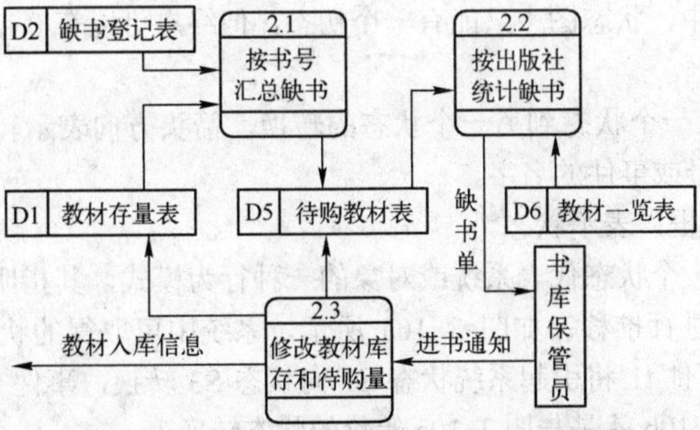

图 3-9　采购教材子系统

3.4.3 数据字典

数据字典，英文为 Data Dictionary，简称 DD，是关于数据流图（数据流、处理、数据存储）定义的集合。数据流图描述了系统的逻辑模型，其中的数据及各个加工处理过程的具体含义由数据字典完成，数据字典与数据流图共同描述一个完整的系统。

数据字典是对在数据流图中每一个命名的图形元素均给予定义，其内容有图形元素的名字、别名或编号、分类、描述、定义、位置等，具体内容如下所示：

1）数据流词条描述：数据流是数据结构在系统内传播的路径。

2）数据元素词条的描述：图中的每一个数据结构都是由数据元素构成的，数据元素是数据处理中不可分割的单位，反映事物的某一特征。

3）数据文件词条描述：数据文件是数据结构保存的地方。

4）加工逻辑词条描述：加工的表达方式有判断表、判断树和结构化程序。

数据词典定义式中的符号见表 3-2。

表 3-2　数据词典定义式中的符号

符　号	含　义	解　释
=	等价于	例如，零件=编号+数量+库存临界值+备注
+	与	例如，x=a+b，表示 x 由 a 和 b 组成
[...,...]　[...|...]	或	例如，x=[a, b]，x=[a|b]，表示 x 由 a 或由 b 组成
{ ... }　m{...}n	重复	例如，x={a}，表示 x 由 0 个或多个 a 组成 例如，x=3{a}8，表示 x 中至少出现 3 次 a，至多出现 8 次 a
(...)	可选	例如，x=(a)，表示 a 可在 x 中出现，也可不出现
"..."	基本数据元素	例如，x= "a"，表示 x 为取值为 a 的数据元素
..	连结符	例如，x=1..9，表示 x 可取 1 到 9 之中的任一值

3.4.4　状态转换图

状态转换图简称状态图，通过描绘系统状态及引起系统状态转换的事件表示该实体根据当前所处的状态对不同的事件做出反应。这里的事件是指在特定时刻发生的事情，是对引起系统做动作或从一个状态转换到另一个状态的外界事件的抽象，是引起系统做动作的控制信息。

状态图用于建立软件系统的行为模型，规定了系统对事件的响应方式，有初态、终态、中间态 3 种状态。其中，状态图中只能有一个初态，但终态可以有 0 或多个。状态图中使用的符号有箭头和圆形框。

1）箭头：表示从一个状态到另一个状态的转换，箭头方向表示转换的方向，在箭头上要写上导致转换的信号或事件的名字。

2）圆形框或椭圆框：表示状态。

状态转换图中的一个状态代表系统或对象的一种行为模式，其指明系统的状态如何响应外部的信号（事件）进行推移。如图 3-10a 所示，系统中可取得的状态＝S1，S2，S3，事件=t1，t2，t3，t4。事件 t1 将引起系统状态 S1 向状态 S3 转换，事件 t2 将引起系统状态 S3 向状态 S2 转换。图 3-10b 就是与图 3-10a 等价的状态转换表。

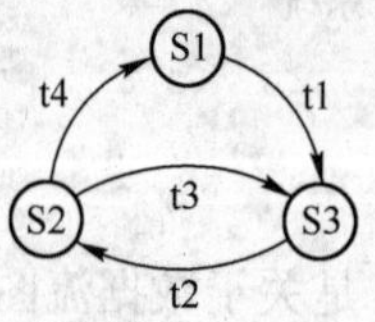

a)

状态 / 事件	S1	S2	S3
t1	S3		
t2			S2
t3		S3	
t4		S1	

b)

图 3-10　状态转换图与其等价的状态转换表例

a) 状态转换图　b) 状态转换表

3.4.5　层次方框图

逻辑模型在结构化分析方法中常用数据流图和数据字典来描述，由于数据字典不够直观，常常利用层次方框图等图形化工具辅助描述数据结构，提高可理解性。

层次方框图用树形结构的一系列多层次的矩形描述数据的层次结构，树形结构的顶层是一个单独的矩形框，代表完整的数据结构，下面的各层矩形框代表这个数据的子集。层次方框图描述软件企业的产品，如图 3-11 所示。

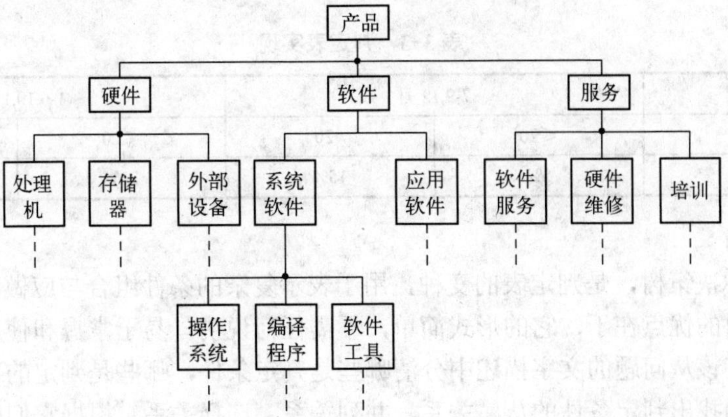

图 3-11　层次方框图

3.4.6　加工逻辑工具

加工规格说明用来说明 DFD 中的数据加工的加工细节。加工规格说明描述了数据加工的输入、实现加工的算法以及产生的输出。另外，加工规格说明指明了加工（功能）的约束和限制，与加工相关的性能要求以及影响加工的实现方式的设计约束。必须注意，写加工规格说明的主要目的是要表达“做什么”，而不是“怎样做”。因此它应描述数据加工实现加工的策略而不是实现加工的细节。

结构化语言、判定表和判定树工具往往用于描述加工逻辑，下面通过一个实例进行讲解。

【例 3-2】 在飞机票预订系统中，在旅游旺季 7～9 及 12 月份，如果订票超过 20 张，优惠票价的 15%；20 张以下优惠 5%；在旅游淡季 1～6 月及 10～11 月，订票超过 20 张，优惠 30%，20 张以下优惠 20%。

（1）结构化语言

结构化语言是一种介于自然语言和形式语言之间的语言，具有无确定语法，可分层、嵌套，各层有内、外层之分等特点。

采用结构化语言完成，如下所示。

```
CASE 7-9 or 12:
    IF  定票数量>20 THEN  折扣=15%
    ELSE    折扣=5%
CASE 1-6 or 10 or 11:
    IF  定票数量>20 THEN  折扣=30%
    ELSE    折扣=20%
```

（2）判定表

判定表能够清晰地表示复杂的条件组合与应做的动作之间的对应关系。一张判定表由 4 部分组成，左上部列出所有条件，左下部是所有可能做的动作，右上部是表示各种条件组合的一个矩阵，右下部是和每种条件组合对应的动作。判定表右半部的每一列实质上是一条规则，规定了与特定的条件组合对应的动作。判定表如表 3-3 所示。

表 3-3　判定表实现

旅 游 时 间	7-9,12 月		1-6,10,11 月	
定票量	≤20	>20	≤20	>20
折扣量	5%	15%	20%	30%

（3）判定树

判定树又称决策树，是判定表的变种，用于表示复杂的条件组合与应做的动作之间的对应关系。判定树的优点在于，它的形式简单，不需任何说明，易于掌握和使用。使用判定树进行描述时，应该从问题的文字描述中分清哪些是判定条件，哪些是判定的决策，根据描述材料中的连结词找出判定条件的从属关系、并列关系、选择关系，根据它们构造判定树。采用判定树完成，如图 3-12 所示。

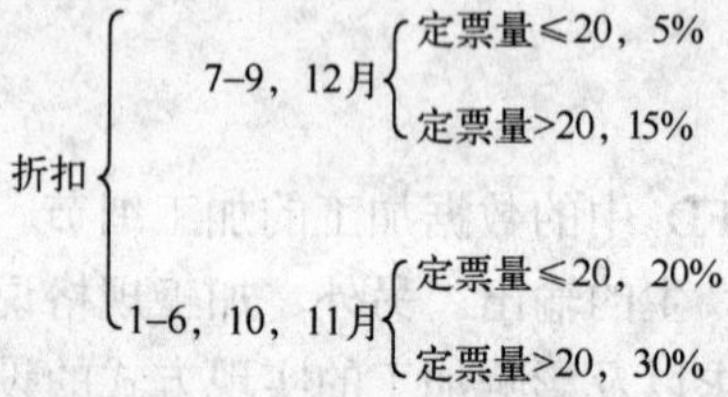

图 3-12　判定树

小结

软件需求分析阶段对用户的业务活动进行分析，主要回答“系统必须做什么”。需求分析阶段需要根据软件项目建立数据模型、功能模型和行为模型。一般采用实体联系图建立数据模型、数据流图建立功能模型、状态图建立行为模型。而数据字典描述了数据模型、功能模型和行为模型中的数据对象信息，其作为三种分析模型的粘合剂，是分析模型的核心。

习题

1．需求分析包括哪些内容？

2．什么是数据流图？其作用是什么？其中的基本符号各表示什么含义？

3．怎样画分层数据流图？

4．什么是数据字典？其作用是什么？共有哪些条目？

5．E-R 图是什么？请学习相关数据库知识。

6．描述加工逻辑有哪些工具？

7．某银行的计算机储蓄系统功能是：将储户填写的存款单或取款单输入系统，如果是存款，系统记录存款人姓名、住址、存款类型、存款日期、利率等信息，并打印出存款单给储户；如果是取款，系统计算清单给储户。请用 DFD 描绘该功能的需求，并建立相应的数据字典。

第4章　软 件 设 计

软件设计作为软件开发的重要阶段直接影响到软件的质量。软件设计分为总体设计和详细设计，总体设计主要搭建软件系统框架，详细设计确定每个模块的算法及其数据结构。本章从耦合性和内聚性两方面介绍了模块的独立性，给出了面向数据流和面向数据结构设计方法，最后介绍了当前流行的C/S和B/S两种软件体系架构，并就人机界面的设计给出了说明。

4.1　软件设计概述

软件设计的任务是从软件需求规格说明书出发，设计软件系统的整体结构、确定每个模块的实现算法以及编写具体的代码，形成软件的具体设计方案，解决“怎么做”的问题。

软件设计一般分为总体设计和详细设计。总体设计用于确定系统由哪些模块组成以及模块之间的相互关系，包括数据结构设计、接口设计和过程设计等内容。详细设计对模块进行精确描述，通过设计出程序的“蓝图”，以方便编码阶段直接翻译成某种程序设计语言的代码，其结果直接决定着程序代码的质量。

软件设计具体步骤如下所示。

1）从需求分析阶段的数据流图出发，设想数个方案，从中选择合理的方案。

2）采用某种设计方法，将一个复杂的系统按功能划分成模块的层次结构。

3）确定每个模块的功能、模块间的调用关系，建立与已确定的软件需求的对应关系。

4）系统接口设计，确定模块间的接口信息。

5）数据结构及数据库设计确定实现软件的数据结构和数据库模式。

6）制定测试计划，用于测试方案设计确定软件的测试计划。

7）书写文档。

4.1.1　数据结构设计

数据结构设计，又称为软件架构设计，是软件模块之间关系的表示，决定了整个系统的结构，如图4-1所示。

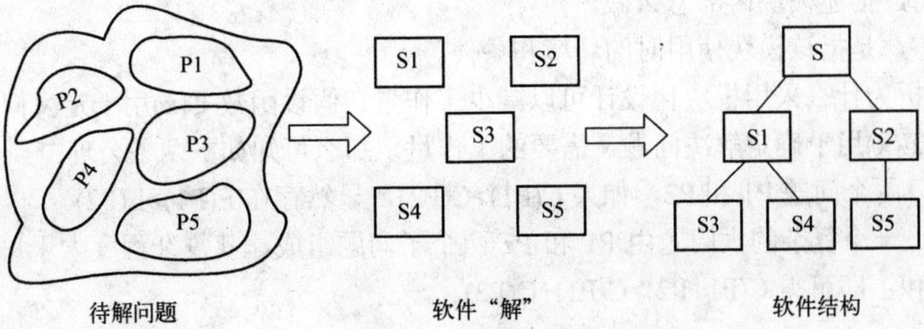

图4-1　软件架构设计

需求分析阶段的数据流图转化为层次图或结构图，用于描述模块层次结构，具体内容如下。

1）确定为实现软件系统的功能需求所必须的算法，确定算法所必须的逻辑数据结构及其操作等，评估算法的性能。

2）确定满足软件系统的性能需求所必须的算法和模块间的控制方式。如，响应时间、吞吐量（即单位时间内能够处理的数据量）、精度（在进行科学计算或工程计算时的运算精度的要求）等。

3）确定输入、输出文件的详细的数据结构。

4.1.2 接口设计

接口设计是针对软件内部各个模块之间、软件与协作系统之间以及软件与使用它的人之间的通信方式进行设计，需求分析阶段产生的数据流图为接口设计提供所需的基本信息。

4.1.3 过程设计

过程设计是指系统结构部件转换成软件的过程描述。

4.2 软件设计的基本原理

软件设计基本原理是指在软件设计时需要遵守的一些规则、一般有模块化设计、耦合性和内聚性、改进软件结构的指导原则等内容。

4.2.1 模块化设计

工程上许多大的系统都是由一些较小的单元组成。例如，机器中的各种零部件，其标准化不但降低了系统的复杂性，使得系统容易修改，而且易于系统并行开发，提高了生产效率。同样地，将复杂的软件系统划分为较小的、相关而又相对独立单元的方法称为模块化设计。

这些小的单元又称为模块，一般具有如下三个基本属性。

1）功能，指该模块实现什么样的功能。

2）逻辑，描述模块内部怎么做。

3）状态，是指该模块使用时的环境和条件。

下面分析为什么采用模块化设计可以减少工作量。假设函数 C(x)用于定义问题 x 的复杂程度，函数 E(x)用于确定解决问题 x 需要的工作量，那么可知如下两条公理：

公理 1：两个问题 P1 和 P2，如果 C(P1)>C(P2)，显然存在 E(P1)>E(P2)。

公理 2：一个复杂的大问题由 P1 和 P2 两个子问题组成，其复杂程度大于每个子问题的复杂程度之和，即可得 C(P1+P2)>C(P1)+C(P2)。

由公理 1 和公理 2 可推理出 E(P1+P2)>E(P1)+E(P2)，即复杂的问题分解成小问题之后，问题的复杂程度在降低，所需解决的工作量在减少。

从上面的不等式似乎还能得出下述结论：只要无限制地分解软件，最后所需的工作量似乎小到可以忽略不计。但是，这样的结论是不能成立的。这是由于模块数目增加会导致模块之间沟通工作量的增加。因此，如图 4-2 所示，软件总成本曲线中每个程序都相应地有一个最适当的模块数目 M，使得系统的开发成本最小。

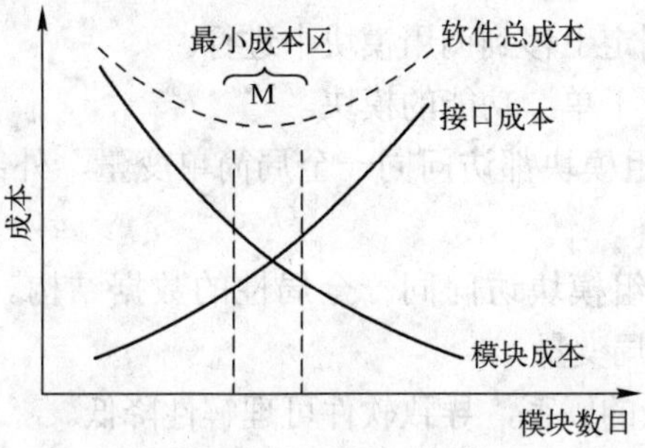

图 4-2　系统的成本和模块关系图

模块的独立性是指软件系统中每个模块只涉及单一的具体功能。模块的独立性有如下好处。

1）独立模块便于多人分工、并行工作。

2）独立模块的错误传播范围小。

3）独立的模块容易测试和维护，其修改所需工作量较小。

4.2.2　耦合性和内聚性

一个软件结构设计的好坏，主要看模块的独立性，要从耦合性和内聚性两个方面来衡量。耦合是指一个模块与其他模块间的联系，是模块之间的相对独立性的度量。而内聚是指模块功能强度的度量。一个模块内部各个元素之间的联系越紧密，其内聚性就越高。好的软件结构具有高内聚、低耦合的模块化结构，这不仅可以提高模块的可重用性及系统的可维护性，还可以提高软件质量、降低软件生产成本。

下面依次讲解模块的耦合性和内聚性。耦合性是模块间相互依赖程度的度量，耦合的强弱取决于模块间接口的复杂程度，进入或访问一个模块的点以及通过接口的数据。

影响耦合强度的因素如下所示。

1）一模块对另一模块的引用。

2）一模块向另一模块传递的数据量。

3）一模块施加到另一模块的控制的数量。

4）模块间接口的复杂程度。

一般模块之间可能的连接方式有七种，从而构成了耦合性的七种类型。

1）非直接耦合：如果两个模块之间没有直接关系，它们之间的联系是通过主模块的控制和调用实现的，这种耦合的模块独立性最强。

2）数据耦合：如果两个模块彼此间通过参数交换信息，而且交换的信息仅仅是数据，这种耦合属于松散耦合。

3）特征耦合：又称为标记耦合，如果一组模块通过数据结构传递记录信息，如记录、数组等，而不是简单的数据传递信息或都与一个数据结构有关系。

4）控制耦合：模块通过传递开关、标志、名字等控制信息，控制另一模块的功能。控制耦合增加了理解和编程的复杂性，调用模块必须知道被调模块的内部逻辑，增加了相互依赖。去除模块间控制耦合的方法如下。

- 将被调用模块内的判定上移到调用模块中进行。
- 被调用模块分解成若干单一功能的模块。

5）外部耦合：允许一组模块都访问同一全局简单变量，外部耦合一般必不可少，但其数目应尽量少。

6）公共耦合：允许一组模块访问同一全局性的数据结构。由于公共耦合存在如下问题，应慎用公共数据区和全局变量。

- 模块间存在错综复杂的联系，导致软件可理解性降低。
- 修改变量名或属性困难，导致软件可维护性差。
- 公共数据区及全局变量无保护措施，导致软件可靠性差。

7）内容耦合：如果一个模块可以直接调用另一模块中的数据，往往有如下表现形式。

- 一模块直接访问另一模块的内部数据。
- 一模块不通过正常入口转到另一模块内容。
- 两模块有一部分代码重叠。
- 一模块有多个入口。

因此，最好不要使用内容耦合。

模块的内聚是指一个模块内部各成分之间相互关联的强度，是信息隐藏和局部化概念的自然扩展。高内聚是指一模块的所有成分都直接参与完成同一功能。模块内聚按照模块独立性由高到低的顺序叙述如下。

1）功能内聚：一个模块中各个部分都是完成某一具体功能必不可少的组成部分，或者说该模块中所有部分都是为了完成一项具体功能而协同工作，则该模块为功能内聚模块。

2）信息内聚：模块完成多个功能，各功能都在同一数据结构上操作，每一功能有唯一入口。由于这个模块的所有功能都是基于同一个数据结构，可以看成是多个功能内聚模块的组合，并且达到信息的隐蔽。

3）通信内聚：模块内各部分使用相同的输入数据，或产生相同的输出结果。

4）过程内聚：模块内各处理成分相关，而且必须以特定次序执行。

5）时间内聚：时间内聚又称为经典内聚。这种模块大多为多功能模块，但模块的各个功能的执行与时间有关，通常要求所有功能必须在同一时间段内执行。例如，初始化模块和终止模块就是时间内聚模块。

6）逻辑内聚：把几种相关功能（逻辑上相似的功能）组合在一个模块内，每次调用由传给模块的参数确定执行哪种功能。逻辑内聚具有不易修改、增强了耦合程度（控制耦合）以及效率低等缺点。

7）巧合内聚：当几个模块内正好有一段代码是相同的，将它们抽取出来形成单独的模块，即巧合内聚模块。这种模块没有独立功能，各部分之间没有联系或联系很松散。

4.2.3 改进软件结构的指导原则

根据模块独立性原则对模块进行合并、分解、修改、调整，得到高内聚、低耦合模块，使得软件结构易于实现、测试和维护，改进软件结构的指导原则具体如下所示：

（1）模块功能的完善化

完整的模块应包括执行规定功能部分、出错处理部分和需返回给调用者数据时返回是否正确结束标志三部分内容。

（2）消除重复功能

（3）作用范围应在控制范围内

模块的控制范围又称控制域，是指模块本身和其下属模块的集合。而模块的作用范围，即作用域是指受该模块内一个条件判定影响的所有模块的集合。两者区别是：控制域是从结构方面考虑的，而作用域是从功能方面考虑的。所谓把一个条件判定的作用范围限制在判定所在模块的控制范围之内是指作用域是控制域的子集。在图 4-3 中模块 A 的控制域是 A、B、C、D、E、F 等模块的集合。

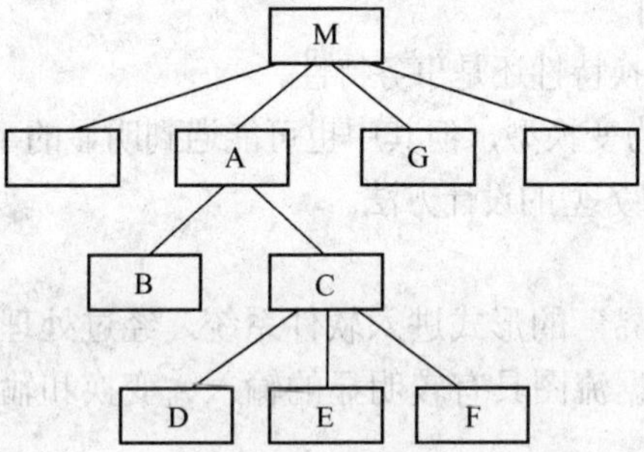

图 4-3　模块的控制

（4）减少高扇出争取高扇入

扇出是一个模块直接控制的模块数目，扇出过大意味着模块过于复杂，典型的系统扇出通常是 3 或 4。扇入是指调用一个给定模块的模块个数。

（5）模块大小适中

模块过大会导致可理解程度下降，而模块过小则会导致开销过大，系统接口复杂。一个模块包含的语句数超过 30 以后，模块的可理解性较差。

（6）降低模块接口的复杂性

接口复杂或不一致是紧耦合或低内聚的征兆，应重新分析模块的独立性，接口传递信息应简单且和模块功能一致。

（7）模块功能可预测

将独立的模块看成黑盒子，相同输入应产生相同输出，其功能为可预测的。

4.3 两种设计方法

面向数据流的设计（Structured Design，SD）和面向数据结构的设计（Jackson Structured Programming，JSP）都是处理数据信息，不同之处在于 SD 方法采用数据流图来设计，而 JSP 方法采用数据结构来设计。

4.3.1 面向数据流设计方法

1978 年，E. Yourdon 和 L. L. Constantine 提出了面向数据流方法，又称为面向功能的软件开发方法或结构化开发方法。面向数据流方法首先用结构化分析进行需求分析，然后用结构化设计进行总体设计，最后进行结构化编程。

SD 设计方法以数据流图为基础，将数据流图所描述的软件系统的逻辑模型映射为软件系统的结构，其实施要点：1）建立数据流的类型。2）指明流的边界。3）将数据流图映射到程序结构。4）用“因子化”方法定义控制的层次结构。5）用设计测量和一些启发式规则对结构进行细化。

面向数据流设计方法具体步骤如下所示。

1）复查基本系统模型。

2）复查并精化数据流图。

3）确定数据流图具有变换特性还是事务特性。

系统的信息流总能表示为变换型，但其中也可能遇到明显的事务流特征。这时通常采用变换型为主，在局部范围采用事务型的设计方法。

（1）变换特性

信息通常是以“外部世界”的形式进入软件系统，经过处理后，再以“外部世界”的形式离开系统，变换特性的数据流图具有较明显的输入、变换和输出。例如，打印收据的数据流图如图 4-4 所示。

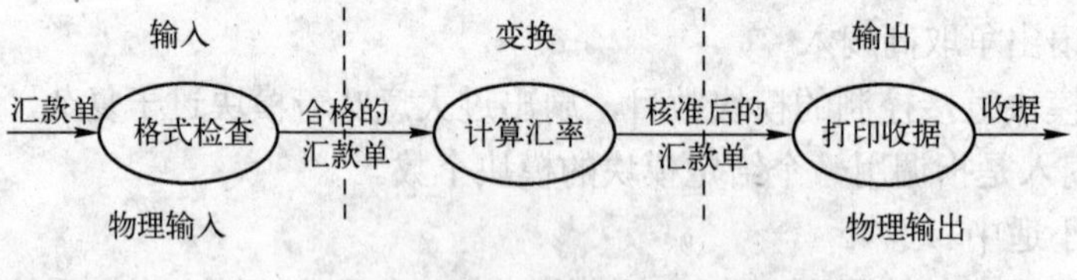

图 4-4　打印收据的事务特性的数据流图

1）输入边界：从物理输入端开始，一步步向系统内移动，直到某个数据流不能被看作是系统的输入为止，则这个数据流的前一个数据流就是系统的逻辑输入（离物理输入最远，而仍被看作系统的输入的那个数据流）。

2）输出边界：从物理输出端开始，一步步向系统内移动，同样可以找到逻辑输出（离物理输出最远，而仍被看作系统的输出的那个数据流）。

3）变换：又称为主加工，逻辑输入与逻辑输出之间的部分。

（2）事务特性

当数据流是“以事务为中心”时，根据事务处理性质，在若干个动作序列中选择一个适当的处理单元。事务特性的特点是将某个加工的输入分成一串发散的数据流，形成许多活动路径。住户分房采用数据流图表示如图 4-5 所示。

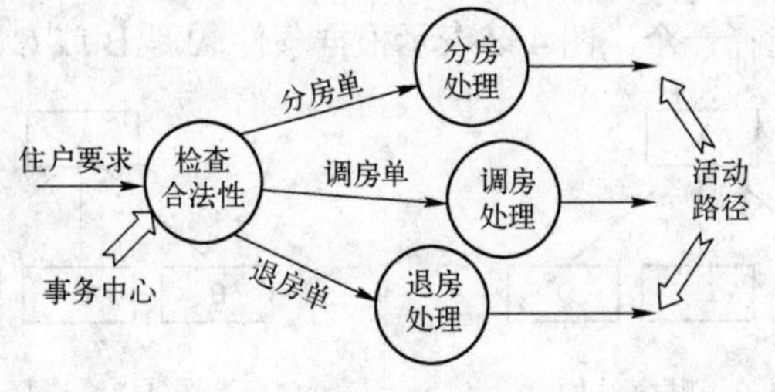

图 4-5 “住户分房”的事务特性的数据流图

事务型分析设计方法步骤如下所示。

1）在数据流图（Data Flow Diagram，DFD）上确定事务中心、接收部分和发送部分。

2）画出结构图（Structured Chart，SC）框架，把 DFD 上的三部分分别映射为事务控制模块、接收模块和动作发送模块。

3）分解细化接收分支和发送分支，完成初始 SC。

事务型的系统结构图如图 4-6 所示。

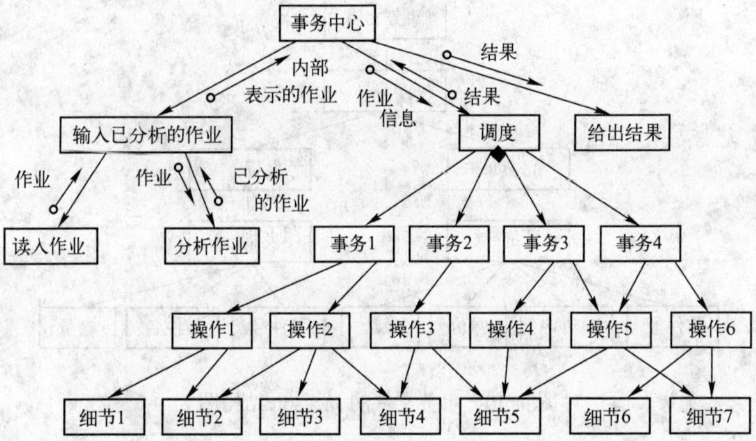

图 4-6 事务型系统结构图

4.3.2 面向数据结构设计方法

面向数据结构方法用于处理软件系统具有清晰的层次结构的情况。JSP 方法作为著名的面向数据结构设计方法，具有以下优点。

1）便于表示层次结构，而且是对结构进行自顶向下分解的有力工具。

2）形象直观可读性好。

3）既能表示数据结构也能表示程序结构。

JSP 方法采用 Jackson 图描述顺序、选择和重复三种逻辑关系，如下所示。

1）顺序结构：顺序结构的数据由一个或多个数据元素组成，每个元素按确定次序出现一次。图 4-7 是表示 A 由 B、C、D 三个元素顺序组成。

2）选择结构：选择结构的数据包含两个或多个数据元素，每次使用这个数据时按一定条件从这些数据元素中选择一个。图 4-8 表示根据条件 A 是 B 或 C 或 D 中的某一个。

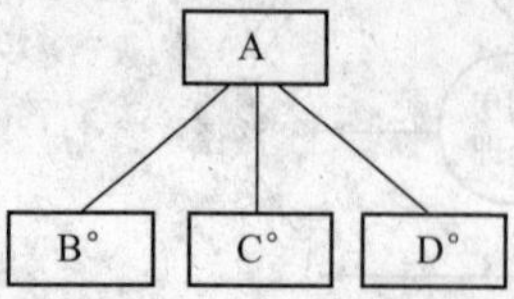

图 4-7　顺序结构

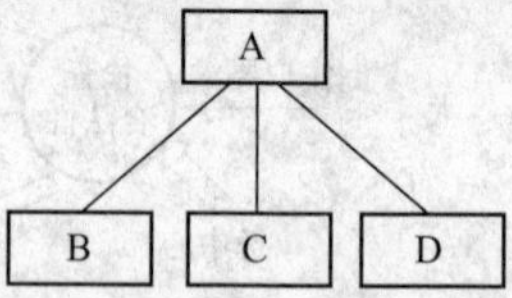

图 4-8　选择结构

3）重复结构：重复结构的数据，根据使用时的条件由一个数据元素出现零次或多次构成。图 4-9 表示 A 由 B 出现 N 次（N≥0）组成。

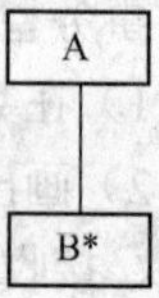

图 4-9　重复结构

【例 4-1】 某仓库管理系统每天要处理大批由单据所组成的事务文件。单据分为订货单和发货单两种，每张单据由多行组成，订货单每行包括零件号、零件名、单价及数量等 4 个数据项，发货单每行包括零件号、零件名及数量等 3 个数据项，用 Jackson 结构图表示该事务文件的数据结构。图 4-10 为该事务文件的数据结构。

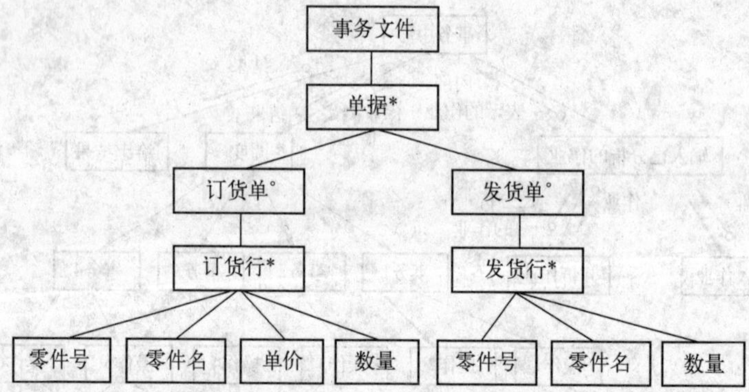

图 4-10　事务文件的 Jackson 结构图

Jackson 方法基本由下列五个步骤组成：

（1）分析并确定输入数据和输出数据的逻辑结构，并用 Jackson 图描绘这些数据结构

（2）找出输入数据结构和输出数据结构中有对应关系的数据单元

（3）用下列三条规则从描绘数据结构的 Jackson 图导出描绘程序结构的 Jackson 图

1）具有对应关系的数据单元，按照它们在数据结构图中的层次，在程序结构图的相应层次画一个处理框。

2）根据输入数据结构中剩余的每个数据单元所处的层次，在程序结构图的相应层次分别为它们画上对应的处理框。

3）根据输出数据结构中剩余的每个数据单元所处的层次，在程序结构图的相应层次分别为它们画上对应的处理框。

（4）列出所有操作和条件（包括选择条件和重复结束条件），并把它们分配到程序结构图的适当位置

（5）用伪码表示程序

Jackson 方法中使用的伪码和 Jackson 图是完全对应的，下面是和三种基本结构对应的伪码。

1）顺序结构对应的伪码，其中“seq”和“end”是关键字。

```
A   seq
    B
    C
    D
A   end
```

2）选择结构对应的伪码，其中“select”“or”和“end”是关键字，cond1、cond2 和 cond3 分别是执行 B、C 或 D 的条件。

```
A   select    cond1
    B
A   or        cond2
    C
A   or        cond3
    D
A   end
```

3）重复结构对应的伪码，其中“iter”“until”“while”和“end”是关键字，cond 是条件。

```
A   iter until（或 while）cond
    B
A   end
```

当软件系统中数据结构发生变化，输入数据结构与输出数据结构无对应关系时，JSP 方法则难以应用。因此，软件设计一般是总体上采用 SD 方法，局部范围采用 JSP 方法。

4.4 软件体系结构

软件体系结构是一系列相关的抽象模式，用于指导大型软件系统各个方面的设计。本节介绍二层模式（C/S 体系结构）和三层模式（MVC 体系结构）。

4.4.1 二层模式——C/S 体系结构

客户机/服务器系统（Client/Server，C/S）作为分布式计算机系统，将应用一分为二，服务器负责数据管理，客户机完成与用户的交互任务。如图 4-11 所示。

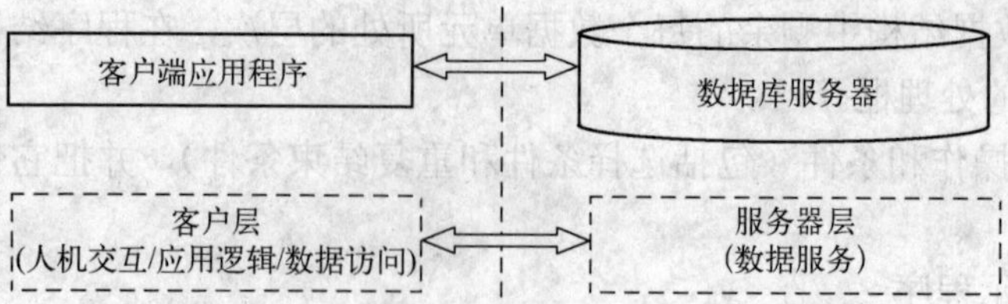

图 4-11　C/S 体系结构应用程序

C/S 结构相对于单机版模式，具有如下优点。

1）充分利用客户机和服务器双方的能力，组成一个分布式应用环境。

2）通过把程序和数据隔离，使得数据具有独立性。

3）由客户机管理用户界面，每个服务器在客户机/服务器模式下可以支持更多的用户。

随着软件的复杂程度不断提高，C/S 结构存在以下几个局限。

1）二层 C/S 结构是单一服务器且以局域网为中心的，难以扩展至广域网。

2）耗费系统资源。每个客户端程序都要直接连接到数据库服务器，使服务器为每个客户端建立连接而消耗大量宝贵的服务器资源，导致系统集成能力十分有限。

3）部署困难。集中在客户机的应用逻辑导致客户端负荷太重，随着业务规则的不断变化，需要不断更新客户端程序，大大增加了客户机的部署工作量，系统的性能容易变坏。

4）数据安全性不好。由于客户端程序可以直接访问数据库服务器，那么在客户端计算机上的其他程序也可想办法访问数据库服务器，从而使数据库的安全性受到威胁。

4.4.2　三层模式——MVC 模式

为了解决传统软件的两层体系结构的局限性，B/S 结构（Browser/Server，浏览器/服务器模式）应运而生。浏览器统一了客户端应用软件，将系统的实现功能集中到服务器上，从而简化了系统的开发、维护和使用。

网络三层体系结构是当前 Web 的网络结构模式，三层是指客户层（表示层）、应用服务器层（功能层）和数据服务层（数据层）。其中，表示层是用户接口部分，担负着用户与应用间的对话功能，用于检查用户从键盘等输入的数据，显示输出的数据。功能层完成具体的业务处理逻辑。数据层就是数据库管理系统。

MVC 模式是当前较为流行的三层模式。MVC 是 Model、View 和 Control 三个单词的缩写，由模型、视图和控制器三部分组成，其框架如图 4-12 所示。

1）模型。模型封装了数据和基于这些数据的操作，是系统的业务逻辑部分。

2）视图。视图提供了对模型的显示，是系统的用户界面部分。

3）控制器。控制器相当于模型和视图的一个中介，控制器接受所有视图提交的请求，根据请求内容的不同而转发到不同的模型中，并将最终结果回传给视图向用户显示，控制器是模式中最重要的部分。

当前流行的 MVC 模式如图 4-13 所示，其中，业务逻辑层采用 Spring 框架，用于管理业务对象；数据持久层采用的 Hibernate 框架，执行对数据持久化的操作；表示层采用 Struts 框架，实现页面处理逻辑。

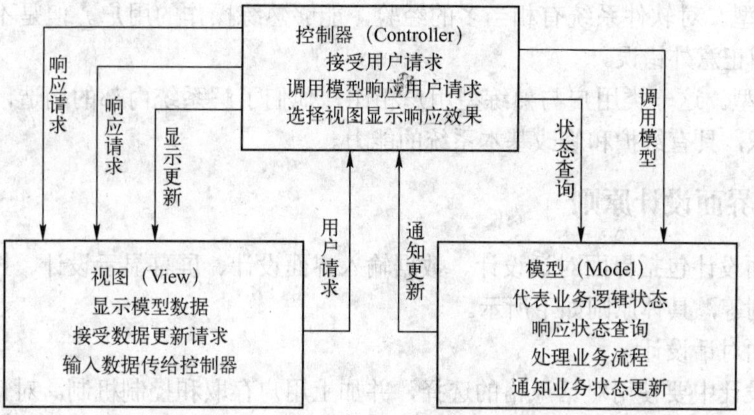

图 4-12　MVC 设计模式

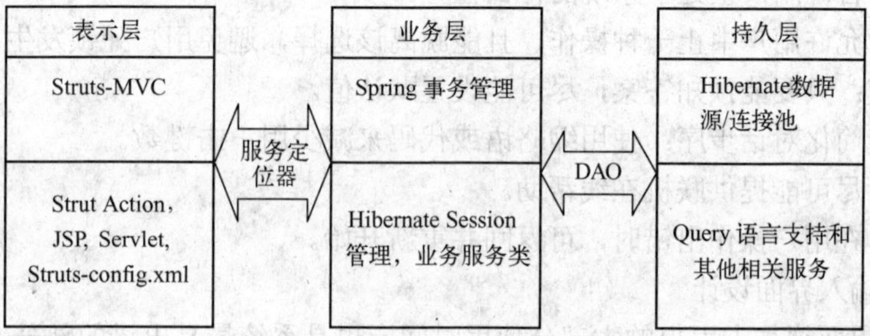

图 4-13　Struts＋Spring＋Hibernate 模式

Struts＋Spring＋Hibernate 是当前 Web 的流行开发框架。Struts 用于前台控制框架规范了程序的开发，把网页设计人员和程序开发人员进行了分离，增强了软件可扩展性，降低了维护成本。Spring 用于软件项目的中间层平台，作为业务逻辑处理的框架。Hibernate 作为持久层上的“对象－关系”映射轻量级组件，对持久层进行了轻量级封装，使得对数据库的操作变得简单。

4.5　人机界面设计

人机界面作为程序重要的部分，是指从大众审美以及心理学角度对软件提出要求，主要负责用户与应用程序之间的交互，包括软件的颜色搭配、字体使用、排版布局等。人机界面设计包括用户特性、人机界面设计原则和人机界面设计四个问题等内容。

4.5.1　用户特性

用户类型不同，人机界面设计相差巨大。通过了解用户的特性，预测用户对不同的界面设计做出的不同反映，用户一般分为外行型、初学型、熟练型和专家型几类，具体如下所示。

1）外行型。从未用过计算机的用户，不熟悉计算机操作，对系统很少或毫无认识。

2）初学型。对计算机有一些经验，但对新系统不熟悉的用户，需要相当多的支持。

3）熟练型。对软件系统有相当多的经验，能够熟练操作的用户。但是不了解系统内部结构，不能纠正意外错误。

4）专家型。这一类用户与熟练型用户相比，他们了解系统内部的构造，有系统工作机制的专业知识，具有维护和修改基本系统的能力。

4.5.2 人机界面设计原则

人机界面设计包括界面对话设计、数据输入界面设计、屏幕显示设计、控制界面设计和菜单设计原则等，具体原则如下所示。

（1）界面对话设计

在界面设计中要使用对话风格的选择，并加上用户存取和控制机制。对话是以任务顺序为基础，遵循如下原则。

1）反馈：随时将正在做什么的信息告知用户，尤其是响应时间十分长的情况下。

2）状态：告诉用户正处于系统的什么位置。

3）脱离：允许用户中止一种操作，且能脱离该选择，避免用户死锁发生。

4）默认值：只要能预知答案，尽可能设置默认值。

5）尽可能简化对话步序：使用缩略语或代码来减少用户击键数。

6）求助：尽可能提供联机在线帮助。

7）复原：在用户操作出错时，可返回并重新开始。

（2）数据输入界面设计

数据输入界面往往占用户的大部分使用时间，也是系统最易出错的部分之一，数据输入界面应简化用户的工作，降低输入出错率，容忍用户错误，具体如下所示。

1）尽可能减少用户记忆，采用列表选择。对共同输入内容设置默认值；使用代码和缩写等；系统自动填入用户输入过的内容。

2）使界面具有预见性和一致性。用户应能控制数据输入顺序并使操作明确，采用与系统环境一致风格的数据输入界面。

3）防止用户出错。在设计中可采取确认输入（只有用户按下按键，才确认），明确的移动（使用〈TAB〉键或鼠标在表中移动），明确的取消，已输入的数据并不删除。对删除必须再一次确认，对致命错误，要警告并退出。

4）提供反馈。要使用户能查看他们已输入的内容，并提示有效的输入回答或数值范围。

5）按用户速度输入和自动格式化。用户应能控制数据输入速度并能进行自动格式化。

6）允许编辑。理想的情况，在输入后能允许编辑且采用风格一致的编辑格式。

（3）屏幕显示设计

屏幕的设计主要包括布局、文字用语及颜色等。

1）布局。屏幕布局因功能不同考虑的侧重点不同，各功能区要重点突出，功能明显，一般遵循如下五项原则。

- 平衡原则。注意屏幕上下左右平衡。不要堆挤数据，过分拥挤的显示也会产生视觉疲劳和接收错误。
- 预期原则。屏幕上所有对象，如窗口、按钮、菜单等处理应一致化，使对象的动作可预期。

● 经济原则。即在提供足够的信息量的同时还要注意简明清晰。

● 顺序原则。对象显示的顺序应依需要排列。通常应最先出现对话，然后通过对话将系统分段实现。

● 规则化。画面应对称，显示命令、对话及提示行尽量统一规范。

2）文字与用语。文字和用语除作为正文显示媒体出现外，还在设计题头、标题、提示信息、控制命令，会话等功能时展现。对文字与用语设计格式和内容应注意以下几点。

● 用语简洁。避免使用计算机专业术语；尽量用肯定句而不要用否定句；用主动语态而不用被动语态；英文词语尽量避免缩写；在按钮、功能键标识中应尽量使用描述操作的动词；在有关键字的数据输入对话和命令语言对话中采用缩码作为略语形式。

● 格式。在屏幕显示设计中，一幅画面不要文字太多，较多文字尽量分组分页，在关键词处进行加粗、变字体等处理，但同行文字尽量字型统一。英文词除标语外，尽量采用小写和易认的字体。

● 信息内容。信息内容显示不仅采用简洁、清楚的表达，还应采用用户熟悉的简单句子，尽量不用左右滚屏。当内容较多时，应以空白分段或以小窗口分块，以便记忆和理解。重要字段可用粗体和闪烁吸引注意力。

3）颜色的使用。颜色的调配对屏幕显示也是重要的一项设计，颜色除了是一种有效的强化技术外，还具有美学价值。使用颜色时应注意如下几点。

● 限制同时显示的颜色数。一般同一画面颜色数不宜超过 4 或 5 种，可用不同层次及形状来配合颜色，增加变化。

● 画面中活动对象颜色应鲜明，而非活动对象应暗淡。对象颜色应尽量不同，前景色宜鲜艳一些，背景则应暗淡。

● 尽量避免不兼容的颜色放在一起，如黄与蓝，红与绿等。

（4）控制界面设计

控制界面设计包括控制会话设计、菜单界面设计、功能键设计、图标设计、窗口设计、直接操作界面、命令语言界面设计等。

（5）菜单设计原则

菜单是用户界面设计重要的组成部分，作为软件系统的功能划分，起到一个主控模块的作用，负责调用各功能模块。如图 4-14 所示。

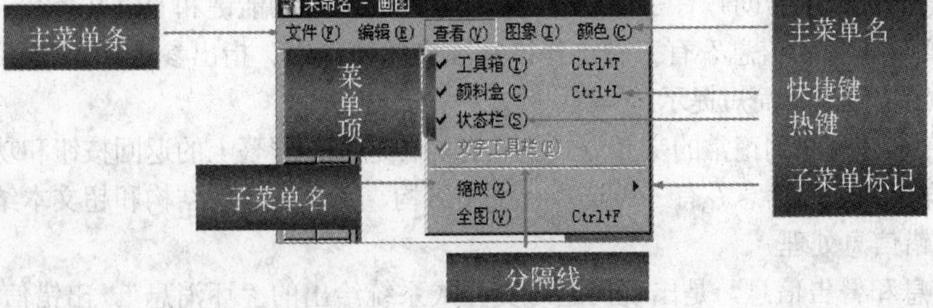

图 4-14　菜单

菜单分为固定位置菜单、浮动位置菜单、下拉式菜单等，如下所示。

1）固定位置菜单：固定位置菜单每次总是在屏幕的相对固定的位置出现，例如在屏幕的中央或一侧，便于实现多层结构的菜单机制。用户从当前屏幕上菜单项的内容，就可以知道自己当前在系统中的位置以及上下级关系。但是由于在水平方向和垂直方向均有菜单常驻于屏幕，所以它将占有一部分屏幕的空间，使得用户的工作区变小。

2）浮动位置菜单：也叫弹出式菜单。浮动位置菜单仅当需要时，才被显示出来供用户选用，当完成它的使命后，便会自动从屏幕上消失。

3）下拉式菜单：具有固定菜单和浮动菜单功能，其结构分为两层，第一层是各个父菜单项，在屏幕上的狭窄带形区域中排成一行；第二层是父菜单项的子菜单项，隶属于所对应的父菜单项。下拉式菜单的子菜单项平时是“隐藏”在屏幕后面的，仅当选上其父菜单项时，才会立即显示出来，以供用户选用。

4.5.3 人机界面设计四个问题

在设计人机界面的过程中，几乎总会遇到下述四个问题：系统响应时间、用户帮助设施、出错信息处理和命令交互。

（1）系统响应时间

系统响应时间是许多交互式系统用户经常抱怨的问题。一般说来，系统响应时间指从用户完成某个控制动作（例如，按〈Enter〉键或点击鼠标）到软件给出预期的响应（输出信息或做动作）之间的这段时间。

系统响应时间有两个重要属性，分别是长度和易变性。长度指系统响应时间一般遵循“258”原则，即小于2秒，则用户乐于接受；小于5秒，用户勉强接受；多于8秒，用户不能接受。易变性指系统响应时间相对于平均响应时间的偏差。在许多情况下，这是系统响应时间的更重要的属性。即使系统响应时间较长，响应时间易变性低也有助于用户建立起稳定的工作节奏。

（2）用户帮助设施

几乎交互式系统的每个用户都需要帮助，当遇到复杂问题时甚至需要查看用户手册以寻找答案。大多数现代软件都提供联机帮助设施，这使得用户无须离开用户界面就能解决自己的问题。

1）在用户与系统交互期间，是否在任何时候都能获得关于系统任何功能的帮助信息？有两种选择：提供部分功能的帮助信息和提供全部功能的帮助信息。

2）用户怎样请求帮助？有三种选择：帮助菜单、特殊功能键和HELP命令。

3）怎样显示帮助信息？有三种选择：在独立的窗口中、指出参考某个文档（不理想）和在屏幕固定位置显示简短提示。

4）用户怎样返回到正常的交互方式中？有两种选择：屏幕上的返回按钮和功能键。

5）怎样组织帮助信息？有三种选择：平面结构、信息的层次结构和超文本结构。

（3）出错信息处理

出错信息和警告信息，是出现问题时交互式系统给出的“坏消息”。出错信息设计得不好，将向用户提供无用的甚至误导的信息，反而会加重用户的挫折感。

一般说来，有效的出错信息能提高交互式系统的质量，减轻用户的挫折感。出错信息应该具有下述属性。

1）信息应该用用户可以理解的术语描述。

2）信息应该提供有助于从错误中恢复的建设性意见。

3）信息应该指出错误可能导致哪些负面后果（例如，破坏数据文件），以便用户检查是否出现了这些问题，并在确实出现问题时及时解决。

4）信息应该伴随着听觉上或视觉上的提示。例如，在显示信息时发出警告铃声，或者信息用闪烁方式显示，或者信息用明显表示出错的颜色显示。

（4）命令交互

命令行曾经是用户和系统软件交互的最常用的方式，并且也曾经广泛地用于各种应用软件中。现在，面向窗口的、点击和拾取方式的界面已经减少了用户对命令行的依赖，但是，许多高级用户仍然偏爱面向命令行的交互方式。在多数情况下，用户既可以从菜单中选择软件功能，也可以通过键盘命令序列调用软件功能。

在提供命令交互方式时，必须考虑下列设计问题。

1）是否每个菜单选项都有对应的命令。

2）采用何种命令形式？组合键、功能键和键入命令有三种选择。

3）学习和记忆命令的难度有多大？忘记了命令怎么办。

4）用户是否可以定制或缩写命令。

在越来越多的应用软件中，人机界面设计者都提供了“命令宏机制”，利用这种机制用户可以用自己定义的名字代表一个常用的命令序列。需要使用这个命令序列时，用户无须依次键入每个命令，只需输入命令宏的名字就可以顺序执行它所代表的全部命令。

4.6 相关图表

软件设计采用程序流程图、N-S 图、结构图、PAD 图等描述软件功能。下面，介绍程序流程图和 N-S 图。

4.6.1 程序流程图

程序流程图也称为程序框图，用于表示软件的设计思路和处理方法，独立于任何一种程序设计语言。下面，分别用程序流程图表示顺序结构、分支结构和循环结构。

（1）顺序结构

顺序结构是最简单的控制结构，如图 4-15 所示，程序执行是按照语句的先后次序从上到下地执行，语句 1 将输入数据进行处理后，输出结果作为语句 2 的输入，没有执行语句 1，语句 2 是不会执行的。

（2）分支结构

分支结构又名选择语句、条件判定结构，是在某种特定的条件下选择执行程序中的特定语句，即对不同的问题采用不同的处理方法。根据条件表达式判断的结果，执行相应的语句。分支结构如图 4-16 所示，如果条件 exp 成立，则按 A 执行，否则按 B 执行。

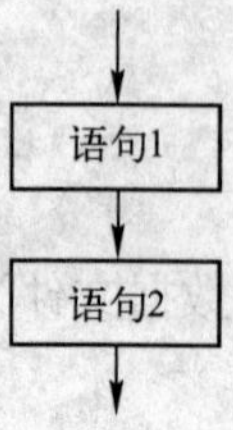

图 4-15 顺序结构

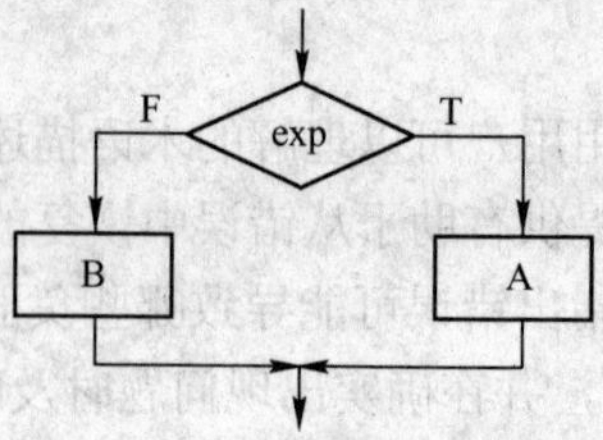

图 4-16 分支结构图

（3）循环结构

循环结构作为程序设计中最能发挥计算机特长的基本结构，可以减少程序代码重复书写的工作量。当条件成立时，反复执行某程序段，直到条件不成立为止。循环结构如图 4-17 所示，图中存在一个“环”。

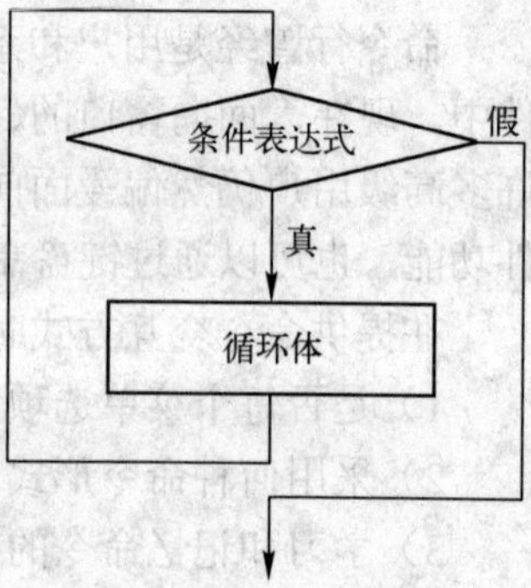

图 4-17 循环结构图

4.6.2 N-S 图

程序流程图由一些特定意义的图形、流程线及简要的文字说明构成，虽然能清晰地表示程序的运行过程，但在使用过程中流程线不一定是必需的，而且往往会使得整个图因为流程线导致某些错误。因此 Nassi 和 Shneiderman 提出了 N-S 图，N-S 图具有下述特点。

（1）功能域（即，一个特定控制结构的作用域）明确，可以从 N-S 图上一眼就看出来。

（2）N-S 图没有箭头，不可能任意转移控制。

（3）很容易确定局部和全程数据的作用域。

（4）很容易表现嵌套关系，也可以表示模块的层次结构。

N-S 图如图 4-18 所示。

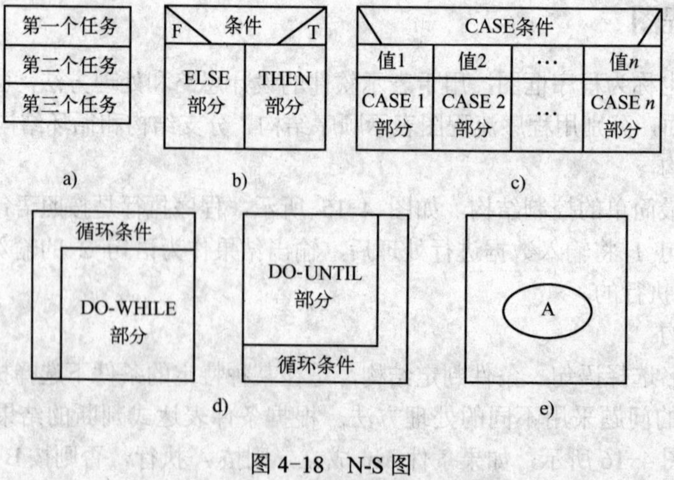

图 4-18 N-S 图

【例 4-2】 用 N-S 图描述某年是否是闰年。

解析：采用分段排除：如果 a mod 4 ! = 0，则 a 不是闰年；否则如果 a mod 100 == 0 And a mod 400 != 0，则 a 不是闰年,否则 a 是闰年。N-S 图如图 4-19 所示。

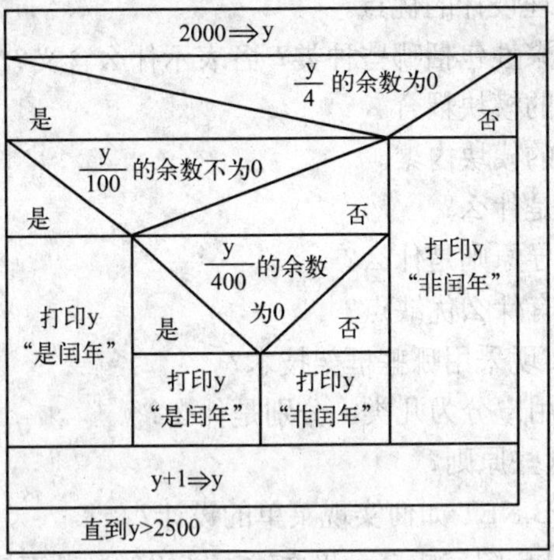

图 4-19 "闰年"的 N-S 图

小结

软件设计是软件开发的重要阶段，一般分为总体设计和详细设计。总体设计进行结构设计，将软件功能进行模块划分，负责各个模块之间的通信。详细设计阶段的关键任务是确定怎样具体地实现用户需要的软件系统，也就是要设计出程序的"蓝图"，针对具体的模块实现内容。

模块独立从耦合和内聚两方面进行分析，耦合是指模块之间的相对独立性的度量。内聚是指模块功能强度的度量。一个模块内部各个元素之间的联系越紧密，则它的内聚性就越高，相对地，它与其他模块间的耦合性就会减低，而模块独立性就越强。因此，高内聚低耦合的模块是软件设计的目标。

面向数据流的设计（SD 方法）和面向数据结构的设计（JSP 方法）都是用于处理数据信息、将数据表示转换成软件表示，不同之处在于 SD 方法采用数据流图来设计，而 JSP 方法采用数据结构来设计。

本章介绍了当今最流行的软件系统结构 C/S 结构和 B/S 结构，就 MVC 框架模式给出了说明。MVC 的三层体系是指客户层（表示层)、应用服务器层（功能层）和数据服务层（数据层)。其中，表示层是用户接口部分，担负着用户与应用层间的对话功能，用于检查用户从键盘等输入的数据，显示输出的数据。功能层完成具体的业务处理逻辑。数据层就是数据库管理系统。

人机界面作为程序最重要的部分，主要负责用户与应用程序之间的交互，应充分考虑视觉、触觉和听觉的作用，并能根据所显示的内容、体积、形状、颜色、方向、移动等解释所获得的可视信息。针对不同的用户特性，给出了人机界面设计的普遍原则和需要注意的问题。

习题

1．简述采用模块化原理设计的优点。
2．模块的耦合性、内聚性包括哪些种类？各表示什么含义？
3．举例说明每种类型的模块耦合。
4．举例说明每种类型的模块内聚。
5．两种设计方法分别是什么？
6．改进软件结构的指导原则是什么？
7．C/S 结构是什么？有什么优缺点？
8．MVC 模式的具体实现采用哪些框架技术？
9．人机界面设计中，用户分为几类，分别是什么？
10．人机界面设计有哪些原则？
11．菜单有哪几种？VB.NET 如何实现菜单的设计？
12．用程序流程图和 N-S 图完成登录界面输入密码的判断三次的情况。

第5章 编　　程

程序是计算机的指令序列，编程就是将详细分析的结果翻译成符合计算机的指令序列。本章首先介绍了计算机程序设计语言的演变历史，对面向过程程序设计语言和面向对象程序设计语言做了详细的分析，从编码风格和编码效率两方面介绍了编码规范，最后介绍了调试策略和三种调试工具。

5.1 编程语言

当人们向计算机发出一条命令，计算机就按指令操作进行，这种一条条指令的集合称为程序。下面介绍程序设计语言的演变历史，结构化程序设计的特点以及如何选择程序设计语言。

5.1.1 程序设计语言历史

人类发明计算机语言的过程就是让计算机能够理解的语言不断提升到能够模仿人类思考问题的形式，其发展的推动力就是抽象，计算机语言演化历史主要经历了如下几个阶段。

第一代计算机语言称为机器语言。机器语言将计算机指令中的操作码和操作数以二进制数字表示，可被计算机直接识别和执行。机器语言的优点是无需翻译，占用内存少、执行速度快。缺点是随计算机硬件的不同差异很大，并且由于机器指令和数据都是二进制，难以阅读和记忆，其编码工作量大，难以维护管理。

第二代计算机语言称为汇编语言。汇编语言引入助记符来表示机器指令的符号语言。例如用 ADD 表示加法，用 SUB 表示减法等。用汇编语言编写的程序必须经过翻译（称为汇编），变成机器语言程序才能被计算机识别和执行。汇编语言在一定程度上克服了机器语言难以辨认和记忆的缺点，但对于大多数用户来说，仍然不便于理解和使用。

第三代计算机语言称为面向过程编程语言。从面向过程编程语言开始，计算机编程语言进入了高级编程语言阶段。高级编程语言的描述形式接近自然语言，采用类似自然语言的形式描述对问题的处理过程，用数学表达式的形式描述对数据的计算过程。高级编程语言使得人们不必关心计算机的内部物理结构，可以将主要精力放在算法的设计和描述上。常用的计算机高级语言有 Basic、Fortran、COBOL、Pascal 和 C 语言等。

第四代计算机语言称为面向对象程序编程语言，或非过程化语言，其具有如下特点：非过程性、采用图形窗口和人机对话形式、基于数据库和“面向对象”技术，第四代语言具有易编程、易理解、易使用、易维护等特点，常用的面向对象程序语言有 Visual Basic、Java、Python、Visual C++和 Delphi 等。

第五代计算机语言称为智能化语言，主要应用于人工智能领域，用于编写推理、演绎程序。目前，国内外大多数软件是用第三代或第四代计算机语言编写的。

5.1.2 结构化程序设计

1965 年，E. W. Dij kstra 提出结构化程序设计方法。作为软件发展历史上重要的里程碑，结构化程序设计方法具有如下特点。

（1）采用自顶向下、逐步细化方法

（2）单入口单出口的控制结构

（3）整个软件由多个相互独立的模块组成

（4）复杂结构应该用基本控制结构进行组合嵌套来实现

（5）严格控制 GOTO 语句的使用

（6）任何程序都由顺序、分支和循环三种基本结构构成

1）顺序。顺序结构是最简单的控制结构，语句主要有赋值语句、输入/输出语句等，程序执行是按照语句的先后次序从上到下执行的。

2）分支。分支结构又称为选择语句、条件判定结构，表示在某种特定的条件下选择程序中的特定语句执行，即对不同的问题采用不同的处理方法。

条件一般由以下几种表达式组成。

- 关系表达式：是指由一个或多个变量结合关系运算符组成的表达式。
- 逻辑表达式：逻辑表达式又称为布尔表达式，它是指由一个或多个关系表达式结合布尔运算符组成的表达式。
- 算术表达式：是指由算术运算符构成的表达式，其结果为数值。

3）循环。当满足条件表达式后，反复地执行某些语言或某一操作，就需要循环结构。循环结构减少程序代码的重复书写，优化程序结构。循环结构分为确定次数循环和不确定次数循环。

- 确定次数循环：是指开始执行循环体时，循环变量的取值范围就已经确定，循环体被执行的具体次数为 $= \mathrm{Int}\left(\dfrac{\text{终值}-\text{初值}}{\text{步长}}+1\right)$
- 不确定次数循环：有些循环只知道循环结束的条件，而重复执行的次数事先并不知道，称为不确定次数循环。例如，精确计算圆周率π，公式如下：$\pi/4=1-1/3+1/5-1/7+\cdots+1/n$ 。这实际是求一个数列的前 n 项累加和，通常要求累加至最后一项的值小于 10^{-6}。分析可知，n 的值在开始时是无法确定的，只能在累加的过程中进行判断，也就是说，循环次数只能通过 1/n 是否小于 10^{-6}来确定。

【例 5-1】 简单选择排序法。

分析：假设最初只有两个数 x=3 和 y=5，若其输入的先后次序是 5 和 3，则必须对两个数交换后输出，引入临时变量 *t* 作为中介，通过以下 3 步实现 x 和 y 的交换。

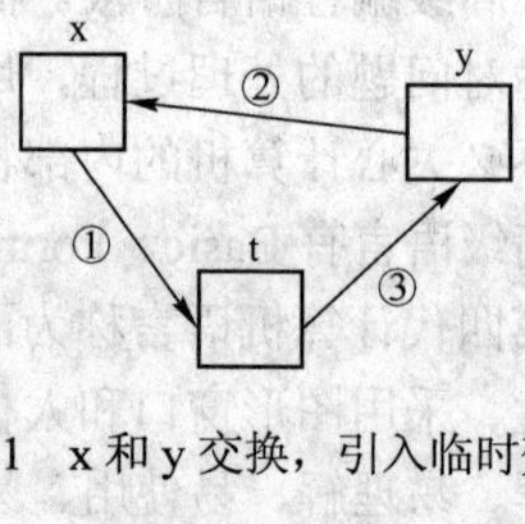

图 5-1 x 和 y 交换，引入临时变量 t

根据图 5-1 所示，得到表 5-1。

表 5-1 交换变量图示

交 换 步 骤	变量 x	变量 y	变量 t
交换前	5	3	0
步骤一	5	3	5
步骤二	3	3	5
步骤三	3	5	5

若为三个变量 x、y、z 依次保存这三个整数。通过排列组合分析，三个变量输入次序共有 6 种情况。任意三个数 x、y、z 按降序排列，若 x 为这三个数的最大值，则有 x>y 且 x>z，排列时满足 y>z 即可。因此，只需三次 If 语句，三次交换即可实现。建议使用 VB.Net 的调试工具的单步运行和监视框监视 x、y、z 三个变量 6 种赋值情况。

若为 n 个数，不妨设（1，4，8，6，2，9，5），则需引入数组，采用如下步骤完成。

1）从数组（1, 4, 8, 6, 2, 9, 5）中选择出最小的数，通过“打擂台”算法实现。

2）将这个最小数与数组的第 1 个位置上元素进行交换，从而使得第 1 个数组位置上的数组元素为最小。

3）除数组的第 1 位置上的元素外，从剩下 n−1 个数组元素中，按 1）选出剩下 n−1 个数组元素中的最小值，将其与数组中的第 2 个位置上的元素交换，从而使得第 2 个位置上的数组元素为次小；如此反复……

5.1.3 选择语言的标准

程序设计语言作为人与计算机通信交流的工具，它的特点必然会影响人的解题方式，影响阅读和理解程序的难易程度。因此，选择适当的程序设计语言是非常重要的工作。计算机程序设计语言众多，每种语言都有自己的特性和应用场合，程序设计语言的选择一般基于如下准则：

（1）项目的应用领域

项目的应用领域作为选择程序设计语言最关键的因素，具体如下所示：

1）用于科学计算的语言：Fortran、A1gol、Pascal、C 等。

2）用于系统软件设计的语言：汇编语言、PascaL、C、Modula 等。

3）商用数据处理语言：COBOL、PL/I、DBASEⅡ、DBASEⅢ、FoxPro、SQL、SYBASE、Oracle 等。

4）人工智能语言：Lisp、Prolog 等。

5）实时计算机系统：汇编语言、Ada、其他实时处理语言。

6）面向对象的语言：Smalltalk、Java、VB.Net、C++等。

（2）算法和计算复杂度

一般来说，商用数据处理和应用软件的算法相对简单；而系统软件、工程计算模拟实时计算机系统以及人工智能的算法要复杂得多。应根据各个语言的特点，选取能够适应软件项目算法和计算复杂度的语言。

（3）数据结构的复杂性

一般说来，商用数据处理和系统软件的数据结构较复杂，工程计算和模拟、实时计算机系统等数据结构较为简单。

（4）开发人员的水平

人们习惯使用自己熟悉的语言，软件开发人员的水平直接决定了所要选择的程序设计语言。

5.2 高级程序设计语言

高级程序设计语言符合人们解决问题的思维方式，编写的程序容易阅读、测试和维护。高级程序设计语言包括面向过程和面向对象程序设计语言。

5.2.1 面向过程程序设计语言

面向过程程序设计语言是程序设计的基础。其中，C 程序设计语言作为其典型代表，在 1972 年由美国贝尔实验室的 D. M. Ritchie 开发，采用结构化编程方法，遵从自顶向下的原则，在涉及操作系统和硬件的编程时优势明显。

C 语言主要包括以下内容。

（1）数组

数组是用相同的名字引用一系列变量，表示一组相同性质的数据。数组并不是一种新的数据类型，而是一些相同类型的数据按一定顺序组成的序列，数组在内存空间中连续存放。

（2）函数与过程

复杂的问题通常采用“分而治之”的思想解决，把大任务分解为多个小的任务进行解决。解决小任务的模块称为过程，只完成一个特定的功能，过程的大小应在 60~200 行代码之间。C 程序由若干个函数构成，整个程序有唯一的主函数（main 函数）。程序运行时，从 main 函数开始执行，main 函数可以调用其他函数，其他函数之间也可以相互调用，最终一律返回到 main 函数结束运行。同一个函数可以被一个或多个函数调用任意多次。图 5-2 即为 C 程序基本结构。

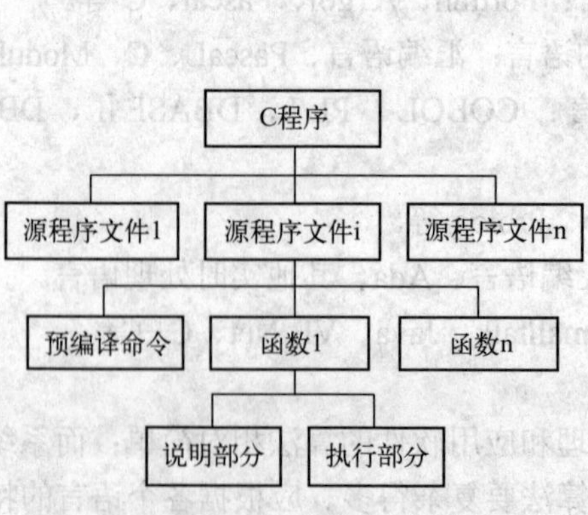

图 5-2　C 程序基本结构

（3）结构体与共用体

数组对于组织和处理大批量的同类型数据来说，是非常灵活方便的。但经常需要将关系密切的不同类型数据组织起来。例如：管理学生档案，每个学生记录由其姓名、性别、学号、年龄、家庭住址和学习成绩等多个不同类型的数据项组成。为了方便处理此类数据，C 语言提供了结构体类型（有些高级语言称之为记录类型）。结构体类型的变量称为结构体，变量名就是结构体的名称，结构体内包含若干成员（数据项），每个成员有不同的名称，各成员可以具有不同的数据类型。

（4）指针

数组排序时，往往要移动多个数组元素，不但耗时，还可能存在开辟空间不足等溢出情况，而指针却只需调整这些地址值，就可以在不改变数组元素物理顺序的情况下，按排序顺序访问，使排序效率大为提高。作为 C 语言的重要概念，指针是 C 语言的精华之一，用指针可以实现函数参数的引用传递，减少传递参数的开销，还能直接操作内存地址，实现动态存储管理；使程序简洁、紧凑、高效、灵活，但也容易产生越界、内存泄漏等副作用。

5.2.2 面向对象程序设计语言

现实世界、概念世界与计算机世界的映射关系如图 5-3 所示，现实世界中的实体映射为计算机世界中的对象，现实世界中的实体抽象为概念世界中的抽象数据类，概念世界中的抽象数据类映射为计算机世界中的类。在计算机中，类是对象的抽象，而对象是类的实例化。

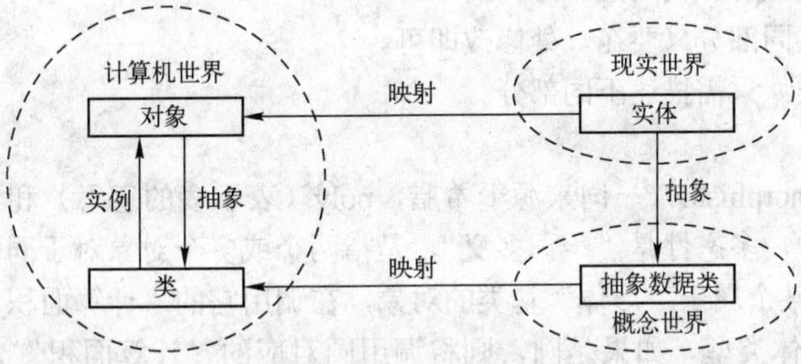

图 5-3 三个世界的映射关系

以人为例来分析一个对象。每个人都是一个具体的对象。例如，每个人有姓名、性别、出生日期、身高、体重、胖瘦等属性，这些都是对象的属性；每个人有吃饭、走路、工作等固有的行为，这些统称为对象的方法；每个人都能对奖励或惩罚这些来自外部的事件做出响应，如高兴、悲伤等，这些称为对象的事件。将人的对象所具有的共同的东西进行抽象，就是人类。人类与人的对象的区别是：人的对象是现实世界中一个具体的人，而人类是所有具体人对象的抽象，它不是一个具体的人，而是概念上的人。

对象有封装性、继承性和多态性三大特性，下面依次进行介绍。

（1）封装性

封装具有对内部细节隐藏保护的能力，保证了类具有较好的独立性，防止外部程序破坏类的内部数据，同时便于程序的维护和修改。

（2）继承性

继承是一种连接类与类的层次模型，利用现有类派生出新类的过程称为继承。新类拥有原有类的特性，又增加了自身新的特性 例如，在动物物种管理系统中，基类是“动物”可以派生出许多更加特殊的动物类，如脊椎动物、爬行动物、哺乳动物等，它们在拥有基类所有属性和操作的基础上还有其各自的属性和操作，如脊椎动物具有脊椎、爬行动物能够爬行、哺乳动物通过哺乳养育下一代等。对于一个派生类，如果只有一个基类，称为单继承。如果同时有多个基类，称为多重继承。单继承可以看成是多重继承的一个最简单特例，而多重继承可以看成是多个单继承的组合。图 5-4a 是单继承，运输汽车类和专用汽车类就是从汽车类中派生而来；图 5-4b 则是多继承，孩子类从母亲类和父亲类两个类综合派生而来。

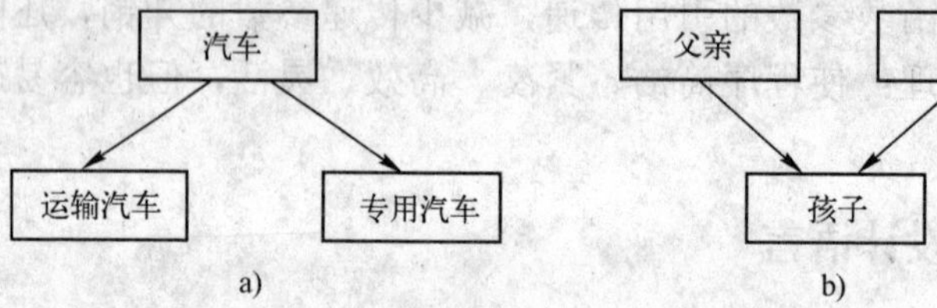

图 5-4 单继承与多继承

a) 单继承 b) 多继承

继承性简化类和对象的创建工作，增强代码的可重用性，具有如下优点。

1）易编程、易理解、代码短、结构清晰。

2）易修改：共同部分只要在一处修改即可。

3）易增加新类：只需描述不同部分。

（3）多态性

多态性（polymorphism）一词来源于希腊，poly（表示多的意思）和 morphos（意为形态）。在自然语言中，多态性是“一词多义”，是指两个或多个对象对于同一消息作出不同响应的方式。例如，某个属于“形体”基类的对象，在调用它的“计算面积”方法时，程序会自动判断出它的具体类型，如果是圆，则将调用圆对应的“计算面积”方法，如果是正方形，则调用正方形对应的“计算面积”方法。这种在运行情况下的动态识别派生类，并根据对象所属的派生类自动调用相应方法的特性就是“多态性”。多态性允许每个对象以适合自身的方式去响应共同的消息，不必为相同功能的操作作用于不同的对象而去特意识别，为软件开发和维护提供了极大的方便。

当前应用较为广泛的面向对象程序设计语言有 C++、VB、Java 等。

（1）C++ 程序设计语言

1983 年，贝尔实验室的 Bjarne Stroustrup 在 C 语言基础上推出了 C++。C++是集面向对象编程、泛型编程和过程化编程于一体的编程语言。

C++对 C 的“增强”，表现在如下六个方面。

1）类型检查更为严格。

2）增加了面向对象的机制。

3）增加了泛型编程的机制（Template）。

4）增加了异常处理。

5）增加了运算符重载。

6）增加了标准模板库（STL）。

（2）Java 程序设计语言

Java 可编写跨平台应用软件的面向对象的程序设计语言，是由Sun Microsystems公司于1995 年 5 月推出的 Java 程序设计语言和Java 平台（即JavaEE，JavaME，JavaSE）的总称。Java 技术具有卓越的通用性、高效性、平台移植性和安全性，广泛应用于PC、数据中心、云计算和移动互联网，拥有全球最大的开发者专业社群。

Java 作为纯粹面向对象的程序设计语言，继承了 C++语言面向对象技术的核心，舍弃了 C++语言中容易引起错误的指针（以引用取代）、运算符重载、多重继承（以接口取代）等特性。Java不同于一般的编译执行计算机语言和解释执行计算机语言。它首先将源代码编译成二进制字节码，然后采用虚拟机解释执行字节码，实现“一次编译、到处执行”。

（3）VB 程序设计语言

Visual Basic 是由微软公司开发的事件驱动编程语言，作为世界上使用人数最多的语言，拥有图形用户界面（GUI）和快速应用程序开发（RAD）系统。其中，Visual Basic 6.0 作为 Visual Studio 6.0 的一员，引入 DAO、RDO、ADO 等组件连接数据库，借助 COM/COM+实现 N 层结构的分布式应用程序。当前，微软将.NET Framework与 Visual Basic 结合，推出 VB .Net，在功能上实现了 Java 语言的特点。

5.2.3 面向过程与面向对象的区别

一个小软件实现用户登录程序的功能。采用面向过程实现，其设计思路如下：

1）创建一个让用户输入用户名和密码的应用程序界面。

2）用户提交数据后首先判断用户名和密码是否为空，若为空，提示出错，否则继续。

3）判断用户输入的用户名是否为合法用户名。若合法，则继续，否则提示用户名错。

4）判断用户输入的密码是否与输入的用户名匹配。若匹配，则登录成功，否则提示密码错。

整个程序设计思路是按照事情的发展进行。而面向对象设计方法的设计思路与面向过程的程序设计思路是不相同的，面向对象的程序设计方法模拟人类认识世界的思想方法，将实体看成是一个对象。下面，采用面向对象的程序设计思路设计用户登录的程序，如下所示：

1）首先需要创建一个让用户输入用户名和密码的应用程序界面。

2）将用户看成是一个对象。

3）用户对象拥有一个用于检查用户名和密码合法性的方法。

4）用户提交数据后，调用方法对数据进行检验，并根据检验返回结果确定用户登录是否成功。

面向过程和面向对象的程序设计方法都能完成用户登录程序的设计，但是面向对象程序设计方法是事件驱动的，其特点在于程序的运行由事件的发生来控制。

【例 5-2】 计算出任意产品的第一季度的平均销售额。

传统的面向过程的程序设计语言，如 C 语言来实现，其思路流程如下。

1）输入产品名称。

2）输入一月份的销售额。

3）输入二月份的销售额。

4）输入三月份的销售额。

5）计算并显示平均值。

其逻辑流程图如图 5-5 所示。用户必须按照程序规定好的步骤操作，不能任意跳跃。结构化分析与设计方法是一个线性过程，要求现实系统的业务管理规范，处理数据齐全，业务需求全面完整，本质上是功能分解，是面向“过程”的，以实现功能的过程为中心，而用户的需求变化主要是针对功能的，功能变化往往引起结构变化较大，稳定性不好，不能直接反应人们求解问题的思路。另外，面向过程语言由于数据与操作分开处理，容易造成软件对具体应用环境的依赖，可重用性较差。

面向对象程序设计是将数据模型和处理模型二者合一，将属性和方法封装在一个对象当中，事件驱动程序的设计是围绕着消息的产生和处理而展开的，而消息的产生往往并不要求有次序之分，消息是不会以任何预定义的顺序出现的。图 5-6 为基于事件驱动的设计思路。

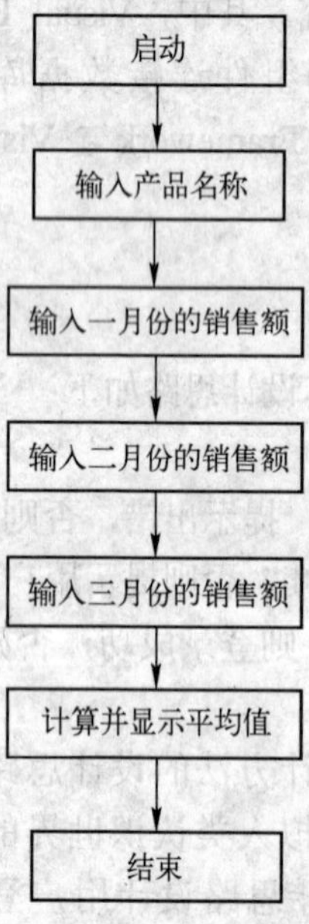

图 5-5 基于过程驱动的程序

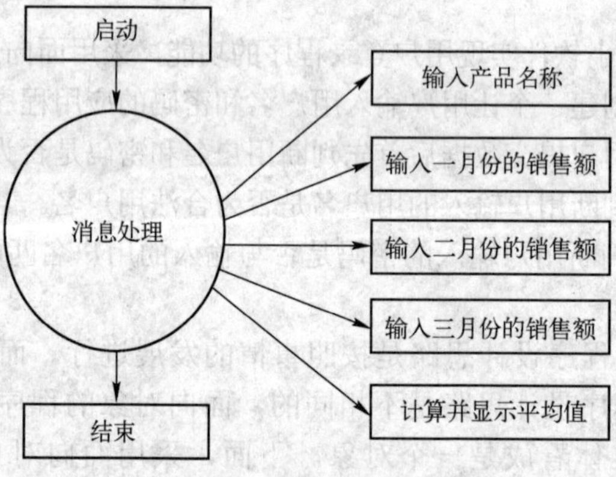

图 5-6 基于事件驱动的程序

面向对象的程序设计方法具有以下一些优点：

1）可扩展性。在面向过程的设计方法中功能的实现分散在了许多步骤中，这对功能的扩展极为不利。而在面向对象的设计中，功能靠方法来实现，需要新功能时只需要创建新的方法即可，保证了面向对象设计的可扩展性。

2）分工明确。面向对象的设计方法中将所有问题都划分成相应的对象，程序功能依靠方法来实现，从而使程序各部分有了明确的分工。当因对象发生变化需要修改程序时，可通过较小的局部改动来完成新的需求，保证了程序具有良好的可移植性。

5.3 编码规范

编码规范一般具有编码风格和程序效率两个方面。

5.3.1 编码风格

良好的编码风格可以增加程序的可读性，提高程序的质量。为此，程序应具有相同的规范，保证一致性和统一性，程序必须遵守编码规范，主要内容有：代码规范、注释规范、变量命名规范、常量命名规范、类命名规范、接口命名规范、方法命名规范、文件名命名规范、程序版本号命名规范等。编码风格一般有如下内容：

（1）必要的注释

注释可以帮助读者思考每个过程、每个函数、每一条语句的意义，有利于程序的维护和调试。一般情况下，源程序有效注释量必须在 20%以上。注释一般分为两种，一种位于每个模块开始处，作为序言性的注解，简要描述模块的功能、主要算法、接口特点、重要数据以及开发简史。另一种是插在程序中间，与一段程序代码有关的注解，是针对一些必要的变量、核心的代码进行解释，主要解释包含这段代码的必要性。

关于注释一般有如下一些约定。

1）注释可以添加在代码中的任意位置，但不能添加在字符串中。

2）注释还可以位于单独的行中，一般位于所要注释的代码上一行。

（2）代码书写格式的必要的缩进

书写程序代码，如果所有语句都从最左一列开始，很难看清程序语句之间的关系，因此习惯上在编写过程、判断语句、循环语句的正文部分时都按一定的规则进行缩进处理，应该用空格或空行清楚地区分注解和程序，经缩进处理的程序代码，可读性将大为改善。

以 VB.Net 代码为例，IF 语句嵌套的缩进书写格式如图 5-7 所示。

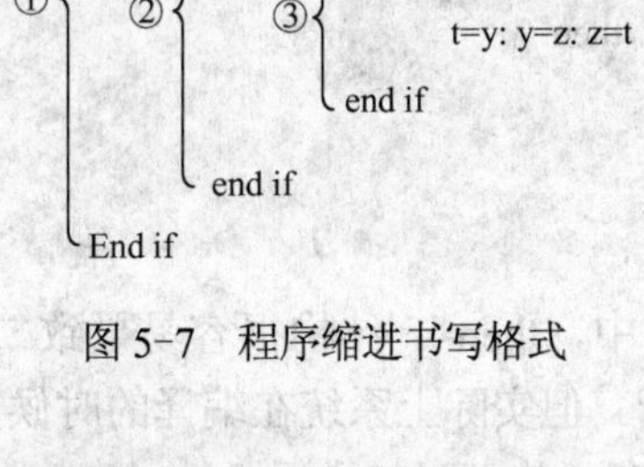

图 5-7 程序缩进书写格式

（3）编程习惯

下面列出一些良好的编程习惯，方便程序的编辑，调试。

1）稍复杂的表达式中要积极使用括号，以免优先级理解上的混乱以及二义性。

2）单个函数的程序行数最好不要超过 100 行。

3）尽量使用标准库函数和公共函数。

4）不要随意定义全局变量，尽量使用局部变量。

5）保持注释与代码完全一致，改了代码别忘改注释。

6）循环、分支层次最好不要超过五层。

总之，良好的编码风格有助于编写出可靠而又容易维护的程序，编码的风格在很大程度上决定着程序的质量。

5.3.2 程序效率

程序效率是性能要求，因此应该在需求分析阶段确定效率方面的要求。其次，效率是靠好设计来提高的。第三，程序的效率和程序的简单程度是一致的，不要牺牲程序的清晰性和可读性来提高效率。程序效率往往从程序的执行速度及程序占用的存储空间两方面进行分析，即用空间复杂度和时间复杂度来衡量程序的效率。

为了提高程序的运行效率，应注意以下原则：

1）在编程序前，尽可能化简表达式。

2）仔细检查算法中嵌套的循环，尽可能将某些语句或表达式移到循环外面。

3）尽量避免使用多维数组。

4）尽量避免使用指针。

5）避免混淆数据类型。

6）尽量采用算术表达式和布尔表达式。

7）保持控制流的局部性和直线性。控制流的局部性是为了提高程序的清晰度和易修改性，防止错误的扩散。控制流的直线性主要体现在如下两个方面。

- 对多入口和多出口的控制结构要作适当的处理。结构化程序的主要特点是单入口和单出口，保持控制流的直线性使之清晰易懂。其中，高级语言为提前退出循环提供了专用语句，像 C 语言中的 break 语句，VB.Net 语言中的 EXIT DO 和 EXIT FOR 语句等。
- 避免使用意义模糊或令人费解的结构。

【例 5-3】 VB.Net 代码如下所示。

```
if (N>=0) then
        if (N mod 2=0）then
        print “正偶数”
else
          print “负数”
```

说明：在嵌套的选择结构中，then-if 结构很容易导致二义性。程序设计者的原意是让 else 语句与第一个 If 语句配套。但实际上系统在编译的时候，把 else 语句与离它最近 if 语句配套，即与第二条 if 语句配套，从而引起错误。

8）减少程序复杂性。程序复杂性主要是指模块内部程序的复杂性，直接关系到软件开发费用的多少，开发周期长短和软件内部潜伏错误的多少。程序复杂度的度量往往采用 McCabe 度量法，McCabe 度量法用于计算程序模块程序图中圈的个数，程序的圈复杂度取决于程序控制流的复杂程度，即取决于程序结构的复杂程度。当程序内分支数或循环个数增加时，圈复杂度也随之增加。

下面，介绍三种方法计算圈复杂度 V(G)。

- 将圈复杂性定义为控制流图中的区域数。
- V(G)=E−N+2，E 是流图中边的数量，N 是流图中结点的数量。
- V(G)=P+1，P 是流图 G 中判定结点的数量。

McCabe 研究大量程序后发现，圈复杂度高的程序往往是最困难、最容易出问题的程序。实践表明，模块规模以 V(G)≤10 为宜，也就是说，V(G)=10 是模块规模的上限。

【例 5-4】 计算图 5-8 的圈复杂性度量。

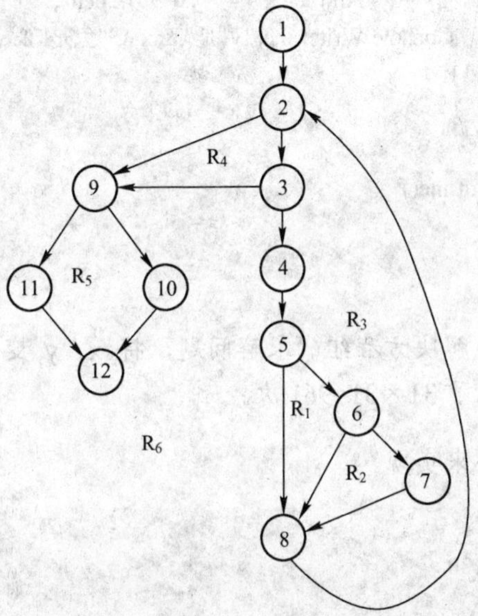

图 5-8　控制流图

解析：

- V(G)= 6。

分析：图中的区域数为 6。

- V(G)=E–N+2=16–12+2=6。

分析：其中 E 为流图中的边数，N 为结点数。

- V(G)=P+1=5+1=6。

分析：其中 P 为谓词结点的个数。在流图中，结点 2、3、5、6、9 是谓词结点。

9）选用等效的高效率算法。

算法（Algorithm）是指解题方案的准确而完整的描述，是一系列解决问题的清晰指令，算法代表着用系统的方法描述解决问题的策略机制，作为解决某个问题或实现某项功能的方法和步骤，与具体的编程语言无关。

【例 5-5】 采用 VB.Net 解决鸡兔问题。

鸡兔共有 30 只，脚共有 90 只，问鸡、兔各有多少只？

解析：设鸡为 x 只，兔为 y 只，根据题目要求，列出方程组为：

$$\begin{cases} x + y = 30 \\ 2x + 4y = 90 \end{cases}$$

方法一：利用二重循环来实现。

```
Module Module1
    Sub Main()
        Dim x, y As Integer
        For x = 0 To 30
            For y = 0 To 30
                If (x + y = 30 And 2 * x + 4 * y = 90) Then
                    Console.WriteLine("鸡是" & x & "兔是" & y)
                End If
            Next y
        Next x
        Console.ReadLine()
    End Sub
End Module
```

注意：采用“试凑法”解决方程组的求解问题，将 x，y 变量的每一个值都进行尝试。采用二重循环，循环体执行了 31 × 31=961 次。

方法二：利用一重循环来实现。

```
Dim x, y As Integer
        For x = 0 To 30
            y = 30 - x
            If (2 * x + 4 * y = 90) Then
                Console.WriteLine("鸡是" & x & "兔是" & y)
            End If
    Next x
    Console.ReadLine()
```

注意：采用一重循环，循环体执行了 31 次。

方法三：假设鸡兔共有 a 只，脚共有 b 只，a 为 30，b 为 90。那么方程组为

$$\begin{cases} x + y = a \\ 2x + 4y = b \end{cases} \Rightarrow \begin{cases} X = (4a - b)/2 \\ Y = (b - 2a)/2 \end{cases}$$

```
Dim a%, b%, x%, y%
    a = 30 : b = 90
    X = (4 * a - b) / 2
    Y = (b - 2 * a) / 2
    Console.WriteLine("鸡是" & x & "兔是" & y)
    Console.ReadLine()
```

注意：程序为顺序结构，执行了 1 次。

5.4 程序调试

调试的英语单词为“debug”，关于 Debug 的由来有这样一个故事：1937 年，女数学家霍波为“马克 1 号”计算机编程，她在调试程序时出现故障，拆开继电器后，发现有只飞蛾被夹扁在触点中间，从而“卡”住了机器的运行，霍波诙谐地把程序故障统称为“臭虫（BUG）”，把排除程序故障叫 Debug，从此，Debug 就成为计算机领域术语，表示发现改正程序中的错误。

5.4.1 调试策略

调试的关键不是调试技术，而是用来推断错误原因的基本策略。如何推断程序内部的错误位置及原因，可以采用以下方法。

1）试探法：凭经验猜测，是最低效的方法，主要思想是“通过计算机找错”。例如，输出存储器、寄存器的内容，在程序中安排若干输出语句等，凭借大量的现场信息，从中找到出错信息。

2）回溯法：由错误症状最先出现的地方，沿控制流向回检查，直到找到错误根源或确定错误产生的范围。例如，程序中发现错误处是某个打印语句。通过输出值可推断程序在这一点上变量的值。再从这一点出发，回溯程序的执行过程，反复考虑：“如果程序在这一点上的状态（变量的值）是这样，那么程序在上一点的状态一定是这样……”，直到找到错误的位置。

3）归纳法：归纳法是一种从特殊推断一般的系统化思考方法，其基本思想是从一些线索（错误征兆）着手，通过分析它们之间的关系来找出错误，推测错误位置及错误性质。归纳法大致分为以下四步：

- 收集数据。列出所有已知的测试用例和程序执行结果，分析哪些输入数据的运行结果是正确的，哪些输入数据的运行结果有错误存在。
- 组织数据。归纳法是从特殊到一般的推断过程，常采用 3W1H 形式的“分类法”。即“What”列出一般现象；“where”说明发现现象的地点；“when”列出现象发生时所有已知情况；“How”说明现象的范围和量级。
- 提出假设。分析线索之间的关系，利用在线索结构中观察到的矛盾现象，设计一个或多个关于出错原因的假设。
- 证明假设。把假设与原始线索或数据进行比较，若它能完全解释，则假设证明成立；反之，认为假设不合理。

5.4.2 三种调试工具

高级程序设计语言的 IDE 环境具有跟踪程序、设置断点和监视变量等三种调试方法，通过这三种方法的有机组合，帮助读者分析程序，找到语义错误。下面，以 VB.Net 为例进行介绍。

（1）跟踪程序

当程序出错的具体位置不易确定，只能够猜测到在某个范围内可能存在问题时，需要在此范围内追踪程序的执行结果，同时在调试窗口中观察内部数据的变化情况，确定问题。这种调试方式称为“分步执行”或称为程序的“跟踪”。VB.Net 用黄色光带表示程序当前的运行位置，只有每次按下“逐语句”（〈F8〉键），黄色光带才能往下移动，不按〈F8〉键，黄色光带停止不动，程序不执行。如图 5-9 所示。

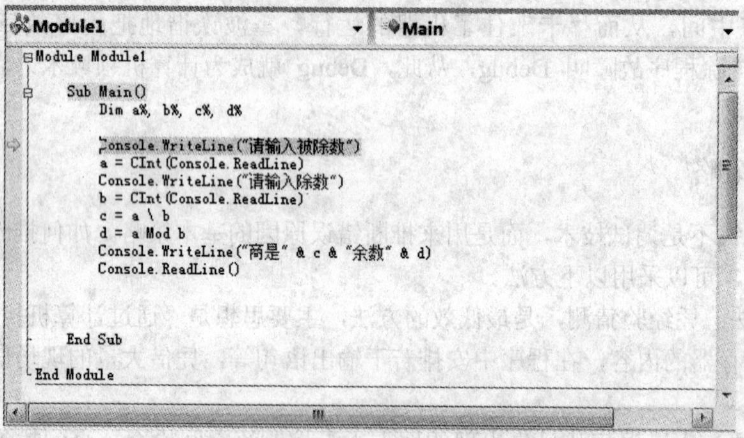

图 5-9 【跟踪程序】示意图

（2）监视变量

在逐语句运行的情况下，通过“监视”对话框显示当前运行行变量或表达式的值，便于分析程序错误。如图 5-10 所示。

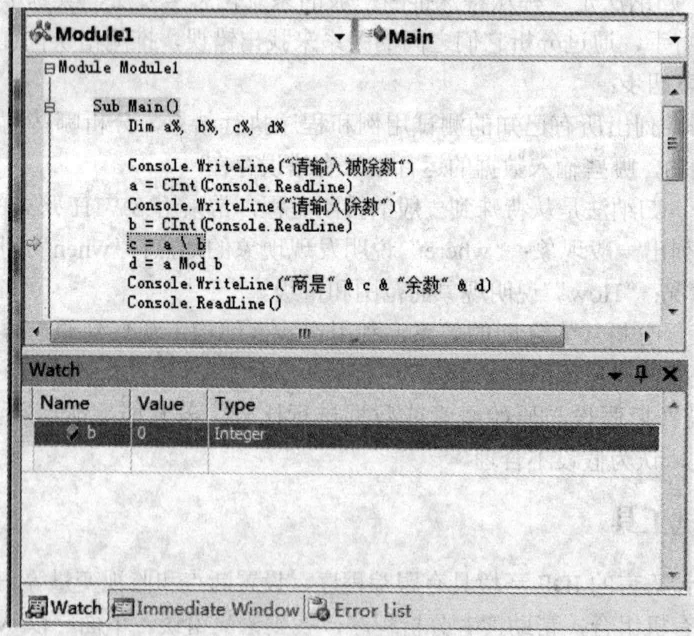

图 5-10 “监视”对话框

（3）设置断点

为了排除程序中的错误，往往需要程序在怀疑有错误的语句处暂停下来，以便查看程序的运行状态、变量的取值等信息，让程序暂停下来的简单方法就是设置断点。 顾名思义，程序运行到断点处就停止了，就“断”了，不能再往下执行了。如图 5-11 所示。

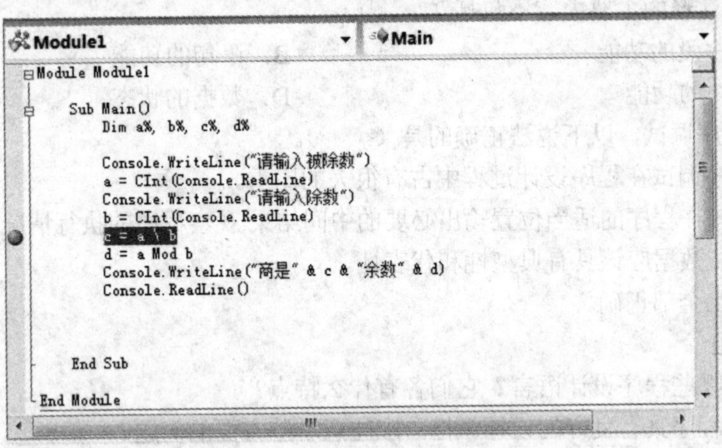

图 5-11 “设置断点”示意图

小结

编码就是把软件设计结果翻译成用某种程序设计语言书写的程序。作为软件工程的一个阶段，编码是对设计的进一步具体化。因此，程序的质量主要取决于软件设计的质量。但是，所选用的程序设计语言的特点及编码风格也将对程序的可靠性、可读性、可测试性和可维护性产生深远的影响。本章介绍了程序设计语言的历史和选择语言的标准以及当前流行的面向过程语言和面向对象语言两种高级程序设计语言。编码规范是保证高质量的程序的基础，本章从编码风格和程序效率两方面进行了说明。最后，介绍了跟踪程序、监视变量、设置断点等调试工具，帮助程序员检查程序中的错误。

习题

一、选择题

1．编码是（　　），它是软件开发的重要阶段。

A．代码定义　　B．编写程序　　C．模块设计　　D．画流程图

2．关于程序设计风格，以下说法正确的是（　　）

A．提高程序的可读性同样是程序设计的最根本目的。

B．在设计程序时要遵循简洁的原则，不要加注释，因为会增加程序的阅读量。

C．尽量使用编程语言本身的特色。

D．变量的命名应尽量简短。

3．为了使程序能在不同的计算机上运行，程序应当具有（　　）。

A．可移植性　　B．可重用性　　C．可维护性　　D．可适用性

4．选择程序设计语言的关键因素是（　　）。

A．项目应用领域　　B．软件执行环境

C．软件开发方法　　D．算法和数据结构

5．功能性注释的主要内容不包括（　　）。

A．程序段的功能　　B．语句的功能

C．模块的功能　　D．数据的状态

6．关于程序调试，以下说法正确的是（　　）。

A．程序调试在程序设计过程中占有很大的比重。

B．应该在程序的适当位置输出必要的中间结果,观察程序的执行情况。

C．调试数据应该具有典型性和代表性。

D．以上全部正确。

二、简答题

1．你熟悉哪些程序设计语言？它们各有什么特点？

2．为了使程序具有良好的设计风格，应注意哪些方面的问题？

3．程序设计语言的选择应当考虑哪些因素？

4．面向过程程序设计语言的基本概念有哪些？

5．面向对象程序设计语言有几大特性？如何理解？

6．三种调试工具分别是什么？

7．计算平方根的常用算法通常要求考虑几种特殊情况，给出算法，添加适当的注释，通过注释可以看到不同的情况以及处理方式。

第6章 测 试

软件测试作为软件质量保证的关键内容，是在软件交付使用前，对软件需求规格说明、设计规格说明和编码的最终复审。本章介绍了软件测试历史与演变、软件测试原则、软件测试的模型、测试用例、白盒测试和黑盒测试、软件测试生命周期和自动测试技术等内容。

6.1 测试历史演变

早期的软件开发过程中，由于软件规模小，复杂程度低，软件开发过程混乱无序，人们认为软件测试就是“调试”，目的是纠正软件的故障。测试往往由开发人员本人实施，对测试的投入极少，常常等到代码已经完成时才进行测试。直到 1957 年，测试工作才与调试区分开来，作为独立查找软件缺陷的活动。

1972 年，北卡罗来纳大学举行首届软件测试会议，标志着软件测试学科的诞生。John Good Enough 和 Susan Gerhart 在 IEEE 上发表《测试数据选择的原理》确定软件测试是一种研究方向。1979 年，Glenford Myers 在《软件测试艺术》中提出“测试是为发现错误而执行的一个程序或者系统的过程”。

20 世纪 80 年代早期，软件开发方法以结构化的分析与设计、程序设计以及测试为特征，测试不再是单纯的发现错误的过程，具有软件质量评价的内容。1983 年，Bill Hetzel 在《软件测试完全指南》中指出，测试是以评价程序或者系统属性为目标的活动，是对软件质量的度量。IEEE 给出软件测试定义为：“使用人工或自动手段来运行或测定某个软件系统的过程，其目的在于检验它是否满足规定的需求或弄清预期结果与实际结果之间的差别”。这个定义明确地指出，软件测试是为了检验其是否满足需求，与整个软件开发流程融为一体。

20 世纪 90 年代，测试能力成熟度 TMM、测试支持度 TSM 等一系列软件测试相关理论被提出，Rick 和 Stefan 在《系统的软件测试》中认为测试是为了度量和提高软件的质量。

近 20 年来，随着计算机和软件技术的飞速发展，测试技术也取得了很大的突破，产生了许多测试模型（如 V 模型等），大量的软件测试工具，如捕获/回放工具、Web 测试工具、性能测试工具、测试管理工具、代码测试工具等纷纷出现。

6.2 测试目的和原则

软件测试一般具有如下目的。

（1）确认软件的质量

一方面是确认软件做了所期望的事情（Do the right thing），另一方面是确认软件以正确的方式做了事（Do the thing right）。

（2）提供信息，比如提供给开发人员或程序经理的反馈信息，为风险评估准备信息

（3）软件测试不仅是在测试软件产品的本身，而且还包括软件开发的过程，确保整个软件开发过程高质量

为了达到软件测试的目的，必须遵守如下原则：

（1）软件测试是证伪而非证真

软件测试是为了发现错误而执行程序的过程，软件测试完成并不能说明软件已经不存在问题了。

（2）重视无效数据和不合理输入条件的测试

测试用例不仅包括有效和合理的输入情况，而且也应当根据无效和非法的输入情况来设计，特别是对异常的、临界的、可能引起问题异变的输入条件。采用不合理的输入条件往往比采用合理的输入条件进行测试能发现更多的错误。

（3）坚持"尽早地和不断地进行软件测试"

由于软件的复杂性和抽象性、软件开发各个阶段工作的多样性，使得开发的每个环节都可能产生错误，因此不应把软件测试仅仅看作是软件开发的一个独立阶段，而应当把它贯穿到软件开发的各个阶段中。坚持在软件开发的各个阶段进行技术评审，尽早发现和预防错误，把错误杜绝在早期，提高软件质量。

（4）程序员应避免检查自己的程序

从心理学上讲，每个人都不愿否定自己，而这一心理状态却成为测试程序的障碍。因此，程序员应避免检查自己的程序，而由专门的测试人员进行测试。

（5）充分注意测试中的群集现象

经验表明，测试后程序中残存的错误数目与该程序中已发现的错误数目或检错率成正比。因此，应当对错误群集的程序段进行重点测试。

（6）严格执行测试计划，排除测试的随意性

测试计划一般包括：软件的功能、输入和输出、测试的进度安排、资源要求、测试资料、测试工具、测试用例的选择、测试过程、测试方式、评价标准等内容。

（7）应当对每一个测试结果做全面检查

应对预期的输出结果明确定义，对测试结果仔细分析检查、暴露错误。

（8）妥善保存测试数据

应完整地保存测试计划、测试用例、出错统计和最终分析报告等数据，为软件的维护提供方便。

6.3 测试模型

测试模型将测试活动进行了抽象，明确了测试与开发之间的关系，用以指导测试实践。最典型的测试模型有V模型，W模型、X模型、H模型等。

6.3.1 V 模型

V 模型与瀑布模型有较多类似之处，要求软件开发按顺序一步一步执行，前一阶段的输出是后一阶段的输入，如图 6-1 所示，在测试的某个阶段发现错误，则应返回其相应的开发阶段进行改正错误。

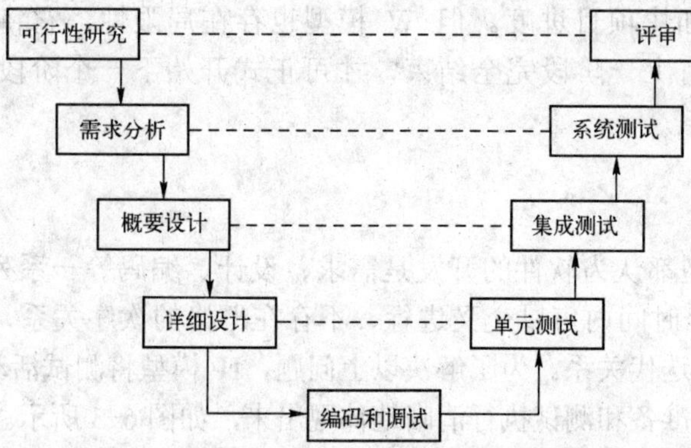

图 6-1 V 模型

V 模型强调开发活动与测试活动的对应性，在执行每一步开发活动时必须考虑对应的测试活动，而不是到了项目后期才对测试进行设计。例如，在需求分析时，就要考虑怎样通过系统测试来验证需求分析的正确性。同样，概要设计对应集成测试，详细设计对应单元测试。V 模型主要适用于以下特征的项目：项目需求在项目初期就能完整而明确地定义，解决方案在项目初期也比较明确，同时对软件产品的安全性、可靠性等质量指标有很高要求。

6.3.2 W 模型

相对于 V 模型而言，W 模型增加了软件开发阶段中应同步的验证和确认活动。如图 6-2 所示，W 模型由两个 V 模型组成，分别代表测试过程与开发过程，明确表示测试与开发的并行关系。

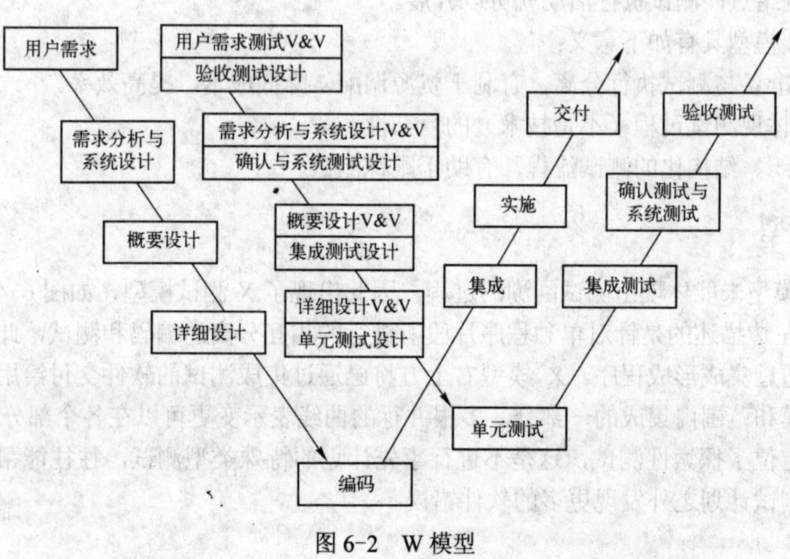

图 6-2 W 模型

W 模型强调，测试伴随着整个软件开发周期，测试与开发是同步进行的。W 模型有利于尽早地、全面地发现问题，只要相应的开发活动完成，就可以开始测试。例如，需求分析完成后，测试就应该参与到对需求的验证和确认活动中，尽早地找出缺陷所在。同时，对需求的测试也有利于及时了解项目难度和测试风险，尽早制定应对措施，从而减少总体测试时间，加快项目进度。但 W 模型也存在局限性，它将需求、设计、编码等视为串行活动，只有上一阶段完全结束，才可正式开始下一个阶段工作，从而无法支持迭代开发。

6.3.3 H 模型

V 模型和 W 模型都认为软件的开发是需求、设计、编码等一系列串行活动，而事实上，这些活动在大部分时间内可以交叉进行、不存在严格的次序关系，单元测试、集成测试、系统测试等也存在迭代关系。为了解决以上问题，H 模型将测试活动独立出来，成为完全独立的流程，将测试准备和测试执行清晰地体现出来，如图 6-3 所示。

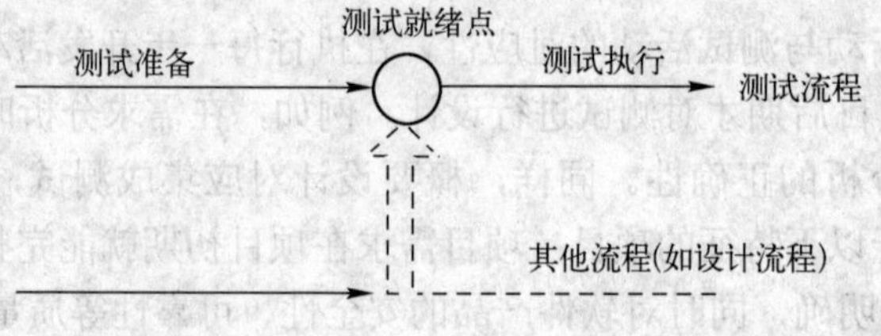

图 6-3　H 模型

H 模型演示了在整个软件生命周期中某个层次上的一次测试“微循环”，揭示了软件测试是一个独立的流程，贯穿产品整个生命周期，与其他流程并发地进行。H 模型指出软件测试要尽早准备，尽早执行，不同的测试活动可以按照某个次序进行，也可反复，只要某个测试达到准备就绪点，测试执行活动就可以开展。

因此，H 模型具有如下意义：

1）测试准备与测试执行分离，有利于资源调配，降低成本，提高效率。

2）充分体现测试过程（不是技术）的复杂性。

3）有组织、结构化的测试流程，有助于跟踪测试。

6.3.4 X 模型

由于 V 模型未能体现出测试回溯的过程，因此出现了 X 测试模型，如图 6-4 所示。

X 模型左边描述的是针对单独程序片段所进行的相互分离的编码和测试，此后将进行频繁的交接，通过集成形成程序。X 模型右上方将已通过集成测试的软件交付给用户，也可以作为更大规模和范围内集成的一部分。多根并行的曲线表示变更可以在各个部分发生。X 模型右下方还定位了探索性测试，这是不进行事先计划的特殊类型测试，往往能帮助有经验的测试人员在测试计划之外发现更多的软件错误。

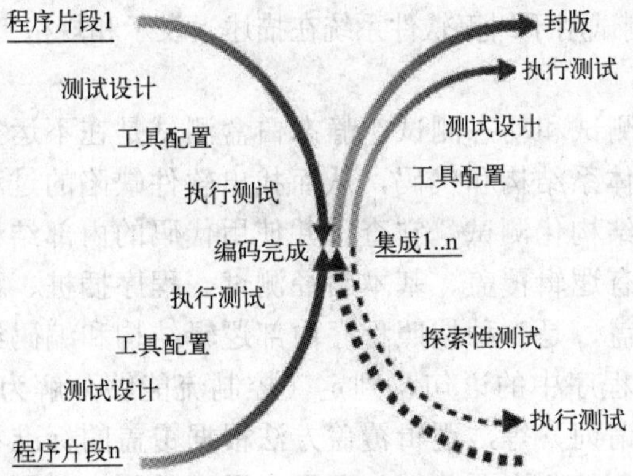

图6-4　X模型

6.4　测试用例

测试用例是指对一项特定的软件产品进行测试任务的描述，体现测试方案、方法、技术和策略等，包括测试目标、测试环境、输入数据、测试步骤、预期结果、测试脚本等，最终形成文档。测试用例作为测试过程的基础，通过编写输入数据、执行条件以及预期结果，用以验证某个程序是否满足某个特定需求。测试用例具体功能如下所示：

（1）指导测试的实施

在实施测试时测试用例作为测试的标准，测试人员一定要按照测试用例严格按用例项目和测试步骤逐一实施测试，并将测试情况记录在测试用例管理软件中，以便自动生成测试结果文档。

（2）规划测试数据的准备

按照测试用例配套准备一组或若干组测试原始数据以及标准测试结果。除正常数据之外，还必须根据测试用例设计大量边缘数据和错误数据。

（3）评估测试结果的度量基准

测试实施后需要对测试结果进行评估并编制测试报告，用于判断软件测试是否完成、评价测试质量，如测试覆盖率是多少、测试合格率是多少、重要测试合格率是多少等等。

6.5　测试方法

从不同的角度考虑软件测试，可以有不同的划分方法。按照是否需要执行被测软件的角度，可分为静态测试和动态测试；从测试是否针对系统的内部结构和具体实现算法的角度来看，可分为白盒测试和黑盒测试。下面重点介绍白盒测试和黑盒测试。

6.5.1　白盒测试

白盒测试是把测试对象看作一个打开的盒子，允许测试人员利用程序内部的逻辑结构及有关信息，设计或选择测试用例，通过在不同点检查程序状态，确定实际状态是否与预期的状态一致，白盒测试用于纠正软件系统在描述、表示和规格上的错误，是进一步测试的前提。

白盒测试分为静态测试和动态测试。静态白盒测试是在不运行软件的条件下有条理地仔细审查软件设计、体系结构和代码，从而找出软件缺陷的过程，有时也称为结构分析。动态白盒测试也称结构化测试，它查看并使用代码的内部结构，设计和执行测试。动态测试中常有的方法有逻辑覆盖、基本路径测试、程序插桩、程序变异等。其中，逻辑覆盖又称为控制流覆盖，是一种按照程序内部逻辑结构和编码结构设计测试用例的测试方法，目的是要测试程序中的语句、判定（控制流能够分解为不同路径的程序点）、条件（形成判定的原子谓词）等，逻辑覆盖方法根据覆盖的标准不同，分为语句覆盖、判定覆盖、条件覆盖、条件判定覆盖等。下面，通过【例 6-1】讲解逻辑覆盖的各种测试方法。

【例 6-1】 C++ 实现简单的数学运算。

代码如下所示：

```
Dim a,b As Integer
    Dim c As Double
    If (a>0 And b>0) Then
            c=c/a
    End if
    If (a>1 or c>1) Then
            c=c+1
    End if
    c=b+c
```

程序流程图如图 6-5 所示。其中Ⅰ、Ⅱ、Ⅲ、Ⅳ、Ⅴ是控制流上若干程序点。

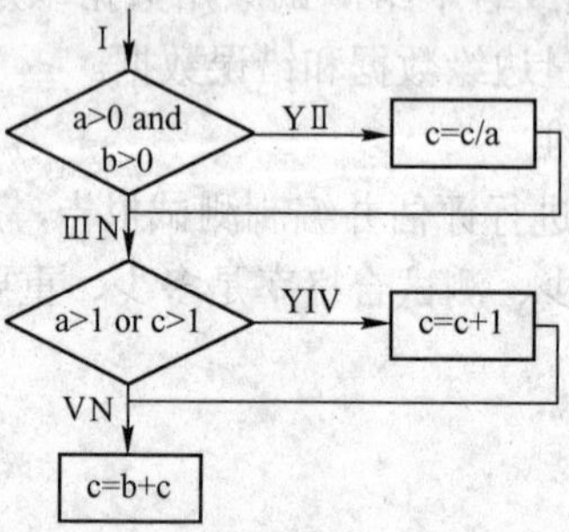

图 6-5　程序流程图

（1）语句覆盖

语句覆盖又称为线覆盖面或段覆盖面。其含义是指选择足够数目测试数据，使被测程序中每条语句至少执行一次。

语句覆盖设计测试用例 a=2,b=2,c=4，程序按照路径Ⅰ->Ⅱ->Ⅲ->Ⅳ->Ⅴ执行，程序段中的五个语句均执行，符合语句覆盖。但是，如果测试用例选择 a=2,b=-2,c=4，程序按照路径Ⅰ->Ⅲ->Ⅳ->Ⅴ执行，则未能达到语句覆盖。语句覆盖测试方法仅仅针对程序逻辑中显式语句，对隐藏条件无法测试。若第一个逻辑运算符“And”误写成“or”，测试用例 a=2,b=2,c=4 仍能达到语句覆盖的要求，但是并未发现程序中误写错误。

语句覆盖可以直接应用于目标代码，不需要处理源代码。但是，作为最弱逻辑覆盖，语句覆盖对控制结构不敏感，往往发现不了判断中逻辑运算符出现的错误，逻辑覆盖很低。

（2）判定覆盖

判定覆盖又称为分支覆盖或所有边覆盖，测试控制结构中布尔表达式分别为真和假（例如 if 语句和 while 语句）。布尔型表达式被认为是一个整体，取值为 true 或 false，而不考虑内部是否包含“逻辑与”或者“逻辑或”等操作符。判定覆盖是指设计的测试用例，使得程序中每个判定至少分别取“真”分支和取“假”分支一次，即判断真假值均被满足。

判定覆盖设计测试用例如表 6-1 所示。

表 6-1　判定覆盖测试用例

测试用例	a>0 and b>0	a>1 or c>1	执行路径
a=1,b=1,c=-3	T	F	I ->II->III->V
a=1,b=-2,c=3	F	T	I ->III->IV->V

判定覆盖作为语句覆盖的超集，比语句覆盖要多几乎一倍的测试路径，具备较强的测试能力。但由于判定语句往往由多个逻辑条件组合而成（如，判定语句中包含 AND、OR、CASE），而判定覆盖仅仅判断其整个最终结果，无法发现判定内部的每个条件的取值情况，必然会遗漏测试路径。

（3）条件覆盖

条件覆盖是指每个判断内部的每个条件的所有可能取值至少满足一次。

针对 a>0 and b>0 判定条件表达式，a>0 取值为“真”，记为 T1； a>0 取值为“假”，记为 F1； b>0 取值“真”，记为 T2 ；b>0 取值为“假”，记为 F2；条件表达式 a>1 or c>1，a>1 取值为“真”，记为 T3 ；a>1 取值为“假”，记为 F3；c>1 取值为“真”，记为 T4；c>1 取值为“假”，记为 F4。如表 6-2 所示。

表 6-2　条件覆盖测试用例

测试用例	覆盖条件	具体取值条件	执行路径
a=2,b=-1,c=-2	T1, F2, T3, F4	a>0,b<=0,a>1,c<=1	I ->III->IV->V
a=-1,b=2,c=3	F1, T2, F3, T4	a<=0,b>0,a<=1,c>1	I ->III->IV->V

条件覆盖保证每个条件有一次为真，有一次为假而不考虑所有的判定结果。表 6-2 中的测试用例 a=2,b=−1 和测试用例 a=−1,b=2 满足了条件覆盖的测试用例，保证了 a>0 and b>0 两个条件各取 True 和 False 一次，但是其判定结果都是 False，并没有满足判定覆盖。故条件覆盖不一定包含判定覆盖。

（4）条件判定覆盖

由于判定覆盖不一定包含条件覆盖，条件覆盖也不一定包含判定覆盖，自然会有一种能同时满足两种覆盖标准的逻辑覆盖，这就是条件判定覆盖或者判定条件覆盖（Condition/Decision Coverage，缩写 C/DC）。条件判定覆盖的含义是通过设计足够的测试用例，使得判断条件中的所有条件可能至少执行一次取值。同时，所有判断的可能结果至少执行一次。因此，条件判定覆盖的测试用例满足如下条件：

1）所有条件可能至少执行一次取值。

2）所有判断的可能结果至少执行一次。

条件判定覆盖设计测试用例如表 6-3 所示。

表 6-3　条件判定覆盖测试用例

测试用例	覆盖条件	执行路径
a=2,b=1,c=5	T1, T2,T3, T4	I ->II ->III->IV-> V
a=-1,b=-2,c=-3	F1, F2,F3, F4	I ->III-> V

条件判定覆盖同时满足判定、条件两种覆盖标准，是判定和条件覆盖设计方法的交集。

6.5.2 黑盒测试

黑盒测试也称功能测试，把程序看作一个不能打开的黑盒子，在完全不考虑程序内部逻辑结构的情况下，在程序接口进行测试，只检查程序功能是否按照需求规格说明书的规定正常使用，程序是否能适当地接收输入数据并产生正确的输出信息。

黑盒测试用例设计方法包括等价类划分法、边界值分析法、决策表、因果图等。

（1）等价类划分

等价类是指某个输入域的子集合。在该子集合中，测试某等价类的代表值就等于对这一类其他值的测试，对于揭露程序的错误是等效的。因此，全部输入数据划分为若干等价类，在每一个等价类中取一个数据作为测试的输入条件，就可以用少量代表性的测试数据进行测试。

等价类分为两种情况：有效等价类和无效等价类。

1）有效等价类：对于程序的规格说明来说是合理的，有意义的输入数据构成的集合，利用有效等价类可检验程序是否实现了规格说明中所规定的功能和性能。

2）无效等价类：与有效等价类相反，是指对程序的规格说明无意义、不合理的输入数据构成的集合。

按照如下几条规则对等价类进行划分：

- 按区间划分。在规定了输入值的范围或值的个数的情况下，通常定义一个有效等价类和两个无效等价类。例如，输入条件规定了 x 是 1～999 的整数。则等价类划分如图 6-6 所示。

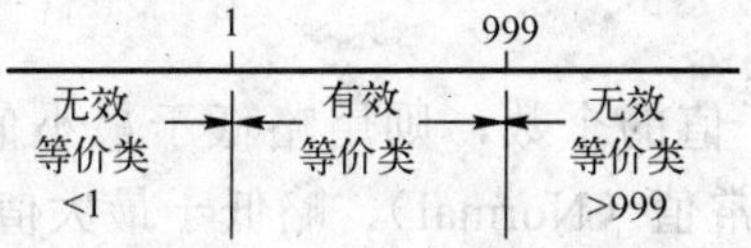

图 6-6　等价类划分举例

- 按限制条件和规则划分。当规定了输入的规则时，则可以划分出一个有效的等价类（符合规则）和若干无效的等价类（从不同角度违反规则）。例如，C 语言规定，每个语句以“;”结束，则其有效类 1 个；无效类若干（以“,”结束、以“:”结束、以空格结束等等）
- 按数值集合划分。如果规定了输入数据的一组值，而且程序对不同输入值做不同处理，则每个允许的输入值是一个有效等价类，并有一个无效等价类。例如，教工分房方案中，按教授、副教授、讲师、助教分别计分，则有有效类 4 个，无效类 1 个。
- 按数值划分。如果输入条件是一组值，而且软件要对每个输入值分别进行处理，则可以为每个输入值确定一个有效等价类和一个无效等价类。

采用等价类设计测试用例一般经历如下步骤。

1）形成等价类表，每一等价类规定一个唯一的编号，如（1），（2）等。

2）设计测试用例，使其尽可能多地覆盖尚未覆盖的有效等价类，重复这一步骤，直到所有有效等价类均被测试用例所覆盖。

3）设计测试用例，使其只覆盖一个无效等价类，重复这一步骤直到所有无效等价类均被覆盖。

（2）边界值分析法

实践证明，大量的错误出现在输入或输出范围的边界上，而不是在范围的内部。例如，错误往往出现在数组的下标、循环控制变量边界附近。边界值分析作为等价类划分方法的补充，其设计的测试用例应正好等于，刚刚大于或刚刚小于输入和输出等价类的边界，而不是选取等价类中的典型值或任意值作为测试数。

边界值分析方法具有如下原则。

1）如果输入条件规定了值的范围，则应选取刚达到范围的边界值以及刚刚超越边界的值作为测试输入数据。例如，输入变量为 X_1，X_2，取值范围是 $a \leqslant X_1 \leqslant b, c \leqslant X_2 \leqslant d$，边界分析图如图 6-7 所示。

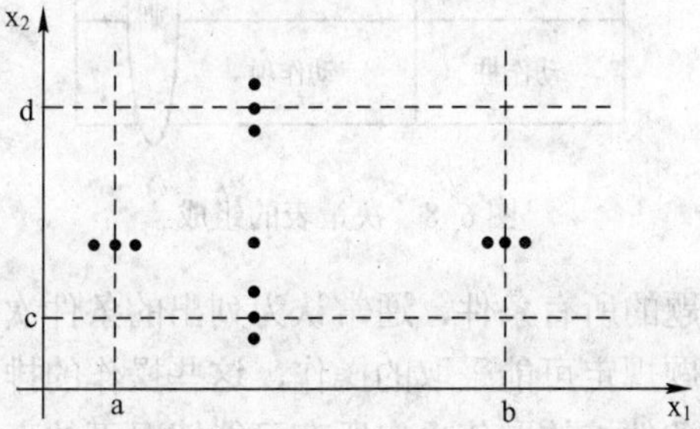

图 6-7　两变量函数边界分析测试用例

2）如果输入条件规定了值的个数，则用略低于最小值（Min-）、最小值（Min）、略高于最小值（Min +）、正常值（Normal）、略低于最大值（Max -）、最大值（Max）、略高于最大值（Max +）作为测试数据。

3）如果程序规格说明给出的输入域或输出域是有序集合，则应选取集合的第一个元素和最后一个元素作为测试用例。

【例 6-2】 三角形问题：输入 3 个整数 a、b 和 c 分别作为三角形的 3 条边，通过程序判断由这 3 条边组成的三角形类型是否为：等边三角形、等腰三角形、一般三角形或非三角形。

解析：根据题意，可得三角形 3 边 a、b、c 必须满足如下条件：

条件 1：1<=a<=100

条件 2：1<=b<=100

条件 3：1<=c<=100

条件 4：a<b + c

条件 5：b<a + c

条件 6：c<b +a

如果三角形 3 边 a、b、c 满足条件 1、条件 2、条件 3，输出下列四种情况之一：

- 如果不满足条件 4、条件 5、条件 6 的任何一个，程序输出为“非三角形”。
- 如果有两条边相等，则程序输出为“等腰三角形”。
- 如果有三条边相等，则程序输出为“等边三角形”。
- 如果三条边都不相等，则程序输出为“一般三角形”。

（3）决策表

决策表又称为判定表，是分析多种逻辑条件下执行不同操作的技术。在程序设计发展的初期，决策表主要作为程序编写的辅助工具。决策表与高级程序设计语言中的 if-else、switch-case 等分支结构语句类似，将条件判断与执行的动作联系起来，可以把复杂的逻辑关系和多种条件组合情况表达明确。

决策表由四个部分组成，如图 6-8 所示。

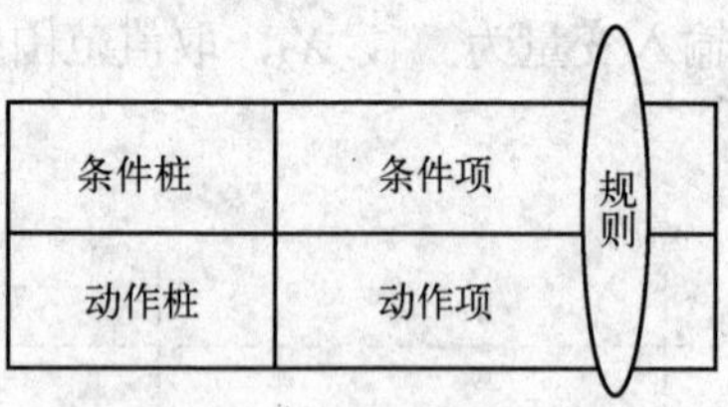

图 6-8　决策表的组成

1）条件桩：列出了问题的所有条件，通常认为列出的条件次序无关紧要。

2）动作桩：列出了问题规定可能采取的操作，这些操作的排列顺序没有约束。

3）条件项：列出针对条件桩的取值，在所有可能情况下的真假值。

4）动作项：列出在条件项的各种取值情况下应该采取的动作。

在决策表中贯穿条件项和动作项的列就是规则。显然，决策表中列出多少条件取值，也就有多少规则，条件项和动作项就有多少列。

所有条件都是逻辑结果（即真/假、是/否、0/1）的决策表称为有限条件决策表，如果条件有多个值，则对应的决策表叫作扩展条目决策表。决策表设计测试用例，条件解释为输入，动作解释为输出。

使用判定表设计测试用例的具体步骤如下：

1）确定规则的个数。假如有 n 个条件，每个条件有两个取值（0,1），则有 2^n 种规则。

2）列出所有的条件桩和动作桩。

3）填入条件项。

4）填入动作项，得到初始判定表。

5）简化，合并相似规则（相同动作）。

简化就是合并规则中两条或多条相同的动作，它们在条件项上存在相似的关系。如图 6-9 所示，其中，“-”表示与取值无关。

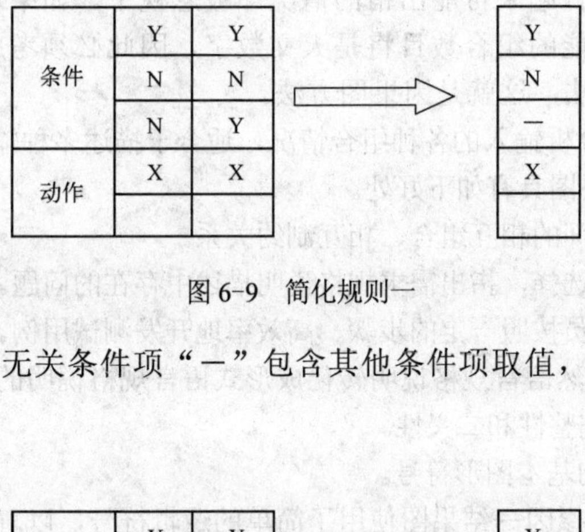

图 6-9　简化规则一

如图 6-10 所示，无关条件项“－”包含其他条件项取值，具有相同动作的规则可合并。

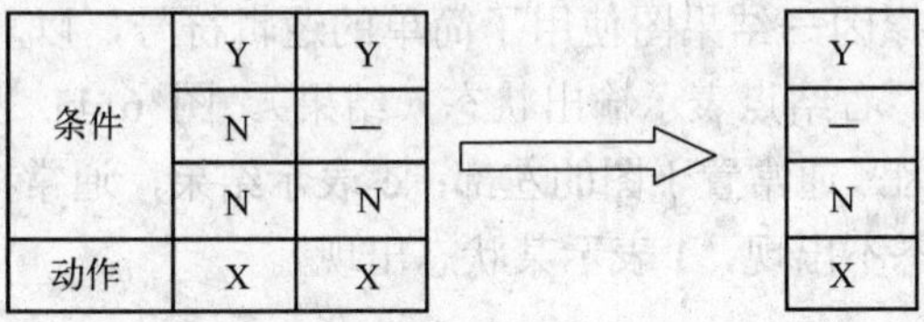

图 6-10　简化规则二

【例 6-3】 某国有企业改革重组，对职工重新分配工作的政策是：年龄在 20 岁以下者，初中文化程度脱产学习，高中文化程度当电工；年龄在 20 岁到 40 岁之间者，中学文化程度男性当钳工，女性当车工，大学文化程度都当技术员。年龄在 40 岁以上者，中学文化程度当材料员，大学文化程度当技术员。请用决策表描述上述问题的加工逻辑。

解答： 条件取值表如表 6-4 所示。

表 6-4　条件取值表

条件名	取值	符号	取值数
年龄	<=20	C	M1=3
	>20，<40	D	
	>=40	E	
文化程度	中学	G	M2=3
	高中	H	
	大学	I	
性别	男	M	M3=2
	女	F	

（4）因果图

等价类划分法和边界值分析法只是孤立地考虑各个输入数据的测试效果，没有考虑输入数据的组合及其相互制约关系。这样虽然各种输入条件可能出错的情况已经测试到了，但多个输入条件组合起来可能出错的情况却被忽视了。如果在测试时必须考虑输入条件的各种组合，则可能的组合数目将是天文数字，因此必须考虑采用一种适合于描述多种条件组合的测试方法，这就是因果图方法。

因果图利用图解法分析输入的各种组合情况，适合于描述多种输入条件的组合、相应产生多个动作的方法。因果图具有如下好处。

1）考虑多个输入之间的相互组合、相互制约关系。

2）指导测试用例的选择，指出需求规格说明描述中存在的问题。

3）能够帮助测试人员按照一定的步骤、高效率地开发测试用例。

4）因果图法是将自然语言规格说明转化成形式语言规格说明的一种严格的方法，可以指出规格说明存在的不完整性和二义性。

下面，介绍因果图的基本图形符号。

1）原因—结果图。原因—结果图使用了简单的逻辑符号，以直线连接左右结点。左结点表示输入状态（原因），右结点表示输出状态（结果）。图 6-11 表示规格说明中的四种因果关系，其中 ci 表示原因，通常置于图的左部；e_i 表示结果，通常在图的右部。c_i 和 e_i 均可取值 0 或 1（0 表示某状态不出现，1 表示某状态出现）。

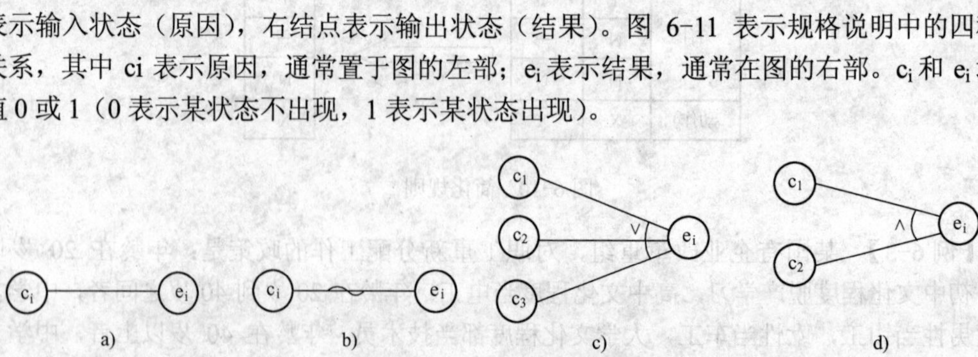

图 6-11　原因—结果图

a) 恒等　b) 非　c) 或　d) 与

图 6-11 的图 a）表示“恒等”关系，即若 c_i 是 1，则 e_i 也是 1；否则 e_i 为 0。图 b）表示“非”关系，即若 c_i 是 1，则 e_i 是 0；否则 e_i 是 1。图 c）表示“或”关系，“或”可有任意个输入。若 c1 或 c2 或 c3 是 1，则 e_i 是 1；否则 e_i 为 0。图 d）表示“与”关系，也可有任意个输入。若 c1 和 c2 都是 1，则 e_i 为 1；否则 e_i 为 0。

2）约束图。输入输出状态相互之间存在的某些依赖关系，称为约束。例如，某些输入条件不可能同时出现等。如图 6-12 所示。

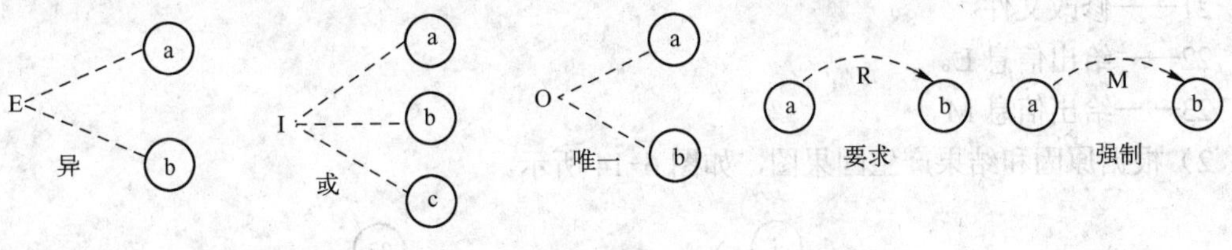

图 6-12　约束图

- E 约束（Exclusive，异）：a 和 b 中至多有一个可能为 1，即 a 和 b 不能同时为 1。
- I 约束（Inclusive，或）：a、b 和 c 至少有一个是 1，即 a、b 和 c 不能同时为 0。
- O 约束（One and Only，唯一）：a 和 b 必须有一个，且仅有一个为 1。
- R 约束（Require，要求）：a 是 1 时，结果 b 是 1。
- M 约束（Mandatory，强制）：a 是 1 时，结果 b 是 0。

因果图设计测试用例需要如下步骤，如图 6-13 所示。

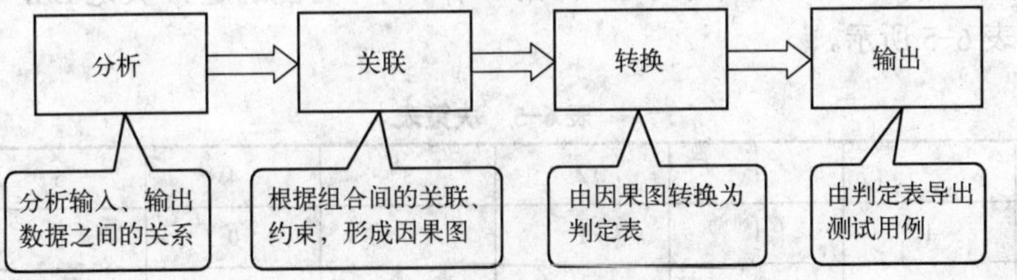

图 6-13　因果图生成测试用例的步骤示意图

1）分析软件规格说明，哪些是原因（即输入条件或输入条件的等价类），哪些是结果（即输出条件），给每个原因和结果赋予标识符。

2）分析原因与结果之间、原因与原因之间对应的逻辑关系，用因果图的方式表示出来。

3）由于语法或环境限制，有些原因与原因之间、原因与结果之间的组合情况不可能出现，在因果图上用一些记号表明这些特殊情况的约束或限制条件。

4）把因果图转换为判定表。

5）从判定表的每一列产生出测试用例。

【例 6-4】 软件需求规格说明如下：第一列字符必须是 A 或 B，第二列字符必须是一个数字，在此情况下进行文件的修改，但如果第一列字符不正确，则给出信息 L；如果第二列字符不是数字，则给出信息 M。

解析：采用因果图方法，具体步骤如下所示：

1）分析程序规格说明书，识别哪些是原因、哪些是结果，原因往往是输入条件或者输入条件的等价类，而结果常常是输出条件。

原因：

1——第一列字符是 A。

2——第一列字符是 B。

3——第二列字符是一数字。

结果：

21——修改文件。

22——给出信息 L。

23——给出信息 M。

2）根据原因和结果产生因果图，如图 6-14 所示。

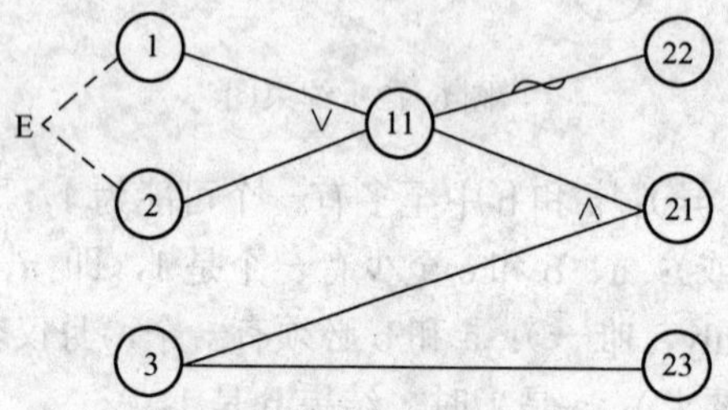

图 6-14　因果图

3）原因 1 和原因 2 不能同时为 1，即第一个字符不可能既是 A 又是 B ，原因 3 只有 2 种取值。如表 6-5 所示。

表 6-5　决策表

		1	2	3	4	5	6
原因	1	1	1	0	0	0	0
	2	0	0	1	1	0	0
	3	1	0	1	0	1	0
结果	21	1	0	1	0	0	0
	22	0	0	0	0	1	1
	23	0	1	0	1	0	1
测试用例		A3 A5	AM AN	B5 B4	BN B!	C2 X6	DY P;

综合测试的具体策略为：

1）在任何情况下，都应该使用边界值分析法进行测试。经验表明这种方法设计出的测试用例暴露程序错误的能力最强。

2）必要时用等价类划分法补充测试用例。

3）必要时用错误推测法补充测试用例。

4）对照程序逻辑，检查设计测试用例。可根据对程序的可靠性要求采用不同的逻辑覆盖标准，补充测试用例，达到逻辑覆盖标准。

5）如果有输入条件的组合，就应从输入条件及其组合开始测试。

6.6 测试生命周期

软件测试生命周期分为测试计划、测试分析、测试设计、测试执行和测试评估。如表 6-6 所示。

表 6-6 软件测试生命周期

阶 段	活 动	输出产物
测试计划	创建总体的测试计划，对软件测试活动作出整体规划，是测试项目的工作指南和依据	测试计划、风险评估表、测试策略
测试分析	对被测软件系统的测试需求进行分析，选择适应的测试类型，完善测试计划	修订完善的测试计划、测试需求跟踪矩阵
测试设计	设计和完善测试用例，决定哪些用例自动化执行，哪些手工执行	测试用例、测试数据
	自动化测试脚本编制	测试规程/测试脚本
测试执行	按照测试计划要求执行测试并进行回归测试	测试结果，缺陷报告
测试评估	评估测试过程，编写测试报告	测试执行记录，测试过程改进计划

6.6.1 测试计划

测试计划采用 5W1H 的分析法，从 Why、What、When、Where、Who、How 六个方面分析，具体如下所示：

1）Why：为什么需要进行测试。

2）What：测试哪些方面，测试阶段的工作内容是什么。

3）When：测试不同阶段的起止时间。

4）Where：缺陷在哪里，测试环境是什么。

5）Who：开发者负责单元测试，其后的测试由哪些测试人员组成。

6）How：如何去做，使用哪些测试工具以及测试方法进行测试。

6.6.2 测试分析

在测试分析阶段，测试人员需要了解需求，根据需求编写测试用例，一般包括如下内容：

1）测试人员必须参加研究组的需求培训和主要的需求讨论、分析会议。需求和原型的讨论结果也应发给测试人员。

2）测试人员应参加评审会议，对于需求的可测性进行确认，并协助确定需求的验收标准。

3）需求文档评审通过后研究组指定负责人编写系统测试方案。

4）测试负责人根据需求文档和项目开发进度计划编写系统测试进度，编写系统测试样例以及确定每轮测试的时间及资源。

5）测试人员根据需求说明书和业务流程图设计测试功能点和业务测试流程。

6）测试人员根据软件变更控制表进行需求变更，修改系统测试样例。

6.6.3 测试设计

测试设计的目的是为每一个测试需求确定测试用例集，并且确定执行测试用例的测试过程。测试设计具体如下：

1）对每一个测试需求，确定其需要的测试用例。

2）对每一个测试用例，确定其输入及预期结果。

3）确定测试用例的测试环境配置、需要的驱动程序。

4）编写测试用例文档。

5）对测试用例进行同行评审。

为每一个测试用例定义详细的测试步骤，为每一测试步骤定义详细的测试结果验证方法，为测试用例准备输入数据，编写测试过程文档，对测试过程进行同行评审，在实施测试时对测试过程进行更改。

6.6.4 测试执行

测试执行跨越软件生命周期的两个阶段，编码之后由开发者进行单元测试，其后由测试人员进行集成测试、确认测试、系统测试和验收测试等。如图 6-15 所示。

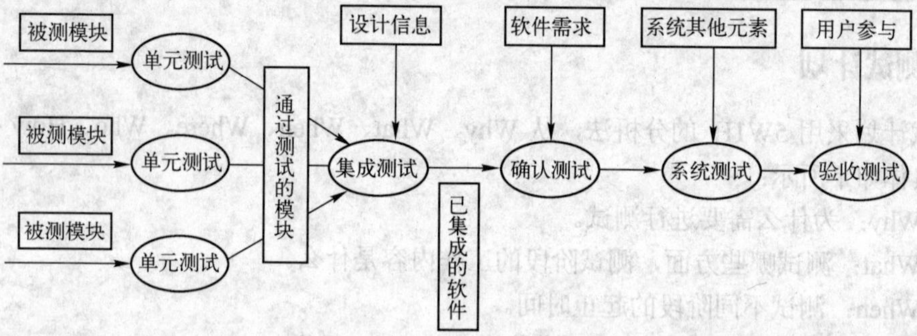

图 6-15　软件测试执行过程

1）单元测试：通过对每个最小的软件模块进行测试、对源代码的每一个程序单元实行测试，检查各个程序模块是否正确地实现了规定的功能，确保其能正常工作。

2）集成测试：对已测试过的模块进行组装集成，主要是对程序结构的测试。

3）确认测试：检验是否满足需求规格说明中的功能和性能需求。

4）系统测试：检验软件产品与整个系统的其他部分的协调工作。

5）验收测试：主要让用户参与对软件的测试。

下面依次进行介绍。

（1）单元测试

单元测试是在软件开发过程中最低级别的测试活动，其测试的对象是软件设计的最小单位。单元测试一般由开发设计人员本身完成，编写该单元所需的测试用例和测试数据，进行测试并修改缺陷。单元测试用于判断一小段代码在某个特定条件（或者场景）下的行为，主要测试软件设计的最小单元（模块）在语法、格式和逻辑等方面的错误以及是否符合功能性能等需求。

单元测试针对程序模块进行测试，主要有以下五个任务——模块接口、局部数据结构、边界条件、执行路径和错误处理。如图 6-16 所示。

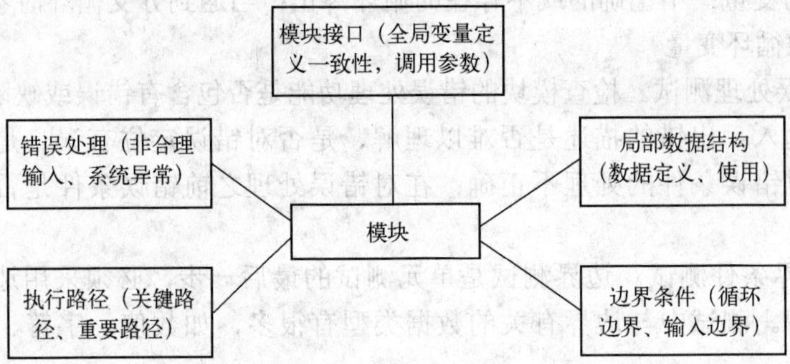

图 6-16　单元测试的解决的任务

1）模块接口测试。通过对被测模块的数据流进行测试，检查进出模块的数据是否正确。对模块接口，包括参数表、调用子模块的参数、全程数据、文件输入/输出操作进行测试。具体涉及以下内容：

- 模块接受输入的实际参数个数与模块的形式参数个数是否一致。
- 输入的实际参数与模块的形式参数的类型是否匹配。
- 输入的实际参数与模块的形式参数所使用单位是否一致。
- 调用其他模块时，所传送的实际参数个数与被调用模块的形式参数的个数是否相同。
- 调用其他模块时，所传送的实际参数与被调用模块的形式参数的类型是否匹配。
- 调用其他模块时，所传送的实际参数与被调用模块的形式参数的单位是否一致。
- 调用内部函数时，参数的个数、属性和次序是否正确。
- 在模块有多个入口的情况下，是否引用了与当前入口无关的参数。
- 是否修改了只读型参数。
- 全局变量是否在所有引用它们的模块中都有相同的定义。

2）模块局部数据结构测试。测试用例检查局部数据结构的完整性，如数据类型说明、初始化、缺省值等方面的问题，并测试全局数据对模块的影响。

- 在模块工作过程中，必须测试模块内部的数据能否保持完整性，包括内部数据的内容、形式及相互关系不发生错误。
- 局部数据结构应注意以下几类错误：不正确的或不一致的类型说明；错误的初始化或默认值；错误的变量名，如拼写错误或书写错误；下溢、上溢或者地址错误。

3）模块中所有执行路径测试。测试用例对模块中重要的执行路径进行测试，其中对基本执行路径和循环进行测试往往可以发现大量路径错误。测试用例必须能够发现由于计算错误、不正确的判定或不正常的控制流而产生的错误。

常见的错误如下所示：

- 误解的或不正确的算术优先级、混合模式的运算、错误的初始化、精度不够精确、表达式的不正确符号表示。

● 针对判定和条件覆盖，测试用例能够发现如下错误。不同数据类型的比较；不正确的逻辑操作或优先级；应当相等的地方由于精度问题而不能相等；不正确的判定或不正确的变量；不正确的或不存在的循环终止；当遇到分支循环时不能退出；不适当地修改循环变量。

4）各种错误处理测试。检查模块的错误处理功能是否包含有错误或缺陷。例如，是否拒绝不合理的输入；出错的描述是否难以理解、是否对错误定位有误、是否出错原因报告有误、是否对错误条件的处理不正确；在对错误处理之前错误条件是否已经引起系统的干预等。

5）模块边界条件测试。边界测试是单元测试的最后一步，必须采用边界值分析方法来设计测试用例。测试中与边界有关的数据类型有很多，如数值、字符、位置、数量、尺寸等。

在源程序代码编制完成，经过评审和验证，确认没有语法错误之后，开始设计单元测试的测试用例。由于模块并不是一个独立的程序，在考虑测试模块时，同时要考虑它和外界的联系，因此使用一些辅助模块去模拟与被测模块相关的其他模块。辅助模块分为驱动模块和桩模块两种。

● 驱动模块：驱动模块用来模拟被测试模块的上一级模块，相当于被测模块的主程序，用于接收测试数据，并把这些数据传送给被测模块，启动被测模块，最后输出实测结果。

● 桩模块：桩模块用来模拟被测模块工作过程中所调用的模块。桩模块一般只进行很少的数据处理，不需要把子模块所有功能都带进来，但不允许什么事情也不做。

被测模块、驱动模块及桩模块共同构成了一个测试环境，如图 6-17 所示。

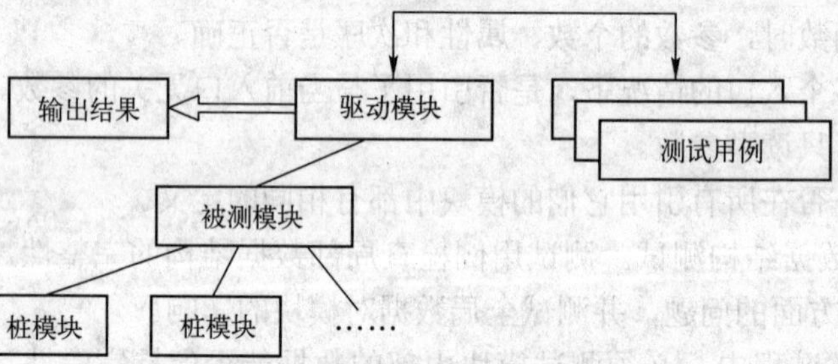

图 6-17　单元测试的测试环境

（2）集成测试

单元测试之后，每个模块都能单独工作，但这些模块组装之后却往往不能正常工作，这是由以下原因引起的：

1）模块相互调用时引入了新的问题，例如数据可能丢失，模块之间的相互影响。

2）子模块分别实现了子功能，但组合后无法实现主功能。

3）子模块所产生的误差由于模块的组合，不断积累导致错误的产生。

4）全局数据结构与局部数据结构的重复出现等错误。

因此，单元测试之后需要进行集成测试。集成测试又名组装测试，是根据模块之间的依赖接口的关系图进行的测试。图 6-18 给出了软件分层结构的示例图。

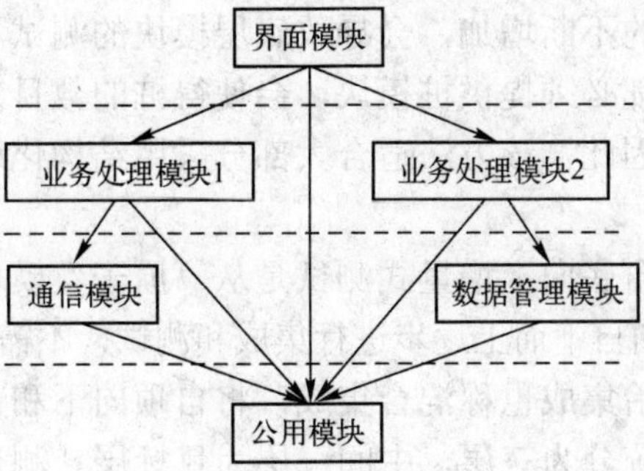

图 6-18　软件分层结构的示意图

集成测试是在开发环境或一个独立的测试环境下进行的，由开发组长负责保证在合理的质量控制和监督下使用合适的测试技术执行充分的集成测试。集成测试是组装软件的系统测试技术之一，按设计要求把通过单元测试的各个模块组装在一起之后，要求软件系统符合实际软件结构，发现与接口有关的各种错误。

集成测试的主要任务是解决以下五个问题。

1）将各模块连接起来，检查模块相互调用时数据经过接口是否丢失。

2）将各个子功能组合起来，检查能否达到预期要求的各项功能。

3）一个模块的功能是否会对另一个模块的功能产生不利的影响。

4）全局数据结构是否有问题，会不会被异常修改。

5）单个模块的误差积累起来，是否被放大，从而达到不可接受的程度。

集成测试主要测试软件的结构问题，因此测试建立在模块接口上，多为黑盒测试，适当辅以白盒测试。执行集成测试应遵循如下步骤：

- 确认组成一个完整系统的模块之间的关系。
- 评审模块之间的交互和通信需求，确认出模块间的接口。
- 生成一套测试用例。
- 采用增量式测试，依次将模块加入到系统，重复进行测试。

集成测试过程中尤其要注意关键模块测试，关键模块一般具有如下一个或多个特征：同时对应几条需求功能；具有高层控制功能；复杂且易出错；有特殊的性能要求。

集成测试分为非增量式集成和增量式集成以及核心先行集成等。

（1）非增量式测试方法。非增量式测试方法又名大棒集成方法，采用一步到位的方法进行测试，对所有模块进行个别的单元测试后，按程序结构图将各模块连接起来，把连接后的程序当作一个整体进行测试。

（2）增量式测试方法。增量式测试方法是指测试从一个模块开始，测试一个模块后，再添加一个模块进行测试。具有自顶向下、自底向上以及三明治集成等三种测试方法。

- 自顶向下增量式。自顶向下增量式测试按结构图自上而下进行逐步集成和逐步测试。模块集成的顺序是首先集成主控模块（主程序），然后按照软件控制层次结构向下进行集成。自顶向下的集成方式可以采用深度优先策略和广度优先策略。自顶向下增量式测试方式在测试过程中较早地验证主要的控制点。功能性的模块测试可以较早地得到证实。最多只需要一个驱动模块就可进行测试。支持缺陷故障隔离。当然，随着底层模块的不断增加，会导致底层模块的测试不充分，特别是被重用的模块。由于每次组装都必须提供桩模块，会使得桩的数目急剧增加，从而维护桩的成本也会快速上升。因此，该方法适合大部分采用结构化编程方法，而且结构相对比较简单的软件。

- 自底向上增量式。自底向上增量式测试是从“原子”模块（软件结构中最低层的模块）开始，按结构图自下而上逐步进行集成和测试，不需要桩模块。
- 三明治集成。三明治集成也称混合集成，将自顶向下和自底向上的优点集于一身。三明治集成是把系统分为三层，中间一层为目标层。测试时对目标层上面的一层采用自顶向下的集成测试方法，而对目标层下面的一层使用自底向上的集成策略，最后再对目标层进行测试。表 6-7 给出了各集成测试策略的分析和对比。

表 6-7　集成测试方法的比较

名　称	自项向下增量式	自底向上增量式	三明治集成
集成	早	早	早
基本程序工作时间	早	晚	早
需要驱动程序	否	是	是
需要桩程序	是	否	是
工作并行性	低	中	中
特殊路径测试	难	容易	中等
计划与控制	难	容易	难

（3）确认测试

确认测试又称合格性测试，用于验证软件的有效性，即验证软件的功能和性能及其它特性是否与用户的要求一致。确认测试包括有效性测试以及软件配置复审。其中，有效性测试是在模拟的环境下，运用黑盒测试的方法，验证被测软件是否满足需求规格说明书列出的需求。而软件配置复查的目的是保证软件配置的所有成分，包括与实际运行环境中整个系统的支持环境都应齐全，各方面的质量都符合要求。

（4）系统测试

以需求规格说明书为依据，将整个软件系统与计算机硬件、外设、支持软件、数据和人员等其他系统元素结合起来，在实际运行（使用）环境下，对计算机系统进行的测试。系统测试完全采用黑盒测试技术，因为已不需要考虑组件模块的实现细节，而主要是根据需求分析时确定的标准检验软件是否满足功能、行为、性能和系统协调性等方面的要求。系统测试的目标不是要找出软件故障，而是要证明系统的性能。

（5）验收测试

验收测试是以用户为主的测试，软件开发人员和质量保证人员也应参加。由用户参加设计测试用例，通过用户界面输入测试数据，分析测试的输出结果。一般使用生产中的实际数据进行测试。在测试过程中，除了考虑软件的功能和性能外，还应对软件的可移植性、兼容性、可维护性、错误的恢复功能等进行确认。

1）α 测试和 β 测试。α 测试和 β 测试用于发现可能只有最终用户才能发现的错误。α 测试是在开发环境下或者公司内部的用户在模拟实际操作环境下，由用户参与的测试。β 测试在实际使用环境下进行的测试。与 α 测试不同，开发者通常不在测试现场。α 测试和 β 测试过程如图 6-19 所示。

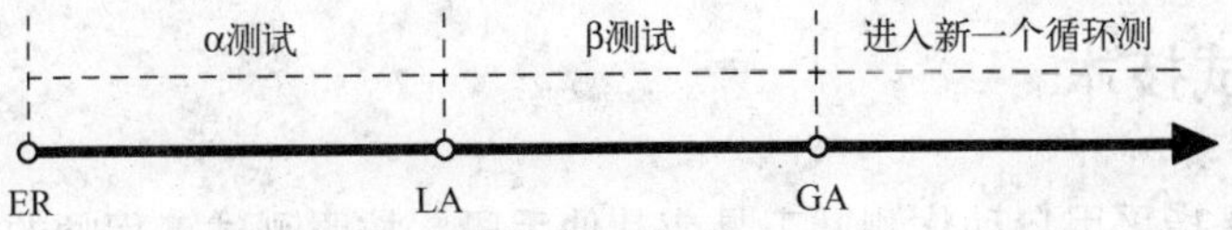

图 6-19　α 测试和 β 测试过程

当软件通过最后阶段的测试——验收测试或全面评估测试，从研发阶段来看，工程发布（Engineering Release，ER）作为一个里程碑，随后将软件推向市场。进行α测试后，到达有限可用（Limited Available，LA）里程碑，LA 是指由于测试覆盖率不能 100%，软件功能并不能全部使用。LA 之后所发现的缺陷，通过β测试，到达全面可用（General Available，GA）里程碑，此时所有功能全部可以使用。

2）回归测试。软件生命周期中的任何一个阶段发生了改变，就可能给软件带来问题。回归测试是一种验证已变更系统的完整性与正确性的测试技术，是指重新执行已经做过的测试的某个子集，以保证修改没有引入新的错误或者发现由于更改而引起的之前未发现的错误，也就是保证改变没有带来非预期的副作用。

6.6.5　评估测试

软件评估测试主要目的有两个：一是量化测试进程，判断测试进行的状态，决定什么时候测试可以结束；二是为测试或质量分析报告生成所需的量化数据，如缺陷清除率、测试覆盖率等。软件测试的主要评测方法有覆盖评测、质量评测和性能评测。覆盖评测是对测试完全程度的评测，由测试需求和测试用例的覆盖或已执行代码的覆盖表示。质量评测是对软件系统的可靠性、稳定性以及性能的评测，对测试结果的评估和对测试过程中确定的变更请求进行分析。性能评测是检测软件运行时的性能，如传输的最长时间限制、传输的错误率、计算的精度、相应的时限和恢复时限等。

1）覆盖评测。测试覆盖率作为产品质量的间接指标，对测试覆盖率的评估就是确定测试执行的完全程度，一般有如下几种指标：语句覆盖率、测试用例执行覆盖率、测试需求覆盖率、功能覆盖率、路径覆盖率、决策覆盖率等。覆盖指标主要回答“测试的完全程度如何”这一问题。最常用的覆盖评测是基于需求的测试覆盖和基于代码的测试覆盖。简而言之，测试覆盖是就需求或代码的设计/实施标准而言的完全程度的任意评测。

2）质量评测。测试覆盖的评估提供对测试完全程度的评测，在测试过程中已发现缺陷的评估提供了最佳的软件质量指标。

3）性能评测。评估测试对象的性能行为时，可以使用多种评测，这些评测侧重于获取与行为相关的数据，如响应时间、计时配置文件、执行流、操作可靠性和限制。

经过了评估测试之后，最终测试要停止，一般有如下五类常用终止测试的标准和依据。

- 测试超过了预定时间，则终止测试。
- 执行了所有的测试用例，但并没有发现故障，则终止测试。
- 使用特定的测试用例设计方法作为判断测试停止的基础。

- 给出测试停止的要求，例如，发现并修改了100个软件故障。
- 根据单位时间内查出故障的数量决定是否停止测试。

6.7 自动测试技术

自动化测试是指采用自动化测试工具或其他手段，按照测试工程师的预定计划进行自动的测试，目的是减轻手工测试的劳动量，从而达到提高软件质量的目的。本节主要介绍了自动测试适用的场合以及自动测试工具所采用的原理。

6.7.1 自动化测试适用场合

随着计算机日益广泛的应用，软件变得越来越庞大和复杂，软件测试的工作量也随之增大。由于手工测试的局限性，以下场合往往会优先考虑使用自动化测试。

（1）软件需求变动不频繁

当软件需求变动过于频繁，势必多次更新测试用例以及测试脚本，增大维护脚本的成本。一般情况，对需求中相对稳定的模块进行自动化测试，变动较大的模块采用手工测试。

（2）自动化测试应用于手工测试难以完成的场合

性能测试、压力测试、负载测试等需要模拟大量并发用户，与时序、死锁、资源冲突、多线程等有关的软件缺陷也很难通过手工测试实现，而自动化测试脚本可重复使用，适合这类场合。

（3）回归测试

回归测试是软件每次有新版本都必须执行的，也就是在软件的生命周期中会被反复执行的测试，因此这类测试很适合自动化测试。

自动化测试将以人为驱动的测试行为转化为机器执行的一种过程，通过自动化测试工具实现手工测试无法完成的功能，减轻了手工测试的工作量和执行时间，提高了测试效率。

6.7.2 测试工具原理

自动化测试工具一般采用代码分析、录制回放、脚本技术、虚拟用户技术等原理，具体如下所示：

（1）代码分析

代码分析是白盒测试的自动化方法，类似于高级编译系统，一般针对高级语言构造分析工具，定义类、对象、函数、变量等定义规则、语法规则，对代码进行语法扫描，找出不符合编码规范的地方，根据某种质量模型评价代码质量、生成系统的调用关系图等。

（2）录制回放

录制回放是黑盒测试的自动化方法，通过捕获用户每一步操作，如用户界面的像素坐标或程序显示对象（窗口、按钮、滚动条等）的位置以及相应操作、状态变化或属性变化，用一种脚本语言记录描述，模拟用户操作。回放时，将脚本语言转换为屏幕操作，比较被测系统的输出记录与预先给定的标准结果。

（3）脚本技术

脚本是一组测试工具执行的指令集合，脚本有两种，一种是手动编写或嵌入源代码；另一种是通过测试工具提供的录制功能，运行程序自动录制生成脚本。由于录制生成脚本过于简单，仅靠自动录制脚本无法满足用户复杂要求，因此需要添加参数设置，增强脚本的实用性。

脚本技术分为以下几种类型：

1）线性脚本。录制手工执行的测试用例得到的线性脚本，包含用户键盘和鼠标输入、检查某个窗口是否弹出等操作。线性脚本适用于演示、培训或执行较少且环境变化小的测试、数据转换的操作功能。但是，线性脚本的过程较烦琐，过多依赖于每次捕获的内容，测试输入和比较是“捆绑”在脚本中的，不能共享或重用脚本，容易受软件变化的影响。另外，线性脚本修改代价大，维护成本高，容易受意外事件影响，导致整个测试失败。

2）结构化脚本。结构化脚本类似于结构化程序设计，包含控制脚本执行指令，具有顺序、循环和分支等结构。结构化脚本可减少工作量，具有健壮性好等优点，但是结构化脚本较复杂，而且测试数据仍然与脚本“捆绑”在一起。

3）共享脚本。共享脚本可以被多个测试用例使用，当重复任务发生变化，只需修改一个脚本，便可达到脚本共享目的。共享脚本具有如下优点：以较少的开销实现类似的测试，维护共享脚本的开销低于线性脚本。但是，共享脚本需要跟踪更多的脚本，给配置管理带来一定困难，并且对于每个测试用例仍然需要特定的测试脚本。

4）数据驱动脚本。数据驱动脚本将测试输入到独立的数据文件（数据库）中，而不是绑定在脚本中。可以通过一个测试脚本指定不同的测试数据文件，实现较多的测试用例，将数据文件单独列出，选择合适的数据格式和形式，达到简化数据、减少出错的目的。数据驱动脚本具有如下优点：快速增加类似的测试用例，新增加的测试也不必掌握工具脚本技术，对以后类似的测试无需额外的维护，有利于测试脚本和输入数据分离，减少编程和维护的工作量，有利于测试用例扩充和完善。但是，数据驱动脚本初始建立开销较大、需要专业人员支持。

5）关键字驱动脚本。关键字驱动作为比较复杂的数据驱动技术的逻辑扩展，是将数据文件变成测试用例的描述，用一系列关键字指定要执行的任务。关键字驱动技术假设测试者具有被测系统知识和技术，不必告之如何进行详细动作以及测试用例如何执行，只说明测试用例即可。关键字驱动脚本多使用说明性方法和描述性方法。

（4）虚拟用户技术

虚拟用户技术通过模拟真实用户行为对被测程序（Application Under Test，AUT）施加负载，测量 AUT 的性能指标值，如事务的响应时间、服务器吞吐量等。虚拟用户技术以真实用户的“商务处理”（用户为完成一个商业业务而执行的一系列操作）作为负载的基本组成单位，用“虚拟用户”（模拟用户行为的测试脚本）模拟真实用户。

负载测试工具采用虚拟用户技术模拟成千上万个用户同时访问 AUT，通过来自不同 IP 地址、不同浏览器类型以及不同网络连接方式的请求，实时监视系统性能，帮助测试人员分析测试结果。

小结

软件测试是指在规定的条件下对程序进行操作，以发现程序错误、衡量软件质量，并对其是否能满足设计要求进行评估的过程。本章介绍了软件测试历史与演变、软件测试原则、软件测试的模型用来指导实践，最典型的测试模型有 V 模型，W 模型、X 模型、H 模型等。

白盒测试允许测试人员利用程序内部的逻辑结构及有关信息设计或选择测试用例。黑盒测试在不考虑程序内部结构和内部特性的情况下，在程序接口进行测试。

软件测试生命周期分为测试计划、测试分析、测试设计、测试执行和测试评估。自动化测试就是通过测试工具或其他手段，按照测试工程师的预定计划对软件产品进行自动的测试，如并发用户测试、大数据量测试、长时间运行可靠性测试等。

习题

一、选择题

1．软件测试的目的是（ ），调试的目的是（ ）。

A．改正错误　B．发现错误

C．推断错误原因并改正错误　D．修改程序

2．软件测试是保证软件质量的重要措施，软件测试的确切含义应该是（ ）。

A．发现软件中的错误　B．进行程序代码调试

C．保证软件开发的正确　D．证明软件错误的存在

3．软件测试是保证软件可靠性的主要手段之一。测试阶段的根本任务是（1），设计测试用例的基本目标是（2）。测试大型软件系统时，通常由模块测试、集成测试、系统测试、（3）并行运行等几个步骤所组成。

（1）A．证明经测试后的程序是正确的

B．确认编码阶段的结果

C．发现并改正软件中的错误

D．利用计算机调试程序和改正程序

（2）A．尽可能用测试用例覆盖可能的路径

B．选用少量的高效测试用例尽可能多地发现软件中的问题

C．采用各种有效测试策略，使所得的程序准确无误

D．评估与选用不同测试方法，尽可能完成测试进度计划

（3）A．接口测试　B．组装测试　C．性能测试　D．验收

4．下列叙述中，与需求分析、设计、编码相对应的软件测试是（ ）。

A．组装测试、确认测试、单元测试　B．单元测试、组装测试、确认测试

C．单元测试、确认测试、组装测试　D．确认测试、组装测试、单元测试

5．确认测试计划是在软件生存周期的（ ）阶段制定的，然后再确认测试阶段完成。

A．需求分析　B．概要设计　C．综合测试　D．确认测试

6．单元测试的测试对象是（ ）。

A．系统　B．程序模块　C．模块接口　D．系统功能

7．单元测试时用于代替被调用模块的是（ ）。

A．桩模块　　B．通信模块　　C．驱动模块　　D．代理模块

8．下列关于α测试的描述中正确的是（　　）。

A．α测试需要用户代表参加　　B．α测试不需要用户代表参加

C．α测试是系统测试的一种　　D．α测试是验收测试的一种

9．对于软件的β测试，下列哪些描述是正确的（　　）。

A．β测试是在软件公司内部展开的测试，由公司专业的测试人员执行。

B．β测试是在软件公司内部展开的测试，由公司的非专业测试人员执行。

C．β测试是在软件公司外部展开的测试，由专业的测试人员执行。

D．β测试是在软件公司外部展开的测试，由非专业的测试人员执行。

二、简述题

1．软件测试经过了几个发展阶段，各是什么？

2．按照测试技术划分，软件测试分哪几类？

3．软件测试模型有几种？其中 V 模型和 W 模型各自的优缺点是什么？

4．白盒测试和黑盒测试的主要对象是什么？

5．单元测试有哪些内容？测试中采用什么方法？

6．什么是集成测试？

7．自动化测试相对于手工测试有什么好处？一般有哪些技术？

第 7 章　软件项目验收与维护

软件项目验收是项目干系人和客户对最终软件产品进行审核，本章就软件项目验收过程进行了介绍。主要讲解了项目如何进行移交和清算，如何对项目进行评价。关于软件维护，介绍了软件维护的种类、软件维护的过程和软件维护的副作用以及软件的可维护性等相关内容。

7.1　软件项目验收

软件项目验收是在软件项目开发完成时，由软件项目干系人和客户对最终产品进行验收，使项目有序地结束的过程。软件验收包括合同收尾和管理收尾两部分。

（1）合同收尾

合同收尾就是了解合同并结清账目，解决所有遗留问题并结束每一项与本项目或项目阶段有关的合同。合同收尾需要对整个采购过程进行系统的审查。找出进行本项目其他产品或本组织内其他项目采购时值得借鉴的成功和失败之处。

（2）管理收尾

管理收尾涉及为了使项目干系人对项目产品的验收正式化而进行的项目成果验证和归档。具体包括收集项目记录，确保产品满足商业需求，并将项目信息归档，还包括项目审计。

7.1.1　项目结束

当项目出现下列条件之一时可以终止项目：

1）项目计划中确定的可交付成果已经出现，项目的目标已经成功实现。

2）项目已经不具备实用价值。

3）由于各种原因导致项目无限期拖长。

4）项目出现了环境的变化，它负面影响项目的未来。

5）项目所有者的战略发生了变化，项目与项目所有者组织不再有战略的一致性。

6）项目已没有原来的优势，难以同其他更领先的项目竞争。

评定项目成功与失败的标准主要有三个：是否有可交付的合格成果；是否实现了项目目标；是否达到项目客户的期望。

7.1.2　项目验收过程

项目验收过程具有如下内容。

1）范围确认：项目接收前，重新审核工作成果，检验项目的各项工作范围是否完成或者完成到何种程度，最后双方确认签字。如果项目提前结束，则应查明有哪些工作已经完成，完成到了什么程度，并将核查结果记录在案形成文件。

项目范围确认完成后，参加项目范围确认的项目班子和接收方人员应在事先准备好的文件上签字，表示接收方已正式认可并验收全部或阶段性成果。一般情况下，这种认可和验收可以附有条件。如软件开发项目的移交和验收时，可规定以后发现软件有问题时仍然可以找该软件项目开发人员解决。

2）质量验收：质量验收是控制项目最终质量的重要手段，依据质量计划和相关的质量标准进行验收，不合格不予接收。

质量验收的范围包括：

- 项目规划阶段的质量验收。主要检验设计文件的质量，同时项目的全部质量标准及验收依据也是在这个阶段完成的。因此，规划阶段的质量验收也是对质量验收评定标准与依据的合理性、完备性和可操作性的检验。
- 项目实施阶段的质量验收。项目实施阶段是项目质量产生的全部过程。实施阶段的质量验收要根据范围规划、工作分解和质量规划对每一个工序进行单个的评定和验收，然后根据各单个工序质量验收结果进行汇总统计，形成全部项目的质量验收结果。

3）费用决算：是指对项目开始到项目结束全过程所支付的全部费用进行核算，编制项目决算表的过程。

- 决算的依据：项目决算依据主要是合同。
- 决算的内容：项目生命周期各个阶段支付的全部费用。
- 决算的结果：决算的结果形成项目决算书，经项目各参与方共同签字后作为项目验收的核心文件。决算书由两部分组成：文字说明和决算报表。文字说明主要包括工程概况、设计概算、实施计划和执行情况、各项技术经济指标的完成情况，项目的成本和投资效益分析、项目实施过程中的主要经验、存在的问题、解决意见等。决算报表分大中型项目和小型项目两种。大中型项目的决算表包括：竣工项目概况表、财务决算表、交付使用财产总表、交付使用财产明细表；小型项目决算表简化为小型项目决算总表和交付使用财产明细表。

4）合同终结：整理并存档各种合同文件，了解合同并结清账目，解决所有遗留问题并结束每一项与本项目或项目阶段有关的合同。

5）项目资料：检查项目过程中的所有文件是否齐全，然后进行归档。项目资料是项目竣工验收和质量保证的重要依据之一，项目资料也是项目交接、维护和后评价的重要原始凭证，在项目验收工作中起着十分重要的作用。因此，项目资料验收是项目竣工验收的前提条件，只有项目资料验收合格，才能开始项目竣工验收。

6）项目后评价：是指对已完成的项目（或规划）的目的、执行过程、效益、作用和影响所进行的系统的、客观的分析。通过项目活动实践的检查总结，确定项目预期的目标是否达到，项目或规划是否合理有效，项目的主要效益指标是否实现。通过分析评价找出成功失败的原因，总结经验教训，通过及时有效的信息反馈，为新项目的决策和提高完善投资决策管理水平提出建议，为后评价项目实施运营中出现的问题提供改进意见，从而达到提高投资效益的目的。

7.1.3 项目移交与清算

项目达到预期的目标，就是正常的项目验收、移交过程。如果项目没有达到预期的效果，并且项目已没有可能或没有必要进行下去了而提前中止，就是清算，项目清算是非正常的项目中止过程。

软件项目的移交成果包括以下一些内容。

1）已经配置好的系统环境。

2）软件产品，例如，软件光盘介质等。

3）项目成果规格说明书。

4）系统使用手册。

5）项目的功能、性能技术规范。

6）测试报告等。

移交阶段具体的工作包括。

1）对项目交付成果进行测试，可以进行α测试、β测试等各种类型的测试。

2）检查各项指标，验证并确认项目交付成果满足客户的要求。

3）对客户进行系统的培训，以满足客户了解和掌握项目结果的需要。

4）安排后续维护和其他服务工作，为客户提供相应的技术支持服务。

5）签字移交。

项目清算的具体流程如下所示：

1）成立项目清算小组，主要由投资方召集项目团队、工程监理等相关人员。

2）项目清算小组对项目进行的现状及已完成的部分依据合同逐条进行检查。对项目已经进行的、并且符合合同要求的，免除相关部门和人员责任；对项目中不符合合同目标的，并有可能造成项目失败的工作，依合同条款进行责任确认，同时就损失估算、索赔方案、拟定等事宜进行协商。

3）找出造成项目流产的所有原因，总结经验。

4）明确责任，确定损失，协商索赔方案，形成项目清算报告，合同各方在清算报告上签证，使之生效。

5）协商不成则按合同约定提起仲裁或直接向项目所在地的人民法院提起诉讼。

7.1.4 项目评价

项目验收后，需对项目从技术、经济、社会效益等方面进行评价，具体如下所示：

（1）项目的技术效果评价

技术效果评价主要是对设计方案、采用的技术的可靠性、适用性、配套性、先进性、经济合理性的再分析。在决策阶段认为可行的技术和方案，在使用中有可能与预想的结果有差别，许多不足之处逐渐暴露出来，在评价中就需要针对实践中存在的问题、产生的原因认真总结经验，在以后的设计或项目中选用更好、更适用、更经济的方案或对原有的技术方案进行适当的调整，发挥其潜在的效益。

（2）项目的经济效果评价

项目经济效果评价需要进行项目的盈利性分析、清偿能力分析等。在盈利性分析中要通过全投资和自有资金现金流量表，计算全投资税前内部收益率、净现值，自有资金税后内部收益率等指标，通过损益表计算资金利润率、资金利税率、资本金利润率等指标，以反映项目和投资者的获利能力。清偿能力分析主要通过编制资产负债表、借款还本付息计算表，计算资产负债率、流动比率、速动比率、偿债准备率等指标，反映项目的清偿能力。

（3）项目的社会效益评价

社会效益评价主要为总结、借鉴、吸收国内外社会效益分析而设计，包括社会效益与影响评价和项目与社会相适应的分析。通过研究项目与社会的相互适应性，揭示预防社会风险，从项目的社会可行性方面为项目决策提供科学分析依据。

项目的社会效益一般从如下几个方面进行评价：

1）项目的文化与技术的可接受性。分析项目是否适应企业的需求，企业在文化与技术上能否接受此项目，有无更好的成本低、效益高、更易为企业接受的方案等。员工的工作效率和质量是否得到提高；系统是否成为企业核心竞争力的重要组成部分，是企业实现战略目标、获得竞争优势的工具。

2）项目的参与水平：分析企业各类人员对项目的态度、要求，提出参与规划。新建系统是否能使管理创新，形成信息时代的经营管理；新建系统是否使组织体系发生根本性改观。

3）项目的持续性：主要是通过分析研究项目与社会的各种适应性，存在的社会风险等问题，研究项目能否持续实施，并持续发挥效益。

7.2 软件维护

软件维护是软件产品交付用户之后的阶段，一般包含如下三层含义：

1）软件的维护总是针对某一种软件产品在软件生存周期内所进行的活动。

2）当今的软件维护更强调服务，如何在软件交付给用户后，给予优良的服务是软件维护考虑的内容。

3）软件维护的时间是有限度的，一般而言目前软件产品的免费服务时间为两年左右，两年以后软件厂商会推出更新的版本以适应用户在功能、性能、接口等方面所提出的新需求。

一般，影响软件维护工作量的因素有如下几点：

1）系统的规模。系统规模越大，其功能就越复杂，软件维护的工作量也就越大。

2）程序设计语言。使用适合软件项目的程序设计语言，增加程序可读性，便于软件维护。

3）软件项目的使用年限。旧系统比新系统需要更多的维护工作量。

4）数据库技术的应用。使用数据库有效地管理和存储数据，减少维护工作量。

5）先进的软件开发技术。先进的分析设计技术和程序设计技术，如面向对象技术、复用技术等，可大量的减少维护工作量。

7.2.1 软件维护种类

一般大型软件的维护成本高达软件开发成本的 4 倍左右，软件维护的目的是满足用户对软件的性能与运行环境不断提高的需求，一般有纠错性维护、适应性维护、完善性维护和预防性维护四类。

1）纠错性维护。纠错性维护又称为改正性维护，改正在特定的使用条件下软件中暴露出来的错误与缺陷，这些错误或缺陷在测试时并未被发现。

2）适应性维护。软件使用过程中数据环境或处理环境发生了变化，需要对软件进行修改以适应这种变化，使软件产品能够适应变化了的运行环境，如操作系统版本的升级、计算机配置的变化、软件使用对象的变化等。

3）完善性维护。在软件的使用过程中，用户往往会对软件提出新的功能与性能要求。为了满足这些要求，需要修改或再开发软件，以扩充软件功能、增强软件性能、提高软件的可维护性。这种维护在整个维护过程中所占比重最大。

4）预防性维护。预防性维护是为了提高软件的可维护性、可靠性等，为以后进一步改进软件打下良好基础。预防性维护可以减少今后维护的工作量，有利于系统进一步改造或升级换代。预防性维护的提出者 Miller 认为预防性维护是“把今天的方法学应用到昨天的系统上，以支持明天的需求”。

上述四类维护活动应用于整个软件配置。其中，完善性维护占全部维护活动的50%～66%，纠错性维护占 17%～21%，适应性维护占 18%～25%，预防性其他维护活动只占 4%左右。

7.2.2 软件维护过程

软件维护过程本质上是修改和压缩了的软件定义和开发过程。通过建立维护组织，确定报告和评价的过程，而且必须为每个维护要求规定一个标准化的事件序列。此外，还应该建立一个适用于维护活动的记录保管过程，并且规定复审标准。软件维护过程一般经历如下几个步骤。

（1）建立维护组织

软件维护组织的组织如图 7-1 所示，软件维护组织由修改负责人总指挥。每一项维护请求通过维护管理员转交给相应的系统监督员去评价，其后指定相应的维护人员进行修正，并与配置管理员进行协商，从而使得维护机构中各个角色职责明确，减少混乱现象。

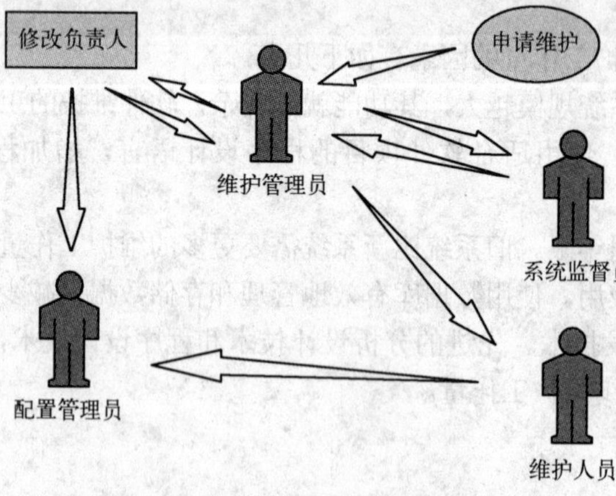

图 7-1　软件维护组织图

（2）书写维护报告

软件维护报告包括维护申请报告和软件修改报告，具体如下所示。

1）维护申请报告（Maintenance Request Form，MRF）：由用户填写的外部文件，提供错误情况说明（输入数据，错误清单等）或修改说明书等。

2）软件修改报告（Software Change Report，SCR）：是与 MRF 相应的内部文件，要求说明以下内容。

- 所需修改变动的性质。
- 申请修改的优先级。
- 维护某个缺陷所需的工作量，如人、财、物等。
- 预计修改后的状况。

（3）维护的事件流

图 7-2 描绘了维护事件流。

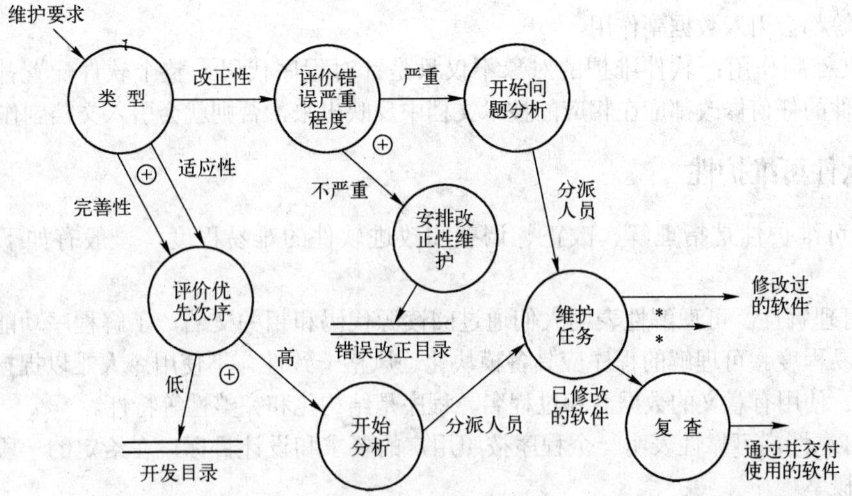

图 7-2 维护事件流

维护请求首先必须明确维护的类型。对于纠错性维护，进行错误严重性的评价，如果存在严重错误，则需在系统管理员的指导下分析问题。对于不严重的错误，可与其他软件开发任务一起解决。适应性维护和完善性维护的请求沿着同一条路径推进，先确定每项请求的优先次序，然后根据维护请求的优先次序依次进行解决。

（4）维护评价

对于软件维护的评价，至少可以从如下七个方面进行。

1）每次程序运行平均失败的次数。

2）用于每一类维护活动的总人时数。

3）平均每个程序、每种语言、每种维护类型所必需的程序变动数。

4）维护过程中增加或删除源语句平均花费的人时数。

5）维护每种语言平均花费的人时数。

6）维护请求表的平均周转时间。

7）不同维护类型所占的比例。

7.2.3 软件维护副作用

软件维护改正了软件存在的潜在错误，改进了性能，但同时也会产生一定的副作用，具体表现为三类：

1）代码副作用。对代码的修改最容易发生副作用，修改会使程序混乱、结构不清晰、可读性变差，而且会产生连锁反应。如修改删除子程序、标识符；修改文件的打开与关闭操作；修改逻辑操作符、修改对边界条件的测试、为提高程序执行效率而做的修改等。

2）数据副作用。维护阶段一旦修改了数据结构，软件设计与数据可能就不再吻合，错误随即出现。如局部常量与全局常量的再定义、记录与文件格式的改变、增减数据结构的容积、修改全局数据、重新初始化控制标志与指针、重新排列 I/O 表或子程序的参数表、修改用户数据等都会引入数据副作用。

3）文档副作用：软件维护的对象不仅只是针对程序代码，整个软件配置都在维护之列。对软件的任何修改都应在相应的技术文档中反映出来，否则就会引入文档副作用。

7.2.4 软件可维护性

软件可维护性是指理解、改正、调整和改进软件的难易程度，一般有如下几点影响因素：

1）可理解性。可理解性表明人们通过阅读源代码和相关文档，了解程序功能及其如何运行的难易程度。可理解的程序应具备模块化、风格一致性、不使用令人难以捉摸或含糊不清的代码、使用有意义的数据名和过程名、程序是结构化和完整性等特性。

2）可靠性。可靠性表明一个程序按照用户的要求和设计目标，在给定的一段时间内正确执行的概率。

3）可测试性。可测试性表明论证程序正确性的难易程度。程序越简单，证明其正确性就越容易。

4）可修改性。可修改性表明程序容易修改的程度，可修改的程序应当是可理解的、通用的、灵活的、简单的。

5）可移植性。可移植性表明程序转移到一个新计算环境可能性的大小，可移植的程序应具有结构良好、灵活、不依赖于某一具体计算机或操作系统的性能。

6）可使用性。从用户观点出发，可使用性为程序方便、实用、易于使用的程度。

小结

项目验收过程是项目干系人和客户对最终产品进行验收，使项目或项目阶段有序地结束的过程。项目验收具有如下内容：1）范围确认。2）质量验收。3）费用决算。4）合同终结。5）项目资料。6）项目后评价。

维护是软件生命周期的最后一个阶段，也是持续时间最长、代价最大的一个阶段。软件维护通常包括四类活动：为了纠正在使用过程中暴露出来的错误而进行的纠错性维护；为了适应外部环境的变化而进行的适应性维护；为了改进原有的软件而进行的完善性维护；以及为了改进将来的可维护性和可靠性而进行的预防性维护。

软件维护的过程包括如下步骤：建立维护组织，书写维护申请报告，根据维护的不同种类，进行不同的事件流处理，最后给出软件修改报告，并给出维护评价。

习题

1. 软件项目验收包括哪些内容？
2. 项目验收的过程是什么？
3. 项目移交与清算包含什么内容？
4. 软件维护分几类？分别是什么？
5. 软件维护过程如何进行？
6. 软件维护是否有副作用？如果有，是什么？
7. 软件的可维护性是什么？

第8章　软件项目管理

软件工程方法学的研究内容包含软件开发技术（软件开发方法、软件开发工具、软件工程环境）和软件工程管理（质量管理、软件项目管理）两部分。本章介绍软件项目管理，首先给出了软件质量与软件项目管理的关系，其次介绍了成本管理、进度管理、人力资源管理、风险管理和配置管理等内容。

8.1　项目管理与软件质量

软件的质量与项目管理密不可分，俗话说，“二分技术，八分管理”。下面详细介绍项目管理、软件测试与软件的质量关系等概念。

8.1.1　项目管理

20 世纪 70 年代中期，美国国防部通过分析软件项目的众多因素，如软件度量、工作量估计、项目规划、进展控制、需求变化和风险管理等，发现 70%的项目失败都因管理不善而致，并非技术原因，其中主要失败原因有：需求定义不明确；缺乏良好的开发过程；没有统一领导的产品研发小组；子合同管理不严格；不注重改善软件过程；软件界面定义不完善等。

软件项目管理要求在特定的环境组织内，利用有限资源（人力、物力、财力等），通过协调一系列关联的任务，在规定的时间内完成，满足性能、质量、数量、技术指标等要求。为此，美国项目管理学会（PMI）制定的项目管理知识体系为项目管理提供了知识框架，其归纳了项目管理的九个知识领域。

1）项目整体管理。包括项目章程和项目计划的制订，指导与管理项目执行，监控项目活动，整体变更控制，项目验收等。

2）项目范围管理。项目范围规定了一个项目中有哪些工作，范围管理就是对项目的范围进行规划、定义、核实和控制。

3）项目时间管理。项目活动定义、排序、历时估算，进度计划的编制和进度控制。

4）项目成本管理。项目成本的估算、预算和成本控制。

5）项目质量管理。通过质量保证和质量控制手段，确保项目产品、服务或成果的质量满足用户要求。

6）项目人力资源管理。保证最有效地使用人力资源，包括分配项目角色，项目团队的组建、团队建设、绩效管理等。

7）项目沟通管理。保证项目干系人之间顺畅而充分的信息交流，包括确定项目干系人的信息需求、信息发布、搜集与传播项目的绩效信息等。

8）项目风险管理。对项目可能遇到的各种风险进行识别、分析、应对和监控。

9）项目采购管理。项目采购是从项目团队外部购买或获取所需产品、服务或成本的过程。项目采购管理包括采购规划、询价、选择卖方、合同管理等。

8.1.2 软件质量

ANSI/IEEE 定义软件质量是“与软件产品满足规定的和隐含的需求能力有关的特征或特性的全体”。一般认为，软件质量反映为软件产品满足明确或隐含要求的程度，包括与确定的功能及性能需求的一致性、与成文的开发标准的一致性、与所有专业开发的软件所期望的隐含特性的一致性等。

软件质量的质量特性分为功能性、可靠性、可使用性、效率、可维护性和可移植性。质量特性分为质量子特性。其中，功能性包括适合性、准确性、互操作性、依从性和安全性；可靠性包括成熟性、容错性和易恢复性；可使用性包括易理解性、易学习性和易操作性；效率包括时间特性和资源特性；可维护性包括易分析性、稳定性、易变更性和易测试性；可移植性包括适应性、易安装性、遵循性和易替换性。软件质量模型如图 8-1 所示。

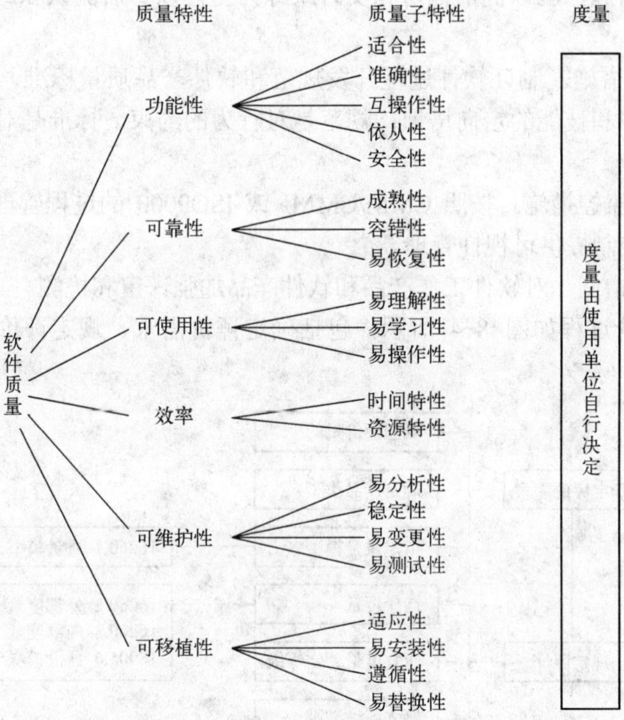

图 8-1　软件质量模型

软件质量管理包括软件质量保证（Quality Assurance，QA）和软件质量控制（Quality Control，QC）。其中，QA 是预防缺陷和错误的发生，QC 是找出缺陷和错误，如图 8-2 所示。

软件质量保证活动贯穿软件生存周期的每一个阶段，质量保证措施主要有检查、评审和测试等，如图 8-3 所示。

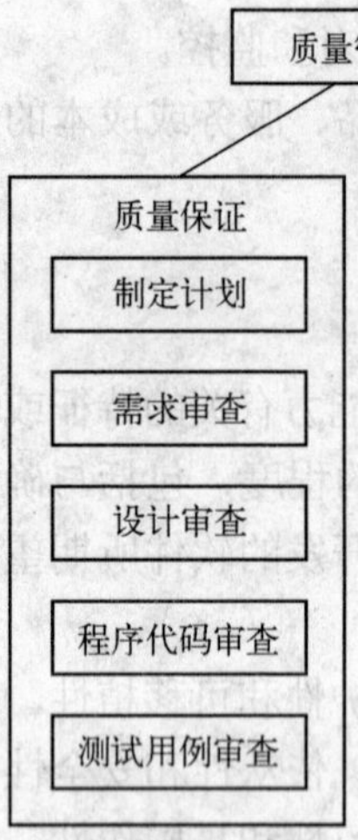

图 8-2 软件质量管理

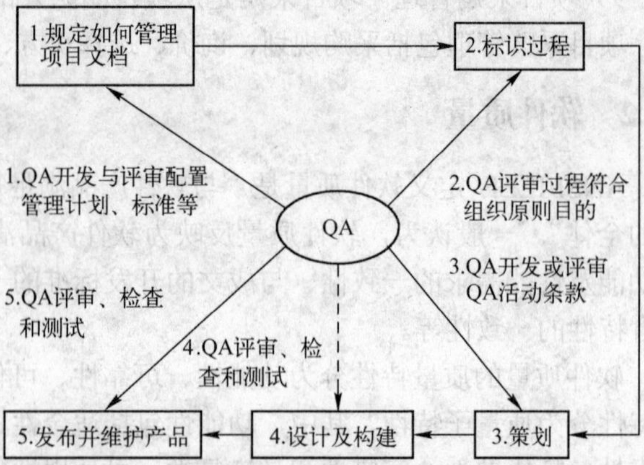

图 8-3 软件质量保证流程

软件质量保证措施，应以提前预防和实时跟踪为主，以事后测试和纠错为辅。具体包含以下三个方面：

1）事先的预防措施。制订软件过程开发规范和软件产品质量标准，对软件开发和管理人员进行这方面知识和技能的定向培训；规范是对行为的约束、标准是对产品的约束、规程是对操作的约束。

2）事中的跟踪监控措施。按照 CMM/CMMI 或 ISO9000 的过程管理思想，对软件过程和软件产品的质量控制提供可视性管理。

3）事后的纠错措施。对软件工作产品和软件产品加强评审和检测。

软件产品的评价过程如图 8-4 所示，包括确定评价需求、规定评价、设计评价和执行评价。

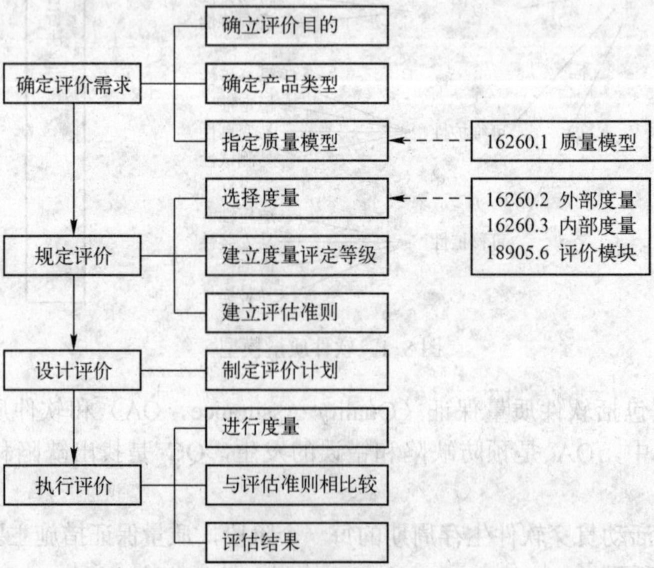

图 8-4 软件质量评价过程

8.1.3 软件测试与质量保证

软件质量保证采用“全面质量管理”和“过程改进”原理开展质量保证工作，通过预防、检查与改进来满足用户的需求。软件测试是对软件开发过程的产物以及开发出的软件产品进行分析，以找出缺陷，保证软件质量。

软件质量保证与软件测试的关系是包含与被包含的关系，软件质量保证包括避免错误、检错和容错等内容。而软件测试作为保证软件质量的重要环节，是检错中的重要内容，其关系如图 8-5 所示。

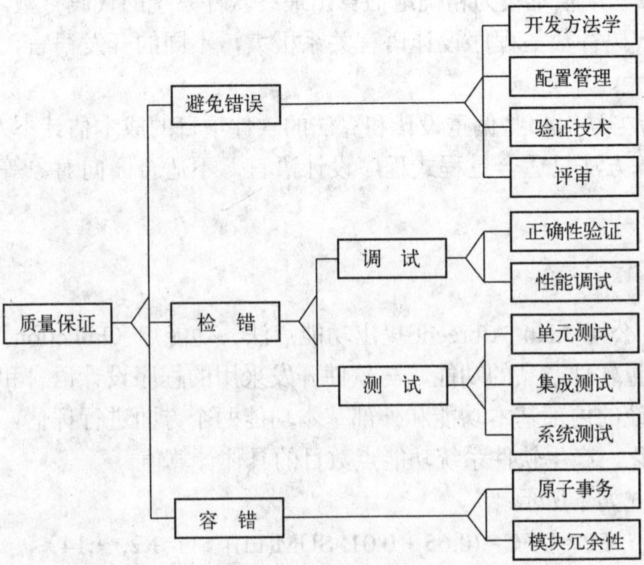

图 8-5　软件质量保证活动与软件测试的关系

8.2 成本管理

成本估计和成本管理是软件管理的核心任务之一，用于管理和控制软件开发过程中所花费的工作量及相应的代价。

软件成本是指软件在整个生存周期中所涉及的各项成本，一般考虑以下几个因素：

1）办公成本。包括办公室房租、办公用品、电话与通信费用、办公消耗。

2）人员成本。指参与项目开发的人员的人工费。

3）资源成本。指进行软件项目开发所必需的一些资源。如：硬件环境（计算机、打印机、网络设备等）、软件环境（操作系统、数据库、开发工具、可复用的构件等）、资料费等。

4）其他成本。如需求分析等与客户交流的费用、产品的宣传费用、软件的包装与发布费用、维护费用等。

软件项目规模是影响软件项目成本和工作量的主要因素，目前常用的软件成本估计方法有代码行法、功能点法和构造型成本模型法等。

8.2.1 代码行法

代码行法（Line of Code，LOC）是从软件程序员的角度定义软件项目规模。直观地说，一个软件项目的代码行数越多，其规模就越大，成本就越高。由于软件代码行的数目易于度量，软件开发者都会对以往开发的软件项目代码行数目进行备案，当开发类似的项目时，便可借助这些经验数据，对当前软件项目的规模进行度量。

代码行度量软件项目的规模简单易行，自然、直观且易于度量，但其缺点也非常明显，主要有以下几点：

1）在软件开发初期很难较为精确地估算出最终软件系统的代码行数。

2）软件项目代码行数与程序设计语言关系极大，不同的开发语言，实现同一功能所产生的代码行相差很大。

3）代码行估算方法对那些偏重设计和算法的软件项目的成本估计不太有利。

4）代码行估算方法只适合过程式程序设计语言，不适合面向对象等非过程式程序设计语言。

8.2.2 功能点法

1979 年，IBM 公司 Alan Albrecht 提出功能点法。功能点（Function Point，FP）是以一个标准的单位来度量软件产品的功能，与软件开发采用的程序设计语言和技术关系不大。该方法需要对软件系统的内部基本功能和外部基本功能两个方面进行评估，然后根据技术复杂度因子进行加权量化，产生软件系统功能点数目的具体计算值。

功能点计算公式如下所示：

$$FP = UFC \times (0.65 + 0.01 \times SUM(Fi)) \quad (i=1,2,\cdots,14)$$

其中，UFC（Unadjusted Function Point Count）是未调整功能点计数值，由五个参数的“加权和”组成，如表 8-1 所示，常数 0.65 和 0.01 是经验常数。

表 8-1 UFC 值的加权计算

参数 \权重	加权因子		
	简单	一般	复杂
用户输入数	3	4	6
用户输出数	4	5	7
用户查询数	3	4	6
文件数	7	10	15
外部界面数	5	7	10

计算 UFC 所涉及的五个参数分别是：

1）用户输入数。是指由用户提供的、用来输入的应用数据项的数目。

2）用户输出数。是指软件系统为用户提供的、向用户输出的应用数据项的数目。

3）用户查询数。是指要求回答的交互式输入的项。

4）文件数。是指系统中主文件的数目。

5）外部界面数。是指机器可读的文件数目（如磁盘或者磁带中的数据文件）。

即：UFC =（简单用户输入数×3 ＋一般用户输入数×4＋复杂用户输入数×6）+（简单用户输出数×4＋一般用户输出数×5＋复杂用户输出数×7）+（简单用户查询数×3＋一般用户查询数×4＋复杂用户查询数×6）+（简单文件数×7＋一般文件数×10＋复杂文件数×15）+（简单外部界面数×5＋一般外部界面数×7＋复杂外部界面数×10）。

Fi 的取值是根据它所对应的技术因素对软件的影响程度来决定的，是 14 个技术因素的“权重调节值”，一般软件项目的 14 个权重调节值取平均值 3，14 个权重调节值的累加值 SUM(Fi)=42。Fi 的取值如表 8-2 所示。

表 8-2　Fi 的取值表

<table>
<tr><th>编号</th><th>技术因素</th><td rowspan="15">Fi 的取值（0、1、2、3、4、5）
0-没有影响
1-偶有影响
2-轻微影响
3-平均影响
4-较大影响
5-严重影响</td></tr>
<tr><td>F_1</td><td>系统需要可靠的备份和复原吗？</td></tr>
<tr><td>F_2</td><td>系统需要数据通信吗？</td></tr>
<tr><td>F_3</td><td>系统有分布处理功能吗？</td></tr>
<tr><td>F_4</td><td>性能是临界状态吗？</td></tr>
<tr><td>F_5</td><td>系统是否在一个实用的操作系统下运行？</td></tr>
<tr><td>F_6</td><td>系统需要联机数据项吗？</td></tr>
<tr><td>F_7</td><td>联机数据项是否在多屏幕或多操作之间进行切换？</td></tr>
<tr><td>F_8</td><td>需要联机更新主文件吗？</td></tr>
<tr><td>F_9</td><td>输入、输出、查询和文件很复杂吗？</td></tr>
<tr><td>F_{10}</td><td>内部处理复杂吗？</td></tr>
<tr><td>F_{11}</td><td>代码需要被设计成可重用吗？</td></tr>
<tr><td>F_{12}</td><td>设计中需要包括转换和安装吗？</td></tr>
<tr><td>F_{13}</td><td>系统的设计支持不同组织的多次安装吗？</td></tr>
<tr><td>F_{14}</td><td>应用的设计方便用户修改和使用吗？</td></tr>
</table>

在软件开发的早期阶段（如需求分析）可以通过对用户需求的理解获得软件系统的功能点数，该方法可以较好地克服基于代码行软件项目规模表示方法的不足。但是，功能点计算主要靠经验公式，主观因素比较多，而且该方法没有直接涉及算法的复杂度，不适合算法比较复杂的软件系统。

大量实践表明，对于特定的程序设计语言，其功能点和代码行之间存在某种对应关系，如表 8-3 所示。例如，一个功能点用汇编语言实现大约需要 320 行代码，而用 C 语言实现大约需要 150 行代码。

表 8-3　功能点和代码行之间的转换表

序　号	程序设计语言	代码行/功能点
1	汇编语言	320
2	C	150
3	COBOL	105
4	Fortran	105
5	Pascal	91

（续）

序　　号	程序设计语言	代码行/功能点
6	Ada	71
7	PL/I	65
8	Prolog/LISP	64
9	SmallTalk	21

【例 8-1】 利用功能点方法计算软件成本。

软件项目 X 的 UFC 的计算结果如表 8-4 所示。

表 8-4　软件项目 X 的 UFC 值

参数\取值×权重	加权因子			最终值
	简单	一般	复杂	
用户输入数	6×3	2×4	5×6	56
用户输出数	7×4	6×5	5×7	103
用户查询数	2×3	0×4	5×6	36
文件数	0×7	3×10	3×15	75
外部界面数	2×5	3×7	4×10	71
UFC=	341			

表 8-4 中的数据项是各种因素在各种复杂级别下的取值与权重值的乘积，UFC 的计算结果为 341。SUM(Fi)的取值为 42。故根据公式 FP =341× (0.65 + 0.01×42) = 364.87，即该项目的功能点数目大致为 364。

8.2.3　构造型成本模型法

构造型成本模型（Constructive Cost Model，COCOMO）由 Boehm 在 1981 年提出，COCOMO 模型根据项目规模、开发环境等因素把项目分为有机模式、半有机模式和嵌入模式三种，具体如下所示。

1）有机模式。指规模较小的、简单的软件项目。

2）半有机模式。指在规模和复杂性上处于中等程度的软件项目。

3）嵌入模式。指必须在一组紧密联系的硬件、软件及操作约束下开发的软件项目。

COCOMO 模型按其详细程度也被分为三级。

（1）基本 COCOMO

基本 COCOMO 是静态单变量模型，以源代码行数为自变量的函数来计算软件开发工作量。成本估算公式为：$E=a(KDSI)^b$。其中，E 为开发成本。KDSI 为千行源代码数。a、b 为两个常数，具体值与项目的种类有关，如下所示。

- 有机模式：　$PM=2.4(KDSI)^{1.05}$。
- 半有机模式：$PM=3.0(KDSI)^{1.12}$。
- 嵌入模式：　$PM=3.6(KDSI)^{1.20}$。

（2）中间 COCOMO

中间 COCOMO 是以源代码行数为自变量的函数计算软件开发工作量为基础，再用一些与项目规模和类型无关的因素来调整成本的估算。成本估算公式：$E= a(KDSI)^b \times$乘法因子。其中，a、b 的具体取值如下所示。

- 有机模式：　PM=$3.2(KDSI)^{1.05}$。
- 半有机模式：PM=$3.0(KDSI)^{1.12}$。
- 嵌入模式：　PM=$2.8(KDSI)^{1.20}$。

COCOMO 方法重点考虑 15 种影响成本估算的因素，并通过定义乘法因子，准确、合理地估算软件的工作量，这些因素主要分为以下四类。

- 产品因素。包括软件可靠性、数据库规模和产品复杂性。
- 硬件因素。包括执行时间限制、存储限制、虚拟机易变性和环境周转时间。
- 人的因素。包括分析员能力、应用领域实际经验、程序员能力、虚拟机使用经验和程序语言使用经验。
- 项目因素。包括现代程序设计技术、软件工具的使用和开发进度限制。

（3）详细 COCOMO

详细 COCOMO 包括中间 COCOMO 的所有特性，另外，还考虑对软件工程过程中分析、设计、编码、调试等各阶段的影响。详细 COCOMO 提出了“阶段敏感工作权数”对成本估算进行调整，并将项目分解为子系统或子模型，以便在一组子模型的基础上更精确地调整一个模型的属性。

8.3 进度管理

项目进度管理也称作时间管理或工期管理，是指在项目实施过程中，对各阶段的进展程度和项目最终完成的期限所进行的管理，是为了确保项目按期完成所需要的过程。通过把工作量分配给特定的软件工程任务并规定完成各项任务的起止日期，从而将估算出的项目工作量分布于计划好的项目持续期内，进度计划随着时间的流逝而不断演化。

8.3.1 图示方法

在项目计划早期，通过制订宏观的进度安排表标识出主要的软件工程活动及其所需资源。随着项目的进展，将宏观进度表中的每个条目精化成详细进度表，标识出完成一个活动所必须实现的一组特定任务，安排进度，用于项目进度管理的图示有甘特图、网络图等。

（1）甘特图

甘特图又叫横道图或条状图，以亨利·L·甘特的名字命名，用于项目管理。甘特图通过活动列表和时间刻度形象地表示出任何特定项目的活动顺序与持续时间。甘特图中将任务项排列在垂直轴，用水平轴表示时间，线条表示在整个期间上计划和实际活动的完成情况，如图 8-6 所示，甘特图直观地表明了任务计划在何时进行以及实际进展与计划要求的对比。

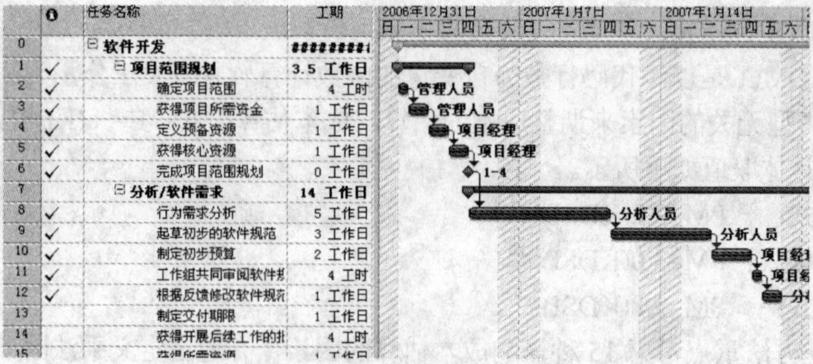

图 8-6　甘特图

甘特图具有如下特点：

1）用水平线段表示任务的工作阶段。

2）以必须交付应交付的文档和通过评审为标准。

3）其优点是标明了各任务的计划进度和当前进度，能动态地反映软件开发的进展情况。

4）其缺点是难以反映多个任务之间存在的复杂的逻辑关系。

（2）网络图

当软件项目的多个子任务之间存在复杂的依赖关系时，往往采用网络图进行进度计划。网络图作为活动排序的主要输出，不但如同甘特图一样描绘任务分解情况以及每项活动的开始时间和结束时间，而且还能显式地描绘各个活动彼此间的逻辑关系，是项目进度管理的强有力工具。

常用的网络图有 PDM 网络图和 ADM 网络图等。其中，PDM 网络图采用前导图法进行活动排序。PDM 图采用结点（方框或者圆）代表一项活动，用带箭头的线段表示活动间的依赖关系。这种表示法也称为 AOV 网（Activity On Vertex Network），是多数项目管理软件所采用的方法。在前导图法中，结束-开始关系是最常见的逻辑关系。如图 8-7 所示，图中方框表示活动，带箭头的线段表示活动顺序。

ADM 网络图采用箭线图法进行活动排序，即采用带箭头的线段表示活动，通过结点将活动连接起来，表示结束-开始的依赖关系。这种表示法也称为 AOE 网（Activity On Edge Network）。ADM 网络图如图 8-8 所示，带箭头的线段表示活动，结点表示事件。二者之间的关系是：只有带箭线表示的活动完成后，箭线终点处结点代表的事件才能发生；只有箭线起点处结点代表的事件发生后，该活动才能开始。

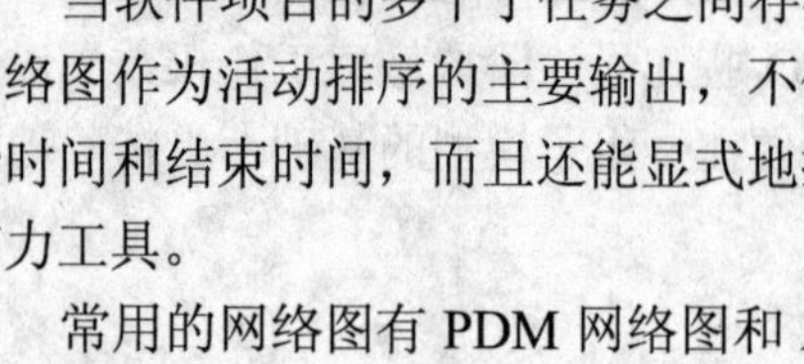

图 8-7　前导图法表示的网络图

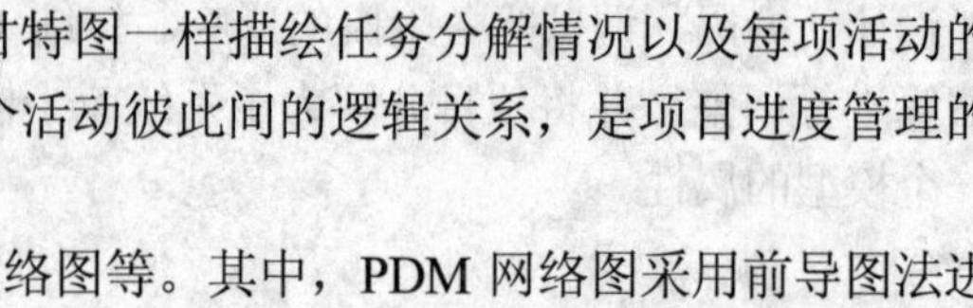

图 8-8　用箭线图法表示的网络图

8.3.2　活动历时估计

活动历时估计是在给定的资源条件下评定完成每个单项活动所需要的工作时间，作为进度计划的基础，关系到整个项目所需的总时间，一般常用如下几种方法。

（1）Delphi 法

Delphi 法又称为专家估计法，于 20 世纪 40 年代末期由美国兰德公司首先使用。Delphi 法适用于在没有历史数据或历史数据不足的情况下，来评定软件采用不同的技术或新技术所带来的差异。Delphi 法操作的步骤如下：

1）协调人向各专家提供项目规格和估算表格。

2）协调人召集小组会和各专家讨论与规模相关的因素。

3）各专家匿名填写迭代表。

4）协调人整理出一个估算总结，以迭代表的形式返回给专家。

5）协调人召集小组会，讨论较大的估算差异。

6）专家复查估算总结并在迭代表上提交另一个匿名估算。

7）重复 4）～6），直到最低估算和最高估算一致。

Delphi 法受专家的水平及对项目的理解程度的影响。在实际应用中，一般将 Delphi 法和其他方法结合起来使用。

（2）类推估算法

类推估算法也称作自上而下的估算，以类似活动为依据估算历时，通过类比来推测和估算当前项目活动所需时间。如果以前的活动和现在的活动相似，或者类推专家具有丰富的经验，采用类推估算法的结果会比较可信。类推估算也可看作一种专家判断法。

（3）计划评审技术

计划评审技术（Program Evaluation and Review Technique，PERT）出现于 1958 年，是为了适应大型工程的需要而提出的。该技术利用网络顺序图逻辑关系和加权历时估计来计算项目活动历时，通过权重，运用统计规律降低历时估算的不确定性。

PERT 对每项工作的工期给出最可能时间、最乐观时间和最悲观时间三种预估值。

1）最可能时间（Tm）。根据以往的经验，该项活动最有可能用多少时间完成。

2）最乐观时间（Ta）。当一切条件都顺利时该项活动所需时间。

3）最悲观时间（Tb）。在各项不利因素都发生的最不利条件下，该项活动需要的时间。

计划时间的计算公式为：计划时间=（Ta+4*Tm+Tb）/6

【例 8-2】 采用 PERT 计算图 8-9 的估计时间。

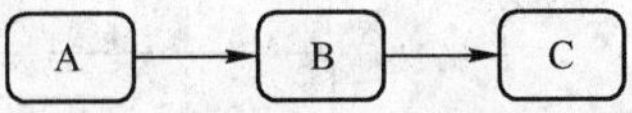

图 8-9 PDM 表示的网络图

表 8-5 给出了各个活动的最乐观时间，最悲观时间最可能时间的估计，根据（Ta+4*Tm+Tb）/6 公式，得出活动 A 的历时估计是（8+4*10+24）/6=12；活动 B 的历时估计是（1+4*5+9）/6=5；活动 C 的历时估计是（4+4*8+12）/6=8，则项目总的时间估计为 12+5+8=25。

表 8-5 PERT 方法

项 \ 估计值	Ta	Tm	Tb	PERT 估计值
活动 A	8	10	24	12
活动 B	1	5	9	5
活动 C	4	8	12	8
项目	13	23	45	25

8.4 人力资源管理

既然软件项目开发是人类智力活动的结晶，人自然就是最宝贵的资源。人力资源管理就是根据组织的目标、业务活动进展情况和外部环境的变化，采用科学的方法，对项目人员进行合理的培训、组织和调配，使人力和物力保持最佳比例，以便实现组织的目标。

8.4.1 项目人员角色

一般来说，软件企业他们的专业人员应分为以下几个层次：

1）高层管理人员：是软件企业的管理者和决策者，应具备软件专业的宏观知识、软件工程的管理知识以及商业与资本的运作知识。

2）项目经理与程序经理。他们具备系统分析与系统设计的能力以及项目管理方面的知识，使用软件工程的理论与方法来对软件的开发过程实施管理。

3）程序员。他们具备阅读相关文档的技能、出色的程序设计与程序测试能力，使用软件工程的理论与方法来实现软件项目的功能。

4）营销人员。作为软件企业的形象代表，营销人员应具备商业营销和软件工程的基本知识。

5）售后服务人员。他们代表企业直接与用户打交道，实施软件的安装、运行与维护。

8.4.2 项目组织结构

项目团队的组织结构一般分为职能型组织结构、项目型组织结构和矩阵型组织结构，分别如下所示：

（1）职能型组织结构

职能型组织结构就是项目的各个组成部分由各职能单位承担。各职能单位负责完成各自分管的项目内容。职能领域的高级经理负责项目的协调工作，如图 8-10 所示。

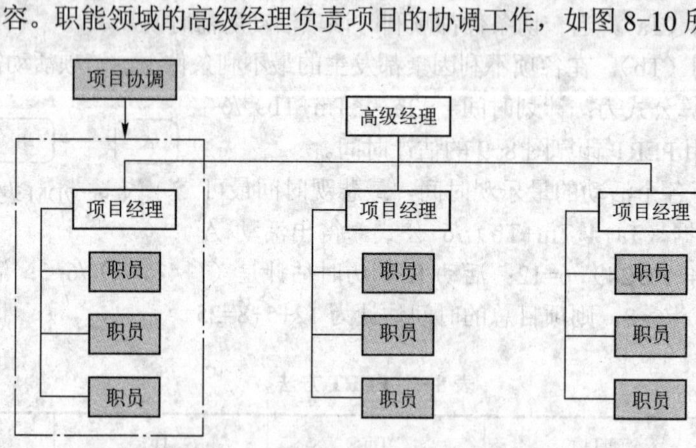

图 8-10 职能型组织结构

职能型组织结构有如下优点：首先在人员的使用上有较大的灵活性，只要选择了一个合适的职能部门作为项目的上级，该部门就能为项目提供它所需要的专业技术人员，而且技术专家可以同时被不同的项目所使用；其次，在人员离开项目组甚至离开公司时，职能部门可作为保持项目连续性的基础；最后，职能部门可以为本部门的专业人员提供一条正常的晋升途径。

这种组织结构的缺点在于：一是项目经常缺少重点，每个职能单位都有自己的核心常规业务，有时为了满足自己的基本需要，容易忽视对项目的责任；二是这种组织结构在跨部门之间的合作与交流方面存在一定困难；三是项目参与者的执行力度不够强，往往将项目看作一项额外的负担，与自身的职业发展和提升无直接关系；四是在这种组织结构中，有时会出现没有一个人承担项目的全部责任，往往是项目经理只负责项目的一部分，另外一些人则负责项目的其他部分，最终导致协调困难的局面。

（2）项目型组织结构

项目型组织结构就是指创建独立项目团队。这些团队的经营与组织的其他单位分离，有自己的技术人员与管理人员，有企业所分配的一定资源，且团队的项目经理有执行项目的最大自由，如图 8-11 所示。

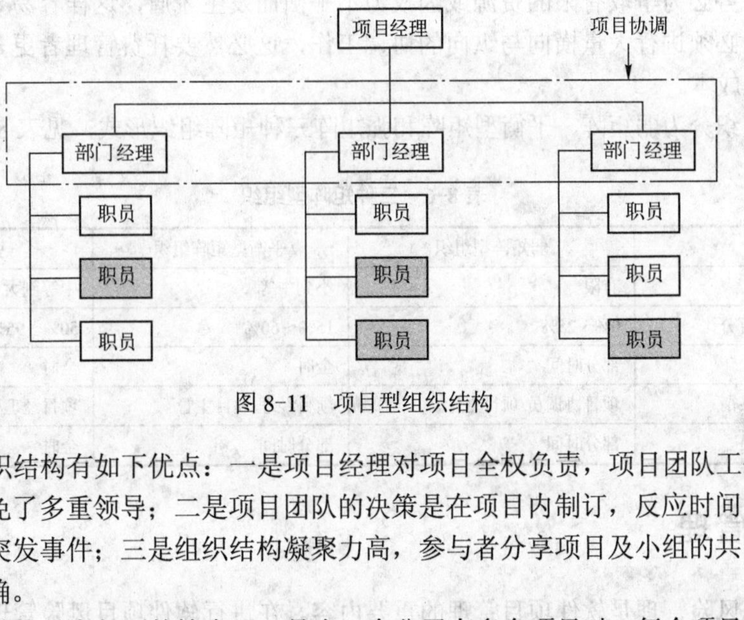

图 8-11　项目型组织结构

项目型组织结构有如下优点：一是项目经理对项目全权负责，项目团队工作者只对项目经理负责，避免了多重领导；二是项目团队的决策是在项目内制订，反应时间比较短，从而可以快速应对突发事件；三是组织结构凝聚力高，参与者分享项目及小组的共同目标以及个人责任比较明确。

这种组织结构具有如下的缺点：一是当一个公司有多个项目时，每个项目有自己一套独立的班子，这将导致资源在不同项目的重复浪费；二是项目团队作为独立的实体，容易与其他组织之间出现一条明显的分界线，从而削弱组织之间的有效融合；三是对项目组成员来说，其所从事的工作缺乏一种事业的连续性，项目一旦结束，返回原来的职能部门存在一定困难。

（3）矩阵型组织结构

矩阵型组织结构又称规划-目标结构，是职能型组织结构与项目型组织结构的混合形式，在这种结构中，项目负责人既是项目经理，也是部门经理；既对项目的结果负责，也对职能部门的业务负责，这种结构有效地利用了公司的资源，减少了部门间工作的冲突，增加了横向沟通，在常规的职能层级结构之上“加载”了一种水平的项目管理结构。矩阵型组织结构如图 8-12 所示。

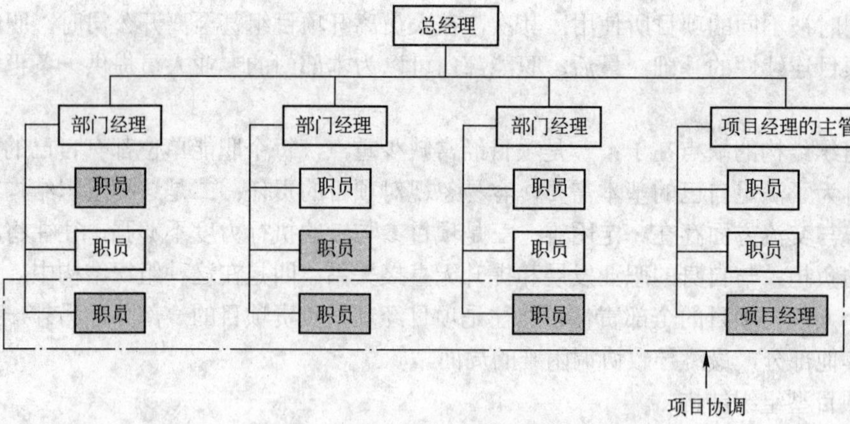

图 8-12　矩阵型组织结构

矩阵型组织结构的缺点是：一是组织中的信息和权力等资源一旦不能共享，项目经理与职能经理之间势必为争取有限的资源或因权力不平衡而发生矛盾，这样容易导致政策的混乱和矛盾；二是必须进行大量横向与纵向的协调工作，这必然要耗费管理者更多的精力，并付出更多的组织成本。

矩阵型组织分为弱矩阵、平衡型矩阵和强矩阵三种矩阵组织形式，见表 8-6。

表 8-6　三种矩阵型组织

	弱矩阵型组织	平衡型矩阵组织	强矩阵组织
项目经理的权威	有限	小到中等	中等到大
项目工作人员的百分比	0%～25%	15%～60%	50%～95%
项目经理的角色	部分时间	全时	全时
项目经理角色的头衔	项目协调员/项目主管	项目经理/项目主管	项目经理/计划经理
项目管理行政人员	部分时间	部分时间	全时

8.5　风险管理

软件项目风险管理是软件项目管理的重要内容。在进行软件项目风险管理时，要辨识风险，评估它们出现的概率及产生的影响，然后建立一个规划来管理风险。

8.5.1　风险类型

软件项目风险是指在软件开发过程中遇到的预算和进度等方面的问题以及这些问题对软件项目的影响。下面介绍几类项目风险。

（1）需求风险

软件项目极为显著的特点就是信息的不对称性，掌握技术的开发者对用户业务缺乏理解，熟悉业务的用户对技术则不了解，双方在沟通时会产生障碍。软件项目在初期确定的需求往往都是模糊的、不确定的，而且随着项目的进展，需求还可能不断变化，这些问题如果没有得到及时的解决，就会对项目造成巨大的威胁。

（2）过程和标准方面的风险

规范的软件过程和软件工程标准是取得软件项目成功的重要保障。常见的有关过程和标准的风险有：组织没有建立适用于本组织的软件过程规范或标准；没有管理机制保证项目团队按照软件工程标准来工作；没有采用配置管理来跟踪和控制软件过程等。

（3）组织和人员管理风险

由于 IT 行业的人员流动性大，一旦项目组织和人员发生变动，往往会关系到整个项目的成败。组织和人员管理方面的常见风险有：采用了不符合项目特征的组织结构和管理模式；人员离职或因特殊原因而不能参加项目工作；人员之间的沟通和协调产生障碍；人员之间产生冲突；因绩效评估、奖惩等方面的不当措施而挫伤员工的工作积极性；将项目的一部分外包给其他开发商，但与承包商之间缺乏良好的合作和沟通等。

（4）技术风险

软件项目经常隐含着技术风险，应在项目初期就识别出这些风险，以便下一步采取合适的预防措施。软件项目中可能涉及的技术风险很多，如团队对项目中的技术和工具缺少充分理解；缺少应用领域的经验和背景知识；采用了错误的技术和方法；需要对技术进行更新，但对新技术不熟悉；所采用的新技术不够成熟等。

8.5.2 风险管理主要活动

风险管理是指项目管理组织对项目可能遇到的风险进行规划、识别、估计、评价、应对、监控的动态过程，是以科学的管理方法实现最大安全保障的实践活动的总称。其目标是控制和处理项目风险，减轻或消除风险的不利影响，以最低的成本取得对项目保障的满意结果，保障项目的顺利进行。风险管理应贯穿于项目始终，采取主动行动，而不应仅在风险事件发生之后才被动地应付，应在项目早期识别出风险并确定有效的应对措施，并持续地关注和反复评估风险。

风险管理分为风险规划、风险识别、风险评估、风险应对和风险监控五个主要活动。

1）风险规划。对风险管理进行系统规划和顶层设计，制定项目风险管理计划。

2）风险识别。识别出项目中的风险，并对其进行描述和分类。

3）风险评估。采用定性或定量的方法对风险发生的概率和产生的影响进行分析和评估。

4）风险应对。确定应对风险的方案和措施。

5）风险监控。在整个项目生命周期中跟踪已识别的风险，监测残余风险、识别新风险、实施风险应对方案并对其有效性进行评估。

风险规划是在项目启动之前或启动初期执行的活动，在进行风险规划的过程中，要对项目的主要风险进行识别、评估和制定应对方案。在随后的项目执行期间，不仅要监控已识别出的风险，还要不断识别和评估新的风险。

风险识别通常需要确定风险的三个相互关联的要素：第一，风险来源，如时间、成本、技术、人员等；第二，风险事件，即给项目带来消极影响的事件；第三，风险征兆，即风险事件的外在表现，如苗头和前兆等。风险识别一般有核对表法、头脑风暴法、德尔菲方法、SWOT 分析法等。

风险评估就是对每个已识别出的风险进行分析，分为定性评估和定量评估。定性评估是确定风险发生的概率和发生后产生的影响程度，并按照风险的潜在危险性大小对其进行优先级排序；定量评估是针对那些对项目有潜在重大影响而排序在前的风险进行量化分析，从而为风险应对和项目管理决策提供依据。一般采用决策树分析和模拟分析法评估风险。

风险应对就是对项目风险制定应对策略和处置办法的过程，可以从改变风险发生的概率、改变风险后果的大小、改变风险的作用对象三个角度来提出不同的风险应对策略。常见的策略有回避、减小、转移、接受和预留，具体采用哪一种或哪几种，需要由项目团队根据当前软件项目及其所面临的风险的实际情况来决定。

风险监控包括对风险发生的监控和对风险管理的监控，前者是对已识别的风险源进行监督和控制，以便及早发现风险事件的征兆，从而将风险事件消灭在萌芽中或采取紧急应急措施以尽量减小损失；后者是在项目实施中监督人们认真执行风险管理的组织措施和技术措施，以消除风险发生的人为诱因。风险监控贯穿软件项目执行过程的始终，其目的是监视项目风险的状况，一般采用阶段性评审与过程审查、风险再评估、增值分析、技术绩效衡量等方法进行风险监控。

8.6 配置管理

软件项目开发过程中会不断地产生各种文档，为了保证软件开发过程的顺利，软件配置管理应运而生。软件配置管理（Software Configuration Management，SCM）作为软件开发过程的必要环节和软件开发管理的基础，作用于整个软件生命周期，用于控制变化，同时负责各个软件配置项和软件各种版本的标识、软件配置审计以及对软件配置发生的任何变化的报告。

8.6.1 相关概念

软件配置管理主要有如下任务：标识、版本控制、变化控制、配置审计和报告。首先，需要了解一些配置管理的相关概念，如软件配置项、基线、配置库等。

（1）软件配置项

软件配置项（Software Configuration Item，SCI）是指在软件开发过程中产生的文档、程序和数据，例如需求规格说明书、设计规格说明书、源代码、可执行程序、安装包、测试计划、测试用例、测试数据、用户手册、项目计划等。在软件项目进行过程中，应识别软件配置项，并为它们统一编号，以一定的目录结构保存在配置库中，对配置项的任何修改都应在软件配置管理系统的控制之下。

（2）基线

基线是软件生存期中各开发阶段末尾的特定点，又称里程碑。基线的作用是使各阶段工作的划分更加明确，以便检验和肯定阶段成果。软件项目中常见的基线有：系统规格说明、需求规格说明、设计规格说明、源代码、测试计划等。基线如图 8-13 所示。

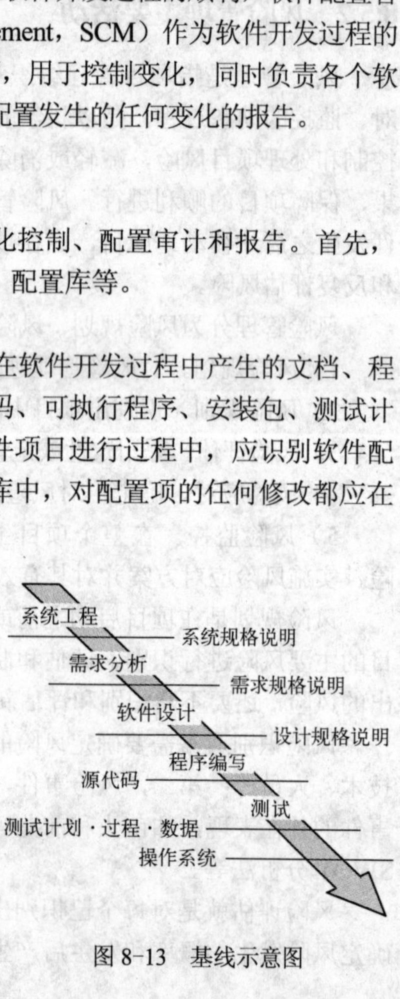

图 8-13　基线示意图

（3）配置库

配置库就是存储软件配置项的库。对配置库的要求首先是安全可靠性，必须保证配置库中的配置项不被随意删除、修改，或被非法用户获取；其次是完整性，要保证各基线配置项的完整性；再次，要能够对配置库方便地进行备份和恢复，在正常情况下每隔一段时间（例如每日或每周）做一次备份，保证在出现异常时，能方便地进行恢复。

软件配置项的多个版本都是集中存放在配置库中，对于配置项的不同版本采用增量存储的方法，即不同的版本只存储变化的部分，有如下两种方式。

1）前进法。存储初始版本的全部内容，其后续版本则只存储与前一版本的差异。

2）后推法。存储当前最新版本的全部内容，而对老版本则只存储与其后一版本的差异。

前进法是一种比较直接的技术，而后推法则比较快捷，效率较高，因为越新的版本，被访问的频率也就越高。

8.6.2 配置管理流程

配置管理流程经过如下步骤：

（1）制定配置管理计划

配置管理员制定配置管理计划，主要内容包括配置管理软硬件资源、配置项计划、基线计划、交付计划、备份计划等。变更控制委员会（Change Control Board，CCB）审批该计划。

（2）配置库管理

配置管理员为项目创建配置库，并给每个项目成员分配权限。各项目成员根据自己的权限操作配置库。配置管理员定期维护配置库，例如，清除垃圾文件、备份配置库等。

（3）版本控制

软件配置管理的主要思想和核心内容就是版本控制。版本控制是对配置项的不同版本进行标志和跟踪的过程。例如，检入检出控制、记录版本历史信息、更新工作空间、取得历史版本、分支的创建与合并等。版本控制系统把什么时候、什么人更改了配置项的什么内容忠实地记录下来，每一次配置项的改变，其版本号都会增加，从而保证可以在任何时刻取得任何一个配置项的任何一个版本，实现了版本的可追踪性。

当一个团队开发软件时，为了保证团队成员之间开发的同步性，需要设立公用的服务器作为配置库，存储源代码和文档等配置项。开发人员将所需文件从配置库中检出（check out）到本地机的工作空间里，当修改完成后再将此文件检入（check in）到配置库。团队开发模式如图 8-14 所示。

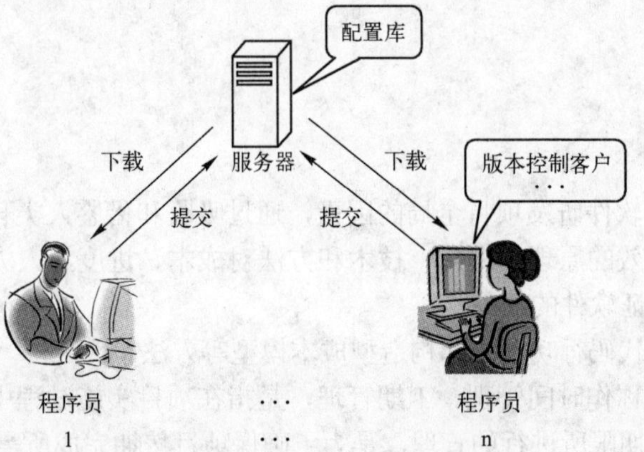

图 8-14　团队开发的模式

版本控制系统中配置库的检入、检出机制如图 8-15 所示，文件访问必须在权限控制下进行。检出文件，必须至少有该文件的读取权限；检入文件，必须至少有该文件的修改权限。

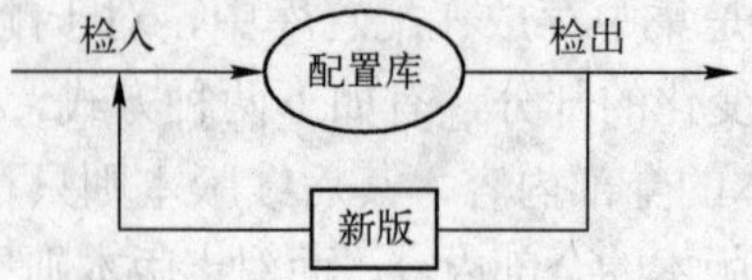

图 8-15　配置库的检入检出机制

配置库的检入、检出机制解决了团队软件开发的并行控制和访问控制两个基本问题，当多人修改同一文件，检入、检出机制通常使用两种方法防止他们的修改互相冲突和覆盖。

方法一是“加锁-解锁”法，也称为串行方法。一个开发者在修改文件之前，配置库会将该文件加锁，其他人不能对它进行修改，直到该开发者修改完毕，将文件检入到配置库中时，再将文件解锁，其他人才能进行修改。这种方法的缺点是效率太低，因为不能由多人并行修改同一个文件。

方法二是“修改-合并”法，也称为并行方法。不同的开发者同时修改某一文件，修改完成后进行合并，其合并过程由版本控制工具辅助完成。至于合并的时刻，不同版本控制工具有所不同，有的是在检入给配置库之前合并，有的是在检入给配置库之时合并，把它作为检入过程的一部分，还有的是在检入给配置库之后再合并，在实际软件开发中“修改-合并”方法使用较多。

（4）变更控制

在项目开发过程中，配置项发生变更几乎是不可避免的。变更控制的目的就是防止配置项被随意修改而导致混乱。修改处于“草稿”状态的配置项不算是“变更”，无需 CCB 的批准，修改者按照版本控制规则执行即可。当配置项的状态成为“正式发布”，或者被“冻结”后，任何人都不能随意修改，必须依据“申请－审批－执行变更－再评审－结束”的规则执行。

（5）配置审计

为了保证所有人员（包括项目成员、配置管理员和 CCB）都遵守配置管理规范，质量保证人员要定期审计配置管理工作。配置审计是一种“过程质量检查”活动，是质量保证人员的工作职责之一。

小结

软件管理是影响软件研发项目全局的因素，通过吸收和借鉴人类长期以来从事各类工程项目所积累的行之有效的原理、概念、技术和方法对成本、进度、人力资源、风险等内容进行管理控制，从而保证软件的质量。

软件成本管理有代码行功能点和构造型成本模型等方法。

项目进度管理也称作时间管理、工期管理，是指在项目实施过程中，对各阶段的进展程度和项目最终完成的期限所进行的管理，是为了确保项目按期完成所需要的过程。

人力资源管理就是根据组织的目标、业务活动进展情况和外部环境的变化，采用科学的方法，对项目人员进行合理的培训、组织和调配，使人力物力保持最佳比例，以便实现组织的目标。

软件项目风险是指在软件开发过程中遇到的预算和进度等方面的问题以及这些问题对软件项目的影响。

软件配置管理作用于整个软件生命周期，主要任务是控制变化，同时也负责各个软件配置项和软件各种版本的标识、软件配置审计以及对软件配置发生的任何变化的报告。

习题

1．软件的成本管理有哪些方法？分别是什么？
2．软件项目管理包括哪些内容？有何特色？
3．如何理解软件的质量？
4．代码行法和功能点法各自的优缺点是什么？
5．甘特图和网络图的区别是什么？各自适合哪些场合？
6．项目人员角色有哪些？项目团队的组织结构有几类？
7．如何避免或者减少软件开发过程的风险？风险管理有几类活动？
8．软件配置管理是什么？配置库的检入检出机制解决了什么问题？

第9章 软 件 过 程

软件过程主要研究如何将人员、技术和工具等组织起来，通过有效的管理手段，开发软件的一系列步骤以及每一步骤的中间产品、资源、角色及所采用的方法、工具等。本章介绍了 ISO 9000 系列、个体软件过程（Personal Software Process，PSP）、群组软件过程（Team Software Process，TSP）以及软件能力成熟度模型（Capability Maturity Model，CMM）。另外，介绍了当今流行的一些软件过程，如敏捷过程、RUP 等。其中，敏捷过程是轻量级开发过程。RUP 则是以迭代增量、以架构为中心、用例驱动的软件开发方法。最后介绍了微软软件过程的独特之处。

9.1 过程改进

软件过程改进在 20 世纪 70 年代以结构化分析与设计、结构化评审、结构化程序设计以及结构化测试为标志，到 90 年代中期以过程成熟度模型 CMM、个体软件过程 PSP 和群组软件过程 TSP 为标志，从以面向过程为中心向着以面向对象技术、构件技术为特征的软件开发方法迈进。

当前软件过程的三大流派是：ISO 9000 质量标准体系、CMU-SEI 的 CMM/PSP/TSP 和 ISO/IEC 15504（SPICE）。

（1）ISO 9000 质量标准体系

ISO 9000 质量标准体系是在 20 世纪 70 年代由欧洲首先采用，其后在美国和世界其他地区迅速发展起来的。目前，欧盟提出了 ISO 9000 系列软件标准，如 ISO 9001、ISO 9000-3，ISO 9126 等，积极促进了软件质量的制度化。

（2）CMM/PSP/TSP

CMM/PSP/TSP 即软件能力成熟度模型/个体软件过程/群组软件过程，作为业界事实上的软件过程的工业标准，软件企业可以根据自身的软件过程情况，参照模型标准进行对照，找出自身与标准的差异，对自身的过程进行改进，以达到标准的要求。

（3）ISO/IEC 15504（SPICE）

ISO/IEC 15504（SPICE）是"软件过程改进和能力确定"，1991 年由国际标准化组织发布，以 CMU-SEI 的基本思路得出的信息技术软件过程评估标准。

9.2 ISO 9000 系列

自从 1987 年国际标准化组织（International Organization for Standardization，ISO）公布 ISO 9000 系列标准以来，ISO 9000 系列标准已经成为全球最有影响的质量管理和质量保证标准，其反映了市场经济条件下供需双方在进行交易活动中的要求。ISO 9000 系列标准包括以下内容：

1）ISO 8402——质量术语标准。

2）ISO 9000——质量管理与质量保证标准。

3）ISO 9001——质量体系——设计、开发、生产、安装与服务的质量保证模式。

4）ISO 9002——质量体系——生产与安装的质量保证模式。

5）ISO 9003——最终检验与实验的质量保证模式。

6）ISO 9004——质量管理与质量体系要素。

ISO 9000 系列标准建立在“所有工作都是通过过程来完成”的基础之上。每一个过程都由原材料、设备、组织和人员等作为输入，输出的是过程的结果，如半成品、成品和计算机软件产品等。ISO 9000 系列认证通常以半年为有效期，取得认证之后需接受每年 1～2 次的定期检查，从而促使企业坚持不断进行质量改进。ISO 9000 系列标准的基本内容如图 9-1 所示。

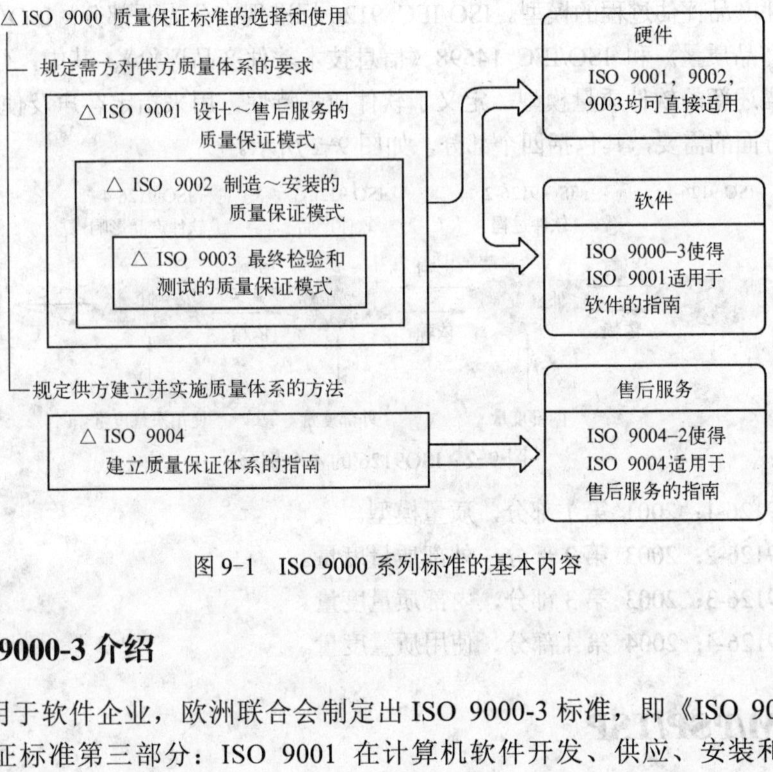

图 9-1 ISO 9000 系列标准的基本内容

9.2.1 ISO 9000-3 介绍

为了应用于软件企业，欧洲联合会制定出 ISO 9000-3 标准，即《ISO 9000-3 质量管理和质量保证标准第三部分：ISO 9001 在计算机软件开发、供应、安装和维护中的指南》。ISO 9000-3 用于软件开发、供应及维护的指南，其核心思想是软件产品的质量取决于软件生存期所有阶段的活动。

在 ISO 9000 系列标准中，与软件企业关系最密切的是《ISO 9001 质量体系——设计、开发、生产、安装和服务的质量保证模式》，其主导思想如下：

1）强调质量并非在产品检验中得到，而是形成于生产的全过程。ISO 9000-3 叙述了需方和供方应如何进行有组织的质量保证活动，才能得到较为满意的软件，规定了从双方签订开发合同到设计、实现以至维护整个软件生存期中应当实施的质量保证活动。

2）为把握产品的质量，ISO 9000-3 要求“必须使影响产品质量的全部因素在生产全过程中始终处于受控状态”，要求软件开发机构建立质量保证体系必须明确供需双方的职责，针对所有可能影响软件质量的各个因素都要采取有力措施，做出如何加强管理和控制的决定。对与质量有关的人员规定其职责和职权，使责任落实到人，产品质量真正得到控制。

3）ISO 9000-3 标准仅适合依照合同进行的单独订货开发软件，不适用于面向多数用户销售的程序软件包。

4）ISO 9000-3 标准要对包括合同在内的全部工序进行审查，并要求一切文档化。

5）ISO 9000-3 对合同双方的责任均做出了明确规定，需方应收集使用部门意见，归纳形成需求，详细传达给供方，只有明确所要求的技术条件，才可能对供方提出实施质量保证的要求。

9.2.2 ISO/IEC 9126 标准

ISO/IEC 9126 是软件产品评估—质量特性及其使用指南纲要，定义了六种质量特性，并且描述了软件产品评估过程的模型。ISO/IEC 9126 标准现在分为两部分：ISO/IEC 9126《信息技术软件产品质量》和 ISO/IEC 14598《信息技术软件产品评价》。其中，《信息技术软件产品质量》描述新的软件质量模型，定义了软件质量特性，用来指定客户及使用者在功能性与非功能性方面的需要，其包括四个部分，如图 9-2 所示。

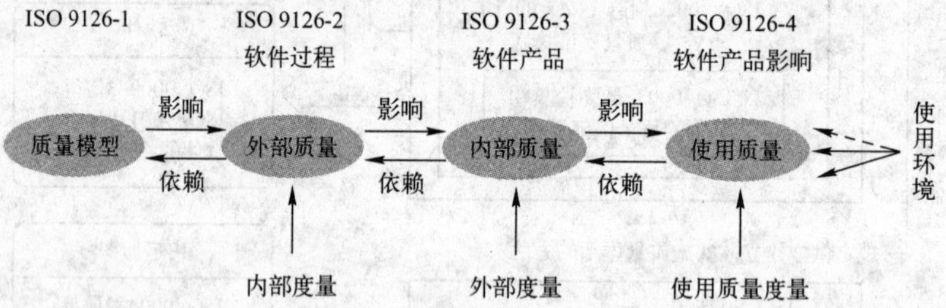

图 9-2　ISO9126 的 4 个部分

1）ISO 9126-1：2001 第 1 部分，质量模型。

2）ISO 9126-2：2003 第 2 部分，外部质量度量。

3）ISO 9126-3：2003 第 3 部分，内部质量度量。

4）ISO 9126-4：2004 第 4 部分，使用质量度量。

9.3 CMM/PSP/TSP

软件能力成熟度模型（CMM）、个体软件过程（PSP）和群组软件过程（TSP）作为软件过程改进的三种主要框架，本节给出了较为全面的介绍。

9.3.1 软件能力成熟度模型

软件能力成熟度模型是卡耐基梅隆大学软件工程研究院受美国国防部委托制订的软件过程改良和评估模型。该模型于 1991 年发布，提供了一个软件过程改进的框架，其核心是把软件开发视为过程，进行过程的监控和研究，主要用于帮助软件公司建立和实施过程改进计划，用来定义和评价软件公司开发过程的成熟度，为提高软件质量提供指导。

CMMI 框架是软件 CMM、系统工程 CMM、集成产品 CMM 和采购 CMM 等的集成模型，CMMI 框架有两个功能：一是软件采购方法的改革；二是建立一种从集成产品与过程发展的角度出发、包含健全的系统开发原则的过程改进。

CMM/CMMI 在如下三个领域得到了广泛的认可和应用。

1）软件过程评估（Software Process Assessment，SPA）。SPA 指出软件企业所面临的与软件过程有关的、最急需解决的问题，以便改进。

2）软件过程改进（Software Process Improvement，SPI）。SPI 帮助软件企业对其软件过程向更好的方向改变。

3）软件能力评价（Software Capability Evaluation，SCE）。SCE 鉴别软件承包者的能力资格；或检查/监督正用于软件制作的软件过程的情况。

CMM/CMMI 为软件企业的过程能力提供了一个阶梯式的进化框架，阶梯共有五级，分别是初始级（Initial）、可重复级（Repeatable）、已定义级（Defined）、已管理级（Managed）和优化级（Optimizing）。

（1）初始级

在这个阶段，软件开发过程表现得非常随意，偶尔会出现混乱的现象，只有很少的工作过程是经过严格定义的，软件过程具有不可预测性，产品质量只能根据相关人员的个人工作能力而不是软件机构的过程能力来预测。

（2）可重复级

这个阶段已经建立了基本的项目管理过程，可按部就班地设计功能、跟踪费用，根据项目进度表进行开发。软件项目的策划和跟踪是稳定的，已经为一个有纪律的管理过程提供了可重复以前成功实践的项目环境。软件项目工程活动处于项目管理体系的有效控制之下，执行着基于以前项目的准则且合乎现实的计划。

（3）已定义级

在这个阶段，软件开发的工程活动和管理活动都是文档化、标准化的，是被集成为一个有组织的标准开发过程。软件开发的成本和进度以及产品的功能和质量都受到控制，而且软件产品的质量具有可追溯性。这种能力是基于在软件机构中对已定义的过程模型的活动、人员和职责都有共同的理解。

（4）已管理级

这个阶段的软件过程是可度量的，软件过程在可度量的范围内运行。这一级的过程能力允许软件机构在定量的范围内预测过程和产品质量趋势，在其发生偏离时可以及时采取措施予以纠正，并且可以预期软件产品是高质量的。

（5）优化级

在这个阶段，通过建立开发过程的定量反馈机制，软件机构可以通过在过程实施中采用新思想和新技术不断地改进和优化软件开发过程。

表 9-1 给出了 CMM/CMMI 内容简介。

表 9-1　CMM/CMMI 内容简介

能力等级	特　　点	可 视 性	过 程 能 力
初始级	软件过程是混乱无序的，对过程几乎没有定义，成功依靠的是个人的才能和经验，管理方式属于反应式	有限的可视性	一般达不到进度和成本的目标
可重复级	建立了基本的项目管理来跟踪进度、费用和功能特征，制订了必要的项目管理，能够利用以前类似的项目应用取得成功	里程碑上具有管理可视性	由于基于过去的性能，项目开发计划比较现实可行
已定义级	已经将软件管理和过程文档化、标准化，同时综合成该组织的标准软件过程，所有软件开发都使用该标准软件过程	项目定义软件过程的活动具有可视性	基于已定义的软件过程，组织持续地改善过程能力
已管理级	收集软件过程和产品质量的详细度量，对软件过程和产品质量有定量的理解和控制	定量地控制软件过程	基于对过程和产品的度量，组织持续地改善过程能力
优化级	软件过程的量化反馈以及新的思想和技术促进过程的不断改进	不断地改善软件过程	组织持续地改善过程能力

9.3.2　个体软件过程

个体软件过程能够督促软件开发人员保证自己的工作质量，估计和规划自身的工作，度量和追踪个人的表现，管理自身的软件过程和产品质量。经过 PSP 实践，软件工程师在项目中运用 PSP 知识，并能借助 PSP 提供的一些度量和分析工具，了解自己的技能水平，控制和管理自己的工作方式，使自己日常工作的评估、计划和预测更加准确、有效，进而改进个人的工作，提高工作质量和产量，积极有效地参与软件工程过程改进。

PSP 是为使软件工程师更好地工作而设计的一个框架，它指出如何计划工作、如何按照这些计划跟踪以及如何提高程序的质量。PSP 与具体的技术（程序设计语言、工具或者设计方法）不同，它从时间管理、产品计划、合同、进度管理和质量管理等多个方面提出了提高个体软件过程成熟度的方法。

（1）时间管理

计划和管理时间的第一步是弄清楚现在是如何利用时间，即使用标准的方法把每项活动所花费的时间记录下来，分析使用时间的历史数据，制订时间安排表，对时间进行跟踪。时间管理的基本规则是确定固定的和可变化的时间安排，分析目前时间划分的种类，按照时间安排表跟踪实施，收集时间数据，逐步做出改变。

（2）产品计划

产品计划的第一步是要估计产品的规模。为了做出准确的估计，需要用到以前的规模数据，按照功能对以前的软件规模的数据进行分析，估计新程序中代码的行数。产品计划有助于总结和管理产品的生产时间数据，这些产品可以是编写的程序、书写的报告或文档。

（3）合同

以进度安排计划支持合同，以书面协议的形式确立合同。如果软件工程师不能达到合同中的要求，应及时告知管理部门并努力把对项目进度的影响降至最低。如果已经确定无法完成某个合同，通常的策略是在原进度或接近原进度的基础上交付一个具有较少功能的版本，然后再对产品进行一次或多次的功能添加。

（4）进度管理

进度管理是指在项目实施过程中，对各阶段的进展程度和项目最终完成的期限所进行的管理，是在规定的时间内，拟定出合理且经济的进度计划（包括多级管理的子计划）。在执行该计划的过程中，经常要检查实际进度是否按计划要求进行，若出现偏差，便要及时找出原因，采取必要的补救措施或调整、修改原计划，直至项目完成。其目的是保证项目能在满足其时间约束条件的前提下实现其总体目标。

（5）质量管理

软件质量是指要满足用户的需求并且能可靠、稳定地完成软件功能和实现软件性能。

9.3.3 群组软件过程

群组软件过程为开发软件产品的团队提供指导，TSP 侧重于帮助开发团队改善其质量和效率，以使其更好地满足成本及进度的需要。组织通过 TSP 能够建立起自我管理的团队来计划追踪他们的工作、建立目标，并拥有自己的过程和计划。TSP 运用极限编程（Extreme Programming，XP）、统一软件开发过程（Rational Unified Process，RUP）等方法，帮助软件组织建立一套成熟规范的工程实践，确保软件的安全可靠。

（1）七条基本原则

设计 TSP 过程需要遵守如下七条原则：

1）循序渐进。在 PSP 的基础上提出过程框架，遵循确定的、可反馈的过程。

2）迭代开发。选用增量式迭代开发方法，通过反复循环开发软件产品。

3）质量优先。建立质量和性能的度量标准。

4）目标明确。对实施 TSP 的群组及其成员的工作效果提供准确的度量。

5）定期评审。在 TSP 的实施过程中，对角色和群组进行定期的评价。

6）过程规范。对每一个项目的 TSP 规定明确的过程规范。

7）指令明确。对实施 TSP 中可能遇到的问题提供解决问题的指南。

总之，群组的高效由明确的目标、有效的工作环境、有能力的教练和积极的领导四方面因素的综合作用所确定。TSP 注重在项目中面临各种各样的实际问题并寻求有效地解决问题的过程，强调应注意及时总结经验教训。

（2）实现 TSP 的条件

一个企业至少需要具备以下条件，方能实现 TSP：

1）需要有高层主管和各级经理的支持，以取得必要的资源。

2）整个软件开发小组至少应在 CMM 的第二级（可重复级）。

3）全体软件开发人员必须经过 PSP 的培训，并有按 TSP 工作的愿望和热情。

4）开发小组成员应有 2～20 人。

在实施 TSP 的过程中，首先要有明确的目标，开发人员要完成委托的任务，在每一阶段开始，要做好工作计划。如果发现未能按期保质完成计划，应立即分析原因。开发小组一方面应随时追踪项目进展状态并进行定期汇报，另一方面应经常评审自己是否按 TSP 的原理工作。开发小组成员应按自己管理自己的原则管理软件过程，如发现过程不合适，应及时改进，以保证用高质量的过程来产生高质量的软件。项目开发小组则按集体管理的原则进行管理，全体成员都要参加和关注小组的规划、进展的追踪和决策的制订等相关工作。

（3）CMMI/PSP/TSP

CMMI/TSP/PSP 代表了目前国际上软件过程工程研究方面最先进的成果，它们对促进软件生产的科学化管理，提高软件生产能力意义重大。CMMI、PSP 和 TSP 三者的关系如下：

1）CMMI 是过程改善的第一步，它提供了评价组织的能力、识别优先改善需求和追踪改善进展的管理方式。企业只有开始 CMMI 改善后，才能接受需要规划的事实，认识到质量的重要性，才能注重对员工经常进行培训，合理分配项目人员，并且建立起有效的项目小组。然而，它实现的成功与否与组织内部有关人员的积极参加和创造性活动密不可分。

2）PSP 能够指导软件工程师如何保证自己的工作质量，估计和规划自身的工作，度量和追踪个人的表现，管理自身的软件过程和产品质量。经过 PSP 学习和实践的正规训练，软件工程师们能够在他们参与的项目工作之中充分运用 PSP，从而有助于 CMMI 目标的实现。

3）TSP 结合了 CMMI 的管理方法和 PSP 的工程技能，通过告诉软件工程师如何将个体过程结合到小组软件过程中，并将后者与整个管理系统相联系；通过告诉管理层如何支持和授权项目小组，坚持高质量的工作，并且依据数据进行项目的管理，向组织展示如何应用 CMMI 的原则和 PSP 的技能去生产高质量的产品。

总之，要使一个软件过程对软件生产的改善真正有所帮助，其框架应是由 CMMI、PSP 和 TSP 组成的一个完整体系，即从组织、群组和个人三个层次进行软件工程管理实践。将 CMMI/PSP/TSP 引入软件企业最有效的途径是以 CMMI 为框架，从 PSP 做起，对单位主管和主要开发人员进行系统的培训，然后在此基础上逐渐过渡到 TSP，不断地改进软件研发项目管理，提高软件开发水平。

9.4 ISO/IEC 15504 过程评估

20 世纪 90 年代初，国际标准化组织（ISO）和国际电工委员会（IEC）注意到软件过程改进和评估的重要性以及由于缺乏统一的国际标准给软件产业造成的困境，于 1993 年发起了制定 ISO/IEC 15504 软件过程评估系列标准，项目名称是“软件过程改进和能力确定”（Software Process Improvement and Capability Determination，SPICE）。

ISO/IEC 15504 作为结构化的软件过程评估方法，提供了一个软件过程评估的框架，用于软件的设计、管理、监督、控制以及提高“获得、供应、开发、操作、升级和支持”的能力。SPICE 项目有三个主要目的：

1）为软件过程评估标准拟订草稿。

2）根据草稿进行试验。

3）努力推动软件产业界过程评估。

1994 年，SPICE 项目的基准文件出台。试验分三个阶段进行，第一阶段：1994 年～1996 年 9 月，对文件的关键部分进行验证，包括过程管理模型、实施评估指南、评分过程需求、评估工具构建、选择指南。第二阶段：1996 年 9 月～1998 年 10 月，主要是评价全部基准文件的实用性和一致性；评价过程管理模型能否体现软件工程和管理的基础实践；评价评估结果的可重复性；评价文件要求的正确性；评价过程能力测定指南的可使用性；评价过程改进指南的可使用性；评价在不同环境中评估框架的可移植性。第三阶段：1998 年 10 月至今，目的是验证 SPICE 的总体目标和标准的需求，并为 ISO/IEC 15504 技术报告上升为正式的国际标准提供依据。

ISO/IEC 15504 中定义的过程评估办法旨在为描述工程评估结果的通用方法提供基本原则，同时也对建立在不同模型和方法上的评估进行比较。ISO/IEC 15504 标准由五部分组成，如图 9-3 所示。

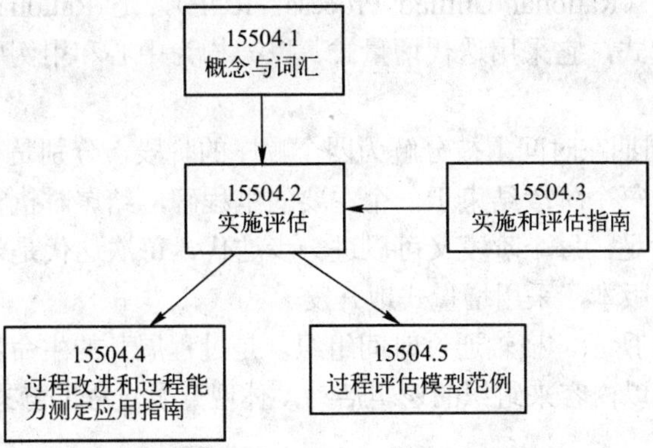

图 9-3　ISO/IEC 15504 构成

1）ISO/IEC 15504.1 《信息技术 过程评估　第 1 部分：概念和词汇》是由 ISO/IEC TR 15504.1 和 ISO/IEC TR 15504.9 合并、修改而成，介绍与软件过程评估相关的概念和词汇。

2）ISO/IEC 15504.2《信息技术 过程评估　第 2 部分：实施评估》是由 ISO/IEC TR 15504.3 修改而成。ISO/IEC 15504.2 定义实施过程要求，作为使用过程改进和能力测定的基础；确定过程能力测量框架和实施评估、过程参考模型、过程评估模型、严重过程评估一致性的要求；规定了要求的最小集合，使其能够保证评估结果的客观、公正、一致和重复性，保证被评估过程具有代表性。

3）ISO/IEC 15504.3《信息技术 过程评估　第 3 部分：实施和评估指南》是由 ISO/IEC TR 15504.4 和 ISO/IEC TR 15504.6 合并、修改而成，ISO/IEC 15504.3 提供指南以满足 ISO/IEC 15504.2 规定的、执行评估要求的最小集合，提供过程评估的总的看法，提供执行评估、过程能力测量框架、过程参考模型和过程评估模型、选择和应用评估工具、评审员资格、验证一致性的指南，解释相关要求。

4）ISO/IEC 15504.4《信息技术 过程评估　第 4 部分：过程改进和过程能力测定应用指南》是由 ISO/IEC TR 15504.4 和 ISO/IEC TR 15504.6 合并、修改而成，ISO/IEC 15504.4 为过程改进和过程能力测定提供指南，在一个过程改进的环境中，过程评估利用选择的过程和能力，提供了表征一个组织单元的方法。分析过程评估的结果，对照一个组织单元的业务目标可以识别这些过程的效力、弱点和风险。

5）ISO/IEC 15504.5《信息技术 过程评估　第 5 部分：过程评估模型范例》是由 ISO/IEC TR 15504.2 和 ISO/IEC TR 15504.5 合并、修改而成，ISO/IEC 15504.5 的过程评估模型范例中，对评估模型做出了比 ISO/IEC TR 15504.2 更加详细和完备的叙述。

9.5　其他软件过程

软件过程管理除了 ISO 9000 系列、个体软件过程、群组软件过程以及软件能力成熟度模型等，还有 Rational 统一过程、敏捷过程和微软解决方案等软件过程。

9.5.1 Rational 统一过程

Rational 统一过程（Rational Unified Process，RUP），是 Rational 公司（现归属IBM公司）推出的软件过程模式，它采用迭代增量式、以架构为中心和用例驱动，以统一建模语言来描述软件开发过程。

RUP 的软件生命周期在时间上被分解为四个顺序的阶段，分别是初始阶段、细化阶段、构造阶段和交付阶段。每个阶段结束于一个主要的里程碑，结尾时执行一次评估以确定这个阶段的目标是否已经满足，每个阶段又可以进一步迭代，每次迭代是一个完整的开发循环，产生一个可执行的产品版本，采用增量式地开发。

RUP 过程如图 9-4 所示，横轴通过时间组织，是过程展开的生命周期特征，体现开发过程的动态结构；纵轴是以内容来组织的逻辑活动，体现开发过程的静态结构。

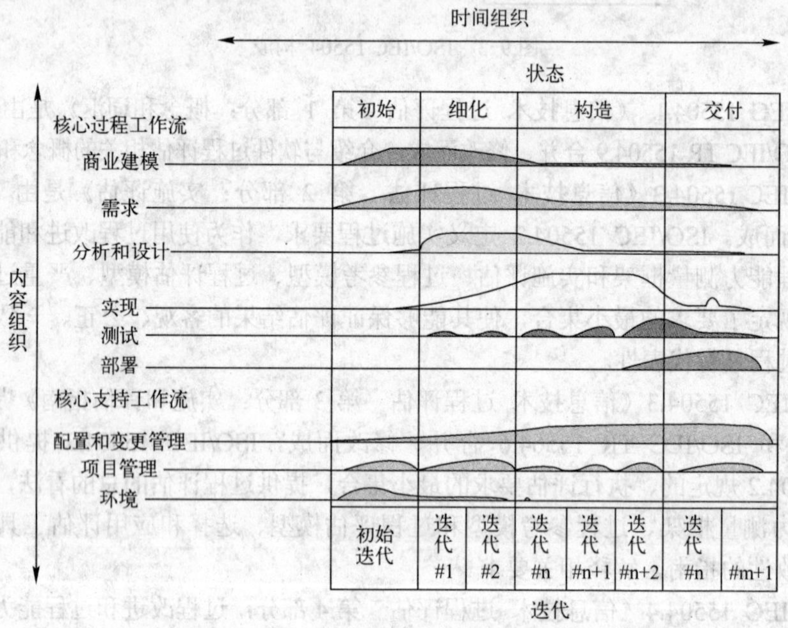

图 9-4 RUP 的过程图

下面依次介绍 RUP 软件生命周期的四个阶段：

（1）初始阶段

初始阶段的目标是为系统建立商业案例并确定项目的边界，识别出所有用例并描述几个重要的用例。在初始阶段应该取得如下成果：

1）蓝图文档，即关于项目的核心需求、关键特性、主约束的总体蓝图。

2）初始的用例模型（约占总体的 10%～20%）。

3）初始的项目术语表。

4）初始的商业案例，包括商业环境、验收标准等。

5）初始的风险评估。

6）项目计划。

7）一个或多个原型。

（2）细化阶段

细化阶段的目标是分析问题领域，建立坚实的体系结构基础、制订项目计划、消除项目中最高风险的因素。为了达到该目的，软件开发者必须在理解整个系统的基础上，对体系结构做出决策，包括其范围、主要功能和诸如性能等非功能需求。同时为项目建立支持环境，包括创建开发案例，创建模板、工作准则及准备工具。

细化阶段的成果包括：

1）用例模型，所有用例和参与者都已被识别出，并完成大部分的用例描述。

2）补充非功能性要求以及与特定用例没有关联的需求。

3）软件体系结构的描述。

4）可执行的软件原型。

5）修订过的风险清单和商业案例。

6）整个项目的开发计划，该开发计划应体现迭代过程和每次迭代的评价标准。

7）更新的开发案例。

8）初步的用户手册。

（3）构造阶段

在构造阶段，组件和应用程序的其余功能被开发并集成为产品，所有功能都被彻底地测试。从某种意义上说，构造阶段是一个制造过程，其重点为管理资源及控制运作，从而降低成本、加速进度和优化质量。

构造阶段的成果是可以交付给最终用户的产品，它至少包括：

1）集成于适当操作系统平台上的软件产品。

2）用户手册。

3）当前版本的描述。

（4）交付阶段

交付阶段的重点是确保软件对最终用户是可用的。交付阶段可以跨越几次迭代，包括为发布做准备的产品测试和基于用户反馈的少量调整。在这一阶段，用户反馈应主要集中在产品调整，设置、安装和可用性问题上。

二、RUP 的核心工作流

RUP 中有九个核心工作流，分为六个核心过程工作流和三个核心支持工作流。与传统瀑布模型执行顺序不同，九个核心工作流在项目中轮流被使用，在每一次迭代中以不同的重点和强度重复，在整个生命周期中迭代地执行。

（1）商业建模

商业建模工作流描述了如何为新的目标组织开发一个构想，并基于这个构想在商业用例模型和商业对象模型中定义组织的过程、角色和责任。

（2）需求

需求工作流的目标是描述系统应该做什么，并使开发人员和用户就这一描述达成共识。为了达到该目标，软件开发者要对需要的功能和约束进行提取、组织、文档化，最重要的是理解系统所解决问题的定义和范围。

（3）分析和设计

分析和设计工作流是将需求转化成系统的设计，为系统开发一个健壮的结构并调整设计使其与实现环境相匹配，优化其性能。

（4）实现

将系统以代码（如源文件、二进制文件、可执行文件等）表示。

（5）测试

测试工作流要验证对象间的交互作用，验证软件中所有组件是否被正确集成，检验所有需求是否已被正确地实现，识别并确认缺陷是否在软件部署之前被提出并处理。RUP 提出了迭代的方法，意味着在整个项目中进行测试。

（6）部署

部署工作流的目的是成功地生成版本并将软件分发给最终用户。部署工作流描述了那些与确保软件产品对最终用户具有可用性相关的活动，包括软件打包、生成软件本身以外的产品、安装软件以及为用户提供帮助。

（7）配置和变更管理

配置和变更管理工作流描绘了如何控制软件开发过程产生的多个变体以及如何跟踪软件创建过程中的版本；描述了如何管理并行开发和分布式开发以及如何自动化创建工程；同时记录产品修改的原因、修改的时间和修改的人员等信息。

（8）项目管理

项目管理工作流平衡各种可能产生冲突的目标，管理风险，克服各种约束并成功交付使用户满意的产品。其目标包括为项目的管理提供框架，为计划和人员配备、执行和监控项目提供实用的准则，为管理风险提供框架等。

（9）环境

环境工作流的目的是向软件开发组织提供软件开发环境，包括过程和工具。环境工作流集中于配置项目过程中所需要的活动，同样也支持开发项目规范的活动，提供了每一步的指导手册并介绍了如何在组织中实现过程。

二、用例驱动是其核心

用例即需求，从用户的角度来说明系统应该提供的功能。所有用例结合起来就构成了“用例模型”，可描述系统的全部功能。这个模型取代了系统的传统功能规范说明。功能规范的“需要该系统做什么？”在用例中被描述为“需要该系统为每个用户做什么？”，这使用例模型是从用户的利益角度出发，而不仅仅是考虑系统应当具有哪些功能。基于用例模型，软件开发人员创建一系列的设计和实现模型来实现各种用例，使得用例用于需求、系统的设计、实现和测试等，由此产生了“用例驱动”。

“用例驱动”是指开发过程由用例驱动的工作流程。首先是定义用例，其次是设计用例，最后是测试用例。在每次迭代中，开发人员识别并详细定义相关用例，利用相关的体系结构指导设计用例，最后验证这些用例。用例和系统体系结构协同开发，也就是说，用例驱动体系结构而体系结构反过来又影响用例的选择。RUP 是以体系结构为中心的，软件系统的体系结构也应成为软件过程的工作核心。

9.5.2 敏捷过程

为了解决传统的软件生命周期模型（如瀑布模型、螺旋模型等）在现代软件开发方面存在的局限性，2001 年 17 位业界专家成立了“敏捷联盟”并发布了《联盟敏捷宣言》。这份《联盟敏捷宣言》是“敏捷软件开发”价值和目标的浓缩。敏捷过程（Agile Process，AP）的方法很多，主要有特征驱动软件开发（Feature Driven Development，FDD）、自适应软件开发（Adaptive Software Development，ASD）以及极限编程等。

1．敏捷过程的原则

敏捷过程定义了一系列核心原则和辅助原则，它们为软件开发项目中的建模实践奠定了基础。《联盟敏捷宣言》制订的原则如下所示：

1）最优先要做的是通过尽早、持续地交付有价值的软件来使客户满意。

2）在项目的整个开发期间，业务人员和开发人员必须天天在一起工作。

3）即使到了开发后期，也欢迎需求变化。

4）经常性地交付可以工作的软件。

5）可以工作的软件是主要的进度度量标准。

6）围绕被激励起的个体来构建项目。为他们提供所需的环境和支持，并信任他们能胜任工作。

7）最好的架构、需求和设计来自自组织的团队。

8）在团队内部，最有效果和最有效率的传递信息的方法是面对面的交流。

9）敏捷过程提倡可持续的开发速度。

10）不断地关注最优秀的技术和良好的设计能增强敏捷能力。

11）简单是根本的。

12）开发团队每隔一定时间都要对如何能有效地工作进行反省，然后相应地对自己的行为进行调整。

2．敏捷过程的特点

敏捷过程具有如下一些特点：

1）敏捷过程是一种态度，而不是一个说明性的过程。AP 是敏捷过程者坚持的价值观、敏捷过程者相信的原则，是敏捷过程者应用的实践组成的集合。AP 描述了一种建模的风格。当它应用于敏捷环境中时，能够提高开发的质量和速度，同时能够避免过度简化和不切实际的期望。

2）AP 是对已有方法的补充，而不是一个完整的方法论。AP 的主要焦点在建模上，其次是文档。

3）AP 是一种有效的共同工作的方法。敏捷开发者们进行团队协作，轮流在系统开发中扮演着直接和主动的角色。在“敏捷”的字典中没有“我”这个单词。

4）AP 来自实践，而不是象牙塔般的理论。AP 的目标就是以一种有效的态度描述系统建模的技术。

5）AP 并不是要反对文档。敏捷文档尽可能简单、并只集中在和目前开发的系统有直接关系的需求上。

3．敏捷过程的局限性

敏捷过程和传统软件开发应相互结合，根据不同的条件进行取舍和融合。敏捷过程通常不适用于如下一些情况：

1）缺乏对分布式开发环境的支持。敏捷过程提倡在实践中协作，不能很好地适用于推动一些行业实现全球化分布式软件开发环境。团队成员和客户在地理上分布的开发环境可能无法支持敏捷过程提倡的面对面的交流。

2）缺乏对转包合同的支持。

3）缺乏对大型团队开发的支持。敏捷过程支持“小规模管理”的过程，其中采用的协调、控制、交流机制适用于小型到中等规模的团队。对于更大的团队，由于必须维护的交流线索会降低诸如面对面交流和评审会议等实践所带来的效果，敏捷过程往往不太适用。

4）缺乏对开发有严格安全性要求的软件的支持。

5）缺乏对开发大型、复杂的软件的支持。敏捷过程中利用代码重构而不需要设计来处理变更，这对于超大型复杂的系统是不够的。

9.5.3 微软解决方案框架

微软采用“同步稳定”的开发过程，让许多平行小组（每组 3～8 人）或单个程序员自主进行设计及开发，并保持相互之间的同步变化和工作，以追求高度的灵活性。“同步稳定”的核心是“创意要通过特性的演进及固定资源来发挥”，具体如下所示：

1）把大项目分成多个子项目，每个子项目称为里程碑。安排全部项目时间的 20%～50%作为缓冲期，但无单独的维护组。

2）利用“预想陈述”及“特性规格概述”来指导项目，而不采用在编码之前进行详细设计及强调对产品进行全面规格说明。

3）每个项目由子项目组成。子项目执行顺序按所包含的特性的优先次序而定。

4）坚持模块化。在设计体系结构时，使项目的人事组织结构与产品的结构一致。

5）为每个人提供一定的资源并给予控制小任务的权利。

6）产品设计按照体系结构进行，管理人员让开发组成员分析任务，自己负责分配资源、制订进度。

7）项目的进度中必须考虑充分的缓冲时间来处理可能发生的变动、事先尚未考虑到的困难和延期问题。

“同步稳定”方法一方面给予开发人员足够的灵活性来创造产品；另一方面，该方法采用机制让开发人员和客户一起测试产品、改进设计。“同步稳定”方法的原则是“频繁地同步，周期性地稳定”，即要求个人之间的工作不断同步，类似于原型方法和增式开发方法，注重并行地进行设计、构造、测试等活动，经多次循环，以增式迭代方式来控制产品的开发。表 9-2 给出了“同步稳定”方法与传统方法的对比。

表 9-2 “同步稳定”方法与传统方法对比

“同步稳定”方法	传统的顺序方法
各特性组平行进行产品的开发与测试	顺序地完成相继的各阶段任务
“预想陈述”及不断演进的规格说明为开发依据	产品构造前，完成并冻结规格说明及详细设计
按特性优先次序，依次组织 3～4 个里程碑子项目	企图同时构造一个产品的各个部分
经常同步（日建立）及中间稳定（里程碑）	在项目临近结束时，进行一次大规模集成测试及系统测试
固定发布及装运日期，周期性有多个版本	在一个项目周期中，要求产品特性完美无缺
开发过程中不断接受客户的反馈	基本上在开发完成后得到反馈，作为下一个项目的输入
大型组织的产品和过程都设计成如同在小组中工作一样	个人是在一个独立的大型组织的功能部门工作

一、微软的开发过程

微软将软件开发阶段划分为计划阶段、开发阶段及稳定阶段三阶段。

（1）计划阶段

一般由市场专家担当的产品管理员负责提出产品的“预想陈述”，确定新产品的目标，并为支持产品性质所必需的用户参与活动安排次序。产品管理员还与负责编写产品的功能规格的程序管理员一起讨论研究。程序管理员与开发人员讨论写出产品的功能规格，以规划出产品的特性。由程序开发人员根据实际开发情况来修订计划的具体内容。项目管理员把产品分成部件，并在此基础上把进度分成三四个里程碑，每个里程碑子项目都经历“开发→特性集成→测试→修复”这样一个完整的周期。

（2）开发阶段

在整个项目期间，按每天为期，每个特性组通过构造产品来发现缺陷，修复错误以同步不同人员之间的工作。这称为“日建立”。在子项目的开发后期，开发者清楚地了解产品的哪一部分已完成，可以进入下一个里程碑。最后，经过内部及外部测试，达到项目的稳定，可以交付产品，并发送给用户。

（3）稳定阶段

稳定阶段着重于对产品的测试与调试。项目在此阶段尽量不再增加新的功能，除非是竞争产品或者市场发生了变化。稳定阶段也包括了缓冲时间，以应付不可预见的问题或延迟。

上述软件开发的三个阶段的特点和指标概况如下：

1）计划阶段确定产品预想、规格及进度。

- 预想陈述。利用用户提出的广泛信息来识别产品特性的优先次序。
- 规格文档。程序开发组用文档记录系统功能，实现所需的体系结构以及部件间相互依赖的关系。
- 进度及特性组形式。程序管理员来协调进度，并安排特性开发组，每个特性组大约有一名程序管理员，3～8 名开发人员和 3～8 名测试人员。

2）开发阶段组成三四个顺序的子项目来进行特性开发。

- 每个子项目产生一个里程碑版本发布。
- 程序管理员调节软件规格的演进。
- 开发人员和测试人员结对不断进行编码、测试。

子项目分配见表 9-3。

表 9-3　开发阶段的 3 个子项目

子项目 1（前 1/3 特性）	子项目 2（下一个 1/3 特性）	子项目 3（最后 1/3 特性）
开发（设计、编码、原型） 可用的实验室 私有版测试 日建立 特性纠错 特性集成 代码稳定（无严重错误） 缓冲时间（20%～50%）	开发（设计、编码、原型） 可用的实验室 私有版测试 日建立 特性纠错 特性集成 代码稳定（无严重错误） 缓冲时间（20%～50%）	开发 可用的实验室 私有版测试 日建立 特性纠错 特性集成 代码完成 代码稳定 缓冲时间（20%～50%） 零错误版本发布 发布并生产软件介质

3）稳定阶段综合性地进行内部测试和外部测试、最终产品稳定及发布。具有如下指标：

- 程序管理员调节及监督客户反馈。
- 开发人员执行最后的纠错及代码稳定。
- 测试者发现及孤立错误。

二、微软开发交付原则

微软开发及交付产品的策略是建立原则，并非要求开发人员时刻处于工作状态，而是要形成良好的开发过程的规则。其原则如下：

1）“平行，并且经常同步所做的每一件事情”，即各个小组可以平行工作，但坚持同步，且经常性纠错。

2）永远保持至少存在一个可交付的产品（对每个主要平台及主要市场的版本）。

3）在单个开发站点上，只用一个公共的开发语言进行交流，共同的编码风格及标准开发工具便于交流和讨论设计思想，便于面对面地解决问题。

4）在构造产品时不断地测试。

5）利用定量的度量数据。可用少量定量度量来指导决策。例如，何时进入下一步工作，何时适合交付使用等。管理人员严格地跟踪“日建立”的进展：出现多少错误，悬而未决的有多少；已解决的有多少，其中包括已修复的，消除重复的情况如何；尚活跃的，要延迟修复的情况如何。最终确定里程碑是否完成，能否交付产品。

小结

本章介绍了当前较为流行的一些软件过程。ISO 9000 系列检验整个企业的质量水平，注重软件企业的整体资质，全面地考察企业的质量体系，检验企业是否具有设计、开发和生产符合质量要求的软件产品的能力。

CMM 为软件企业的过程能力提供了一个阶梯式的进化框架，该框架共有五级，分别是初始级、可重复级、已定义级、已管理级和优化级。它和 CMMI 模型对加强软件过程管理、软件项目管理、软件组织自身的建设起到了重要的推动作用，同时也为客户选择软件开发组织提供了科学的依据。PSP 能够指导软件工程师如何保证自己的工作质量，估计和规划自身的工作，度量和追踪个人的表现，管理自身的软件过程和产品质量。TSP为开发软件产品的整个开发团队提供指导。

ISO/IEC 15504 软件过程评估又称 SPICE 项目，旨在为描述工程评估结果的通用方法提供基本原则，同时也对建立在不同模型和方法上的评估进行比较。

RUP 是一种典型的软件过程模式，是迭代增量、以架构为中心、用例驱动的软件开发方法。微软并没有通过 CMM 认证，也不使用 RUP 和 XP 过程，而是采用“同步稳定”的开发过程。

习题

1. 过程改进的内容是什么？
2. ISO 9000 系列的基本内容是什么？特别是 ISO 9000-3 针对软件开发制订了哪些内容？
3. CMM 的基本思想是什么？为什么要把能力成熟度划分为五个等级？
4. PSP 是什么？包含哪些内容？
5. TSP 是什么？包含哪些内容？
6. CMM/PSP/TSP 三者的关系是什么？
7. ISO/IEC 15504 的内容是什么？
8. RUP 中有几个核心工作流？分别是什么？如何理解？
9. 如何理解敏捷过程，特别是极限编程？其核心价值是什么？
10. 如何理解微软的软件开发过程？

第 10 章　面向对象开发与 UML

传统的面向过程开发方法没有直接而全面地反映问题的本质，所以引入了面向对象开发方法。本章介绍了面向对象分析、面向对象设计、面向对象实现的整个过程。然后，又介绍了 UML 的相关内容以及对象模型、动态模型和功能模型三种面向对象模型。

10.1　面向对象开发过程

面向对象开发过程包括面向对象分析、面向对象设计、面向对象实现下面依次进行介绍。

10.1.1　面向对象分析

面向对象分析（Object-Oriented Analysis，OOA）的主要任务是理解用户需求和应用领域的背景知识，识别出问题域内对象，分析它们相互间关系，建立问题领域模型。

分析模型的建立需要遵守如下五个基本原则：

1）建立信息域模型。

2）描述功能。

3）表达行为。

4）划分功能、数据、行为模型，揭示更多的细节。

5）用早期的模型描述问题的实质，用后期的模型给出实现的细节。

OOA 的目的是定义所有与待解决问题相关的类，包括类的操作和属性、类与类之间的关系以及它们表现出的行为。为此，OOA 需完成的任务是：

1）软件工程师和用户必须充分沟通，以了解基本的用户需求。

2）必须标识类（即定义其属性和操作）。

3）必须定义类的层次。

4）应当表达对象与对象之间的关系（即对象的连接）。

5）必须模型化对象的行为。

6）反复地做任务 1）～5），直到模型建成。

10.1.2　面向对象设计

面向对象设计（Object-Oriented Design，OOD）是将 OOA 阶段的需求转变为符合成本和质量要求的、抽象的系统实现方案的过程。

OOD 用于建立应用的体系结构，构造软件的总体模型，标识在计算机环境中解决问题所需要的类，包括那些可使应用软件与外部世界交互的类，并输出适合应用软件要求的类以及类间的关系。

在进行面向对象设计时，应遵循下列设计原则：

（1）开闭原则

一个软件实体应当对扩展开放、对修改关闭，即这个模块可以在不被修改的前提下扩展，从而改变这个模块的行为。

（2）单一职责原则

就一个类而言，应该仅有一个引起它变化的原因，如果有多于一个就应修改此类，可再创建一些类来完成每一个职责。

（3）里氏代换原则

里氏代换原则是指应当尽量从抽象类继承，而不是从具体类继承。

（4）依赖倒转原则

面向对象应当使用接口和抽象类进行变量的类型声明，方法的返回类型声明以及数据类型的转换等。

（5）接口隔离原则

根据客户需要的不同，为不同的客户端提供不同的接口服务。

（6）合成聚合复用原则

在一个新的对象里使用一些已有的对象，使之成为新对象的一部分。

（7）迪米特法则或称少知识原则

一个对象应当对其他对象尽可能少了解。如果两个类不直接通信，那么这两个类就不应发生直接的相互作用，如果一个类需要调用另一个类的方法，可以通过第三者转发这个调用。

10.1.3 面向对象实现

面向对象实现包含面向对象编程和面向对象测试。

（1）面向对象编程（Object-Oriented Programming，OOP）

OOP 是将面向对象设计结果，采用面向对象程序设计语言，如 Java、C#、VB.Net 以及软件框架技术，翻译成符合语法和语义的代码，每个对象都能够接收信息、处理数据和向其他对象发送信息。面向对象程序设计语言的特点和程序设计风格对程序的可靠性、可重用性及可维护性有着极其重要的影响。

（2）面向对象测试（Object-Oriented Test，OOT）

对于面向过程软件而言，单元测试集中测试最小的可编译的构件单元（模块），单元测试结束之后，集成测试用于发现模块接口错误和新单元加入到系统中所带来的副作用；最后进行系统测试。而面向对象的软件结构与传统的软件结构有所区别，类作为构成面向对象程序的基本元素，封装了数据及作用在数据上的操作。对象是类的实例，类和类之间通过继承组成有向无环图。父类中定义了共享的公共特征，子类除继承父类所有特征外，还引入新的特征，也允许对继承的方法进行重定义。面向对象技术具有信息隐蔽、封装、继承、多态和动态绑定等特性，这样一方面提高了软件开发的质量；另一方面也给软件测试提出了新的问题，增加了测试的难度。

下面具体分析面向对象对软件测试的影响。

（1）封装性影响测试

类的重要特征之一是信息隐蔽，其通过对象的封装性实现。封装将一个对象的各个部分聚集在一个逻辑单元内，对象的访问被限制在一个严格定义的接口上，信息隐蔽只让用户知道某些信息，其他信息被隐藏起来。信息隐蔽与封装性限制了对象属性对外界的可见性与外界对它的操作权限，使得类的具体实现与它的接口相分离，降低类和程序其他各部分之间的依赖，促进程序的模块化，避免外界对其不合理的操作。但是，信息隐蔽却给测试带来许多困难。面向对象中的对象行为是被动的，在接收到相关外部信息后才被激活，进行相关操作返回结果。在工作过程中，对象的状态可能发生变化而进入新的状态。通过发送一系列信息创建和激活对象，看其是否完成预期操作并处于正确状态，但是由于信息隐蔽与封装机制，类的内部属性和状态对外界是不可见的，只能通过类自身的方法获得，这给测试用例执行是否处于预期状态的判断带来困难。

（2）继承性影响测试

在面向对象程序中，继承由扩展、覆盖和特例化三种基本机制实现。其中扩展是子类自动包含父类的特征；覆盖是子类的方法与父类的方法有相同的名字和消息参数，但其实现的方法不同；特例化是子类中特有的方法和实例变量。

下面，介绍 Weyuker 提出的基于程序测试数据集的充分性公理，具体如下所示。

1）反扩展性公理。反扩展性公理认为若有两个功能相同而实现不同的程序，对其中一个是充分的测试数据集未必对另一个是充分的测试数据集。这一公理表明若在子类中重定义了某一继承的方法，即使两个函数完成相同的功能，对被继承方法的测试数据集未必对重定义的方法是充分的。

2）反分解性公理。反分解性公理认为一个程序进行过充分的测试，并不表示其中的成分都得到了充分的测试。因为这些独立的成分有可能被用在其他的环境中，此时就需要在新的环境中对这个部分重新进行测试。因此，若一个类得到了充分的测试，当其被子类继承后，继承的方法在子类的环境中的行为特征需要重新测试。

3）反组合性公理。反组合性公理认为一个测试数据集对于程序中各个单元都是充分的并不表示它对整个程序是充分的，因为独立部分交互时会产生在隔离状态下所不具备的新特性。这一公理表明，若对父类中某一方法进行了重定义，仅对该方法自身或其所在的类进行重新测试是不够的，还必须测试其他有关的类（如子类和引用类）。

（3）多态性影响测试

多态使得面向对象程序对外呈现出强大的处理能力，但同时使程序内“同一”函数的行为复杂化。一方面，子类型替换使对象的状态难以确定。如果一个对象包含了 A 类型的对象变量，则 A 类型的所有子类型的对象也允许赋给该变量。程序运行过程中，该变量可能引用不同类型的对象，其结构不断变化。另一方面，子类型替换使得向父类对象发送的消息也允许向该类的子类对象发送。如果 A 类有两个子类 B 和 C，D 类也有两个子类 E 和 F，A 类对象向 D 类对象发送消息 m，则测试 A 类对象发出的消息 m 时，需考虑所有可能组合。

由此可见，多态性使得系统能自动为给定消息选择合适的实现代码，但它所带来不确定性，使得传统测试遇到障碍，增加了测试用例的选取难度。

面向对象测试模型如图 10-1 所示：

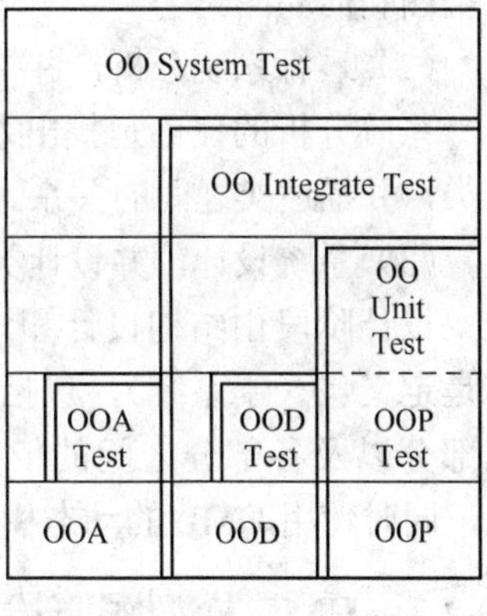

图 10-1　面向对象测试模型

其中，OOA Test 是指面向对象分析的测试；OOD Test 是指面向对象设计的测试，OOA Test 和 OOD Test 主要是对分析设计产生的文本进行，是软件开发前期的关键性测试。OOP Test 是指面向对象编程的测试，主要针对编程风格和程序代码实现进行测试，其主要的测试内容在面向对象单元测试和面向对象集成测试中体现。

OO Unit Test 是指面向对象单元测试，对程序内部具体单一的功能模块的测试是进行面向对象集成测试的基础；OO Integrate Test 是指面向对象集成测试，主要对系统内部的相互服务进行测试，如成员函数间的相互作用，类间的消息传递等；OO System Test 是指面向对象系统测试，基于面向对象集成测试的最后阶段的测试，主要以用户需求为测试标准。

10.2 统一建模语言

UML 是一种定义良好、易于表达、功能强大且普遍适用的建模语言，融入了软件工程领域的新思想、新方法和新技术。

10.2.1 UML 简介

1996 年 6 月，Booch、Rumbaugh 和 Jacobson 等人共同努力，将 Booch 1993、OOSE 和 OMT-2、Coad/Yourdon 等多种面向对象建模方法融合，取其精华，发布了统一建模语言（Unified Modeling Language，UML），UML 以可视化的方式建立软件体系框架，在软件工程界具有划时代意义。UML 有许多优点：首先，UML 融合了 Booch、OMT 和 OOSE 等建模方法中面向对象的基本概念，是简单易用的建模语言；其次，UML 不仅是上述方法的简单融合，还在这些方法的基础上扩展了应用范围；第三，UML 是标准的建模语言，而不是标准的开发过程，对于不同的组织和不同的应用领域，需要采取不同的开发过程。

作为一种建模语言，UML 的定义包括 UML 语义和 UML 表示法两个部分。

1）UML 语义。UML 描述基于 UML 的精确元模型定义。元模型为 UML 的所有元素在语法和语义上提供了简单、一致、通用的定义性说明，使开发者能在语义上取得一致，消除了因人而异的表达方法所造成的影响。此外 UML 还支持对元模型的扩展定义。

2）UML 表示。UML 表示定义 UML 符号的表示法，为开发者或开发工具使用这些图形符号和文本语法为系统建模提供了标准。这些图形符号和文字所表达的是应用级的模型，在语义上它是 UML 元模型的实例。

UML 是一种定义良好、易于表达、功能强大且普遍适用的建模语言，支持软件开发的全过程，一般由以下三个部分组成。

（1）识别系统的用例和角色

首先对项目进行需求调研，依据项目的业务流程图和数据流图识别出系统中的所有用例和角色，分析系统中各角色和用例间的联系，使用 UML 建模工具画出系统的用例图、概念层类图和活动图。

（2）进行系统分析，并抽取类

系统分析的任务是找出系统的所有需求并加以描述，同时建立特定领域模型，从中抽取出类，并描述类之间的关系。

（3）系统设计，并设计类及其行为

设计阶段由结构设计和详细设计组成，分为如下内容：1）结构设计是高层设计，其任务是定义包（子系统），包括包间的依赖关系和主要通信机制。包有利于描述系统的逻辑组成部分以及各部分之间的依赖关系。2）详细设计就是要细化包的内容，清晰描述所有的类，同时使用UML的动态模型描述在特定环境下这些类实例的行为。

10.2.2 UML模型图概述

UML通过五类、共十种模型图建立系统模型，具体如下所示：

1）用例图。从用户角度描述系统功能，并指出各功能的操作者。

2）静态图。静态图包括类图、对象图和包图。其中类图描述系统中类的静态结构，定义系统中的类以及类之间的联系如关联、依赖、聚合等，也包括类的内部结构（类的属性和操作）。类图在系统的整个生命周期都是有效的，用于描述一种静态关系。对象图是类图的实例，几乎使用与类图完全相同的标识。类图与对象图的不同点在于对象图显示类的多个对象实例，而不是实际的类。一个对象图是类图的一个实例。包图由包或类组成，表示包与包之间的关系，用于描述系统的分层结构。

3）行为图。行为图包括活动图和状态图，用于描述系统的动态模型和组成对象间的交互关系。其中活动图描述满足用例要求所要进行的活动以及活动间的约束关系，有利于识别并行活动。状态图描述对象所有可能的状态以及事件发生时状态的转移条件。通常，状态图是对类图的补充，并不需要为所有的类画状态图，仅为那些有多个状态行为受外界环境的影响并且发生改变的类画状态图。

4）交互图。交互图包括时序图和合作图，用于描述对象间的交互关系。其中时序图显示对象之间的动态合作关系，它强调对象之间消息发送的顺序，同时显示对象之间的交互。合作图描述对象间的协作关系。合作图与时序图相似，显示对象间的动态合作关系。除显示信息交换外，合作图还显示对象以及它们之间的关系。如果强调时间和顺序，则使用时序图；如果强调上下级关系，则选择合作图。

5）实现图。实现图包括构件图和配置图，其中构件图描述代码部件的物理结构及各部件之间的依赖关系。部件可能是资源代码部件、二进制部件或可执行部件，包含逻辑类或实现类的有关信息。构件图有助于分析和理解部件之间的相互影响程度。配置图定义系统中软硬件的体系结构，显示设备（用节点表示）以及它们之间的连接关系，也可显示连接的类型及部件之间的依赖性。

10.2.3 用例图、时序图、状态图举例说明

进行UML建模时，首先根据需求建立系统的静态模型，包括用例图、类图、对象图、组件图和配置图等，用来构造系统的框架结构；通过建立系统的动态模型，描述系统的行为，表示执行时的时序状态或交互关系，包括状态图、活动图、顺序图和合作图等。下面具

体介绍用例图、时序图和状态图。

（1）用例图

用例图从用户的角度出发来描述应用系统的功能，指出各个功能的外部操作者。用例图包含执行者和用例两个要素。执行者是指用户在系统中的角色，用例是用户与计算机的一次交互，用例图描述了每个用例有哪些执行者。

图 10-2 为网上售书系统的用例图，描述了这样的需求：顾客登录网上售书系统并填写所需书目，网上售书系统检索后以列表形式提供给顾客，如果顾客确认购买，发送相应的电子邮件，系统通知销售系统完成销售活动。在用例图中，执行者是客户、店长和售货员，用例是查询、发邮件、书目、销售系统。

（2）时序图

时序图又称序列图或顺序图，用于描述在特定时间内 UML 对象的消息传递情况以及 UML 对象之间相互作用的行为。时序图按时序流描述对象之间的作用。典型的时序图分为一个主时序图和多个独立的子时序图。

时序图的基本要素有角色、对象、消息等。

1）角色。时序图的角色与用例图中的角色具有相同的作用，角色可以直接从用例图中拖拽到时序图，也可以在时序图中建立。

2）对象。对象用矩形框表示，每个对象向下方伸展的虚线表示生命线。在生命线上的矩形条称为激活，表示该对象正在执行某个操作。矩形的长度表示激活持续的时间，称为激活期。

3）消息。消息用来完成对象之间的通信，消息有一个发送者、一个接收者和一个动作。消息用一带箭头的直线表示，放在两个对象的生命线之间。当一个消息产生时，就会产生一个激活期。图 10-3 表示了电影院售票系统的时序图，其过程如下所示：顾客在电影院售票机上插卡，输入购买票的日期，电影院售票机提供座位号给顾客，顾客选择想要的座位后，电影院售票机提交购票命令给服务器。

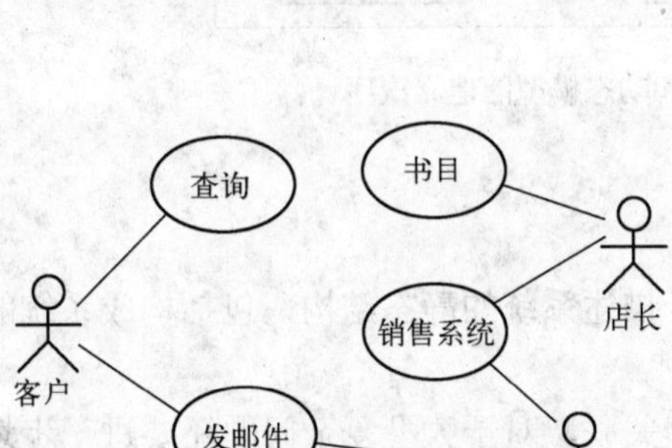

图 10-2 网上售书系统用例图

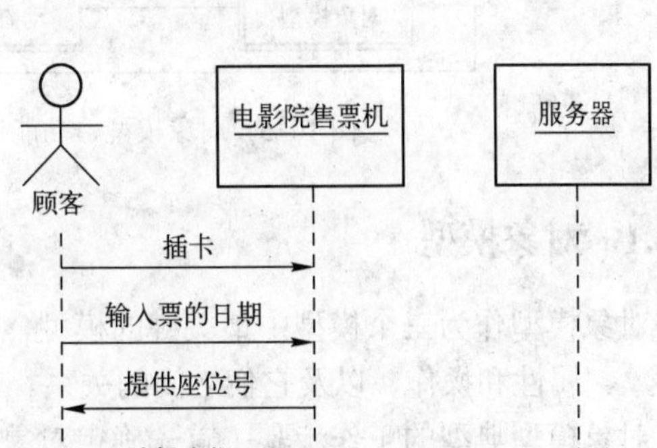

图 10-3 电影院售票系统的时序图

（3）状态图

状态图用于描述系统三种行为模式：初始态、终止态、中间态，其中初始态用实心圆表示，有且仅有一个；终止态用一对同心圆表示，可以有 0 个或多个。图 10-4 描述了拨打电话的状态图，其过程如下所示：拨号，如果拨号错误，给出号码错提示音后，终止；如果号码正确，进行网络连接，如果线路忙，则给出提示音后，终止；如果接通对方，对方未接听，则终止；反之，与对方进行电话通话。

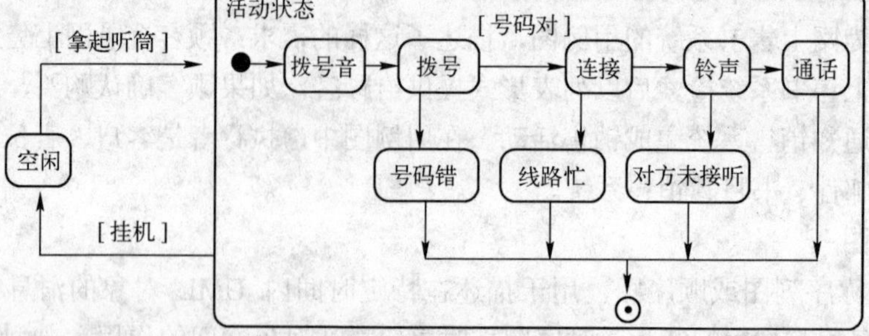

图 10-4　拨电话的状态图

10.3 UML 在三种模型中的应用

面向对象方法的基本思想是从现实世界中客观存在的事物出发构造软件系统，直接以问题域认识问题，使软件系统直接映射问题域。

面向对象方法需要建立对象模型、动态模型和功能模型，其中对象模型定义“对谁做”，用于描述系统的数据结构；动态模型定义“何时做”，用于描述系统的控制结构；功能模型定义“做什么”，用于描述系统的功能。三种模型都涉及数据、控制和操作等概念，只是侧重点不同。图 10-5 给出了这三个模型的建立次序，这是一个迭代的过程，每次迭代都是对这三个模型做进一步的检验、细化和充实。

图 10-5　对象模型、功能模型和动态模型的建立次序

10.3.1 对象模型

对象模型作为三个模型中最关键的模型，用于描述系统的静态结构，包括构成系统的类和对象、属性和操作、以及它们之间的关系。

对象模型典型的工作步骤：首先确定对象类和关联，对于大型复杂问题还要进一步划分出若干个主题；然后给类和关联增添属性，以进一步描述它们，接下来利用适当的继承关系进一步合并和组织类。对于类中操作的最后确定，则等到建立了动态模型和功能模型之后，因为这两个子模型更准确地描述了对类中提供的服务的需求。

（1）确定对象和类

通过分析找出在问题域中客观存在的对象和类。首先，找出所有候选的对象和类；然后，从候选的对象和类中筛选掉不正确的或不必要的。

1）找出候选的对象和类。对象是对问题域中有意义的事物的抽象，它们可能是物理实体，也可能是抽象概念。一般有如下两种方法找出需求分析中的对象与类。一种是将对象与类分为五类，具体是可感知的物理实体（如飞机、汽车、书）、人或组织的角色（如医生、教师、雇主、雇员）、记忆的事件（如飞行、演出、访问）、两个或多个对象的相互作用（如购买、纳税）、概念（如政策、保险政策），只要需求中的事物符合这五类之一，即是对象或类。另一种方法是非正式分析法，将用自然语言书写的需求陈述中的名词作为对象和类的候选者，用形容词作为确定属性的线索，把动词作为服务（操作）的候选者。

下面以 ATM 系统为例，说明非正式分析过程。

从 ATM 系统的需求陈述中找出下列名词，作为对象和类的初步的候选者：银行、自动取款机（ATM）、系统、中央计算机、分行计算机、柜员终端、网络、总行、分行、软件、成本、市、街道、营业厅、储蓄所、柜员、储户、现金、支票、账户、事务、现金兑换卡、余额、磁卡、分行代码、卡号、用户、副本、信息、密码、类型、取款额、账单、访问。

需要根据领域知识或常识进一步把隐含的对象和类提取出来。例如，ATM 系统的需求陈述中虽然没有“通信链路”和“事务日志”，但是根据领域知识和常识，ATM 系统中应该包含这两个实体。

2）筛选出正确的对象和类。通过非正式分析找到候选的对象和类，下面应该严格考察每个候选对象，从中去掉不正确的或不必要的，仅保留确实应该记录其信息或需要其提供服务的对象。筛选时主要依据下列标准删除不正确或不必要的类与对象。

- 冗余。如果两个类表达了同样的信息，则应该保留在此问题域中最富于描述力的名称。以 ATM 系统为例，上面用非正式分析法得出候选类中储户与用户、银行卡与磁卡及副本分别描述了相同的两类信息，因此，应该去掉“用户”“磁卡”“副本”等冗余的类，仅保留“储户”和“银行卡”这两个类。
- 无关。仅需要把与本问题密切相关的对象和类放进目标系统中。有些类在其他问题中可能很重要，但与当前要解决的问题无关，同样也应该把它们删掉。在 ATM 系统中，并不处理分摊软件开发成本的问题，而且 ATM 和柜员终端放置的地点与本软件的关系也不大。因此，应该去掉候选类“成本”“市”“街道”“营业厅”和“储蓄所”。
- 笼统。在需求陈述中常常使用一些笼统的、泛指的名词，虽然在初步分析时把它们作为候选的对象和类列出来了，但是，要么系统无须记忆有关它们的信息，要么在需求陈述中有更明确、更具体的名词对应它们所暗示的事务，因此，通常把这些笼统的或模糊的类去掉。在 ATM 系统中，“银行”实际指总行或分行，“访问”实际指事务，“信息”的具体内容在需求陈述中就指明了。此外，还有一些笼统含糊的名词。总之，在本例中应该去掉“银行”“网络”“系统”“软件”“信息”“访问”等候选类。
- 属性。在需求陈述中有些名词实际上描述的是其他对象的属性，应该把这些名词从候选对象和类中去掉。当然，如果某个性质具有很强的独立性，则应把它作为类而不是作为属性。“现金”“支票”“取款额”“账单”“余额”“分行代码”“卡号”“密码”“类型”等，实际上都应该作为属性对待。
- 操作。需求陈述中有些词的词性既是名词，又是动词，应慎重考虑其含义，以便正确地决定它们是类还是类的操作。例如，“拨号”通常是动词，当构造电话模型时确实应该把它作为一个操作，而不是一个类。但是，在开发电话的自动记账系统时，“拨号”具有自己的属性（如日期、时间、受话地点等），因此应该把它作为一个类。

- 实现。在 ATM 系统的例子中，经过初步筛选，剩下下列对象和类：ATM、中央计算机、分行计算机、柜员终端、总行、分行、柜员、储户、账户、事务、银行卡。

（2）确定类的相互关系

在确定了问题域中的对象和类之后就可以确定类与类之间的各种关系了。类与类之间通常有关联、泛化（继承）、依赖和聚集等四种关系。

关联表示两个类的对象之间存在某种语义上的联系。例如，作家使用计算机，就认为在作家和计算机之间存在某种语义连接。因此，应该在作家类和计算机类之间建立关联关系。分析确定关联，能促使分析员考虑问题域的边缘情况，有助于发现那些尚未被发现的类与对象。

1）初步确定关联。关联关系通常由需求陈述中使用的描述性动词或动词词组来表示。通过分析需求陈述，还能发现一些在陈述中隐含的关联。然后，还要根据领域知识进一步补充一些关联。按照直接提取动词短语、提取需求陈述中所隐含和根据问题域知识得出三种方法初步确定关联。ATM 系统的关联如表 10-1 所示。

表 10-1　初步确定 ATM 系统的关联

确定方法	关联
直接提取动词短语	（1）ATM、中央计算机、分行计算机及柜员终端组成网络 （2）总行拥有多台 ATM （3）ATM 设在主要街道上 （4）分行提供分行计算机和柜员终端 （5）柜员终端设在分行营业厅及储蓄所内 （6）分行分摊软件开发成本 （7）储户拥有账户 （8）分行计算机处理针对账户的事务 （9）分行计算机维护账户 （10）柜员终端与分行计算机通信 （11）柜员输入针对账户的事务 （12）ATM 与中央计算机交换关于事务的信息 （13）中央计算机确定事务与分行的对应关系 （14）ATM 读银行卡 （15）ATM 与用户交互 （16）ATM 吐出现金 （17）ATM 打印账单 （18）系统处理并发的访问
提取需求陈述中所隐含	（1）总行由各个分行组成 （2）分行保管账户 （3）总行拥有中央计算机 （4）系统维护事务日志 （5）系统提供必要的安全性 （6）储户拥有银行卡
根据问题域知识得出	（1）银行卡访问账户 （2）分行雇用柜员

2）筛选关联。经初步分析得出的关联只能作为候选的关联，还需经过进一步筛选，以去掉不正确的或不必要的关联。筛选时主要根据下述标准删除候选的关联。

● 已删去的类之间的关联。分析过程中，确定类和对象已经删掉了某个候选类，则与这个类有关的关联也应该删去或用其他类重新表达这个关联。由于已经删去“系统”“网络”“市”“街道”“成本”“软件”“事务日志”“现金”“营业厅”“储蓄所”和“账单”等候选类，因此，与这些类有关的下列 8 个关联也应该删去。

ATM、中央计算机、分行计算机及柜员终端组成网络；ATM 设在主要街道上；分行分摊软件开发成本；系统提供必要的安全性；系统维护事务日志；ATM 吐出现金；ATM 打印账单；柜员终端设在分行营业厅及储蓄所内；与问题无关的或应在实现阶段考虑的关联。

● 瞬时事件。关联应该描述问题域的静态结构，而不应该是一个瞬时事件。“ATM 读银行卡”描述了 ATM 与用户交互周期中的一个动作，它并不是 ATM 与银行卡之间的固有关系，因此应该删去。类似的，还应该删去“ATM 与用户交互”这个候选的关联。如果用动作表述的需求隐含了问题域的某种基本结构，则应该用适当的动词词组重新表示这个关联。例如，在 ATM 系统的需求陈述中，“中央计算机确定事务与分行的对应关系”隐含了结构上“中央计算机与分行通信”的关系。

● 三元关联。三个或三个以上对象之间的关联，大多可以分解为二元关联或用词组描述成限定的关联。“柜员输入针对账户的事务”可以分解成“柜员输入事务”和“事务修改账户”这样两个二元关联。而“分行计算机处理针对账户的事务”也可以做类似的分解。“ATM 与中央计算机交换关于事务的信息”这个候选的关联，实际上隐含了“ATM 与中央计算机通信”和“在 ATM 上输入事务”这两个二元关联。

● 派生关联。应该去掉那些可以用其他关联定义的冗余关联。例如，在 ATM 系统中，“总行拥有多台 ATM”实质上是“总行拥有中央计算机”和“ATM 与中央计算机通信”这两个关联组合的结果。而“分行计算机维护账户”的实际含义是“分行保管账户”和“事务修改账户”。

3）完善关联。经筛选后余下的关联还需要进一步完善，一般通过“重命名”“分解”“增补”以及“标明阶数”等方法来完善。例如，“分行提供分行计算机和柜员终端”不如改为“分行拥有分行计算机”和“分行拥有柜员终端”。把“事务”分解成“远程事务”和“柜员事务”。在 ATM 系统中把“事务”分解成上述两类之后，需要补充“柜员输入柜员事务”“柜员事务输进柜员终端”“在 ATM 上输入远程事务”和“远程事务由银行卡授权”等关联。

（3）划分主题

在开发大型、复杂系统的过程中，为了降低复杂程度，需要进行分解，划分多个不同的主题，也就是在概念上把系统包含的内容分解成若干个范畴。主题往往是一个名词或者名词短语，与对象名类似，但是主题和对象的抽象程度不同。划分主题的方法为：

1）为每一个结构追加一个主题。

2）为每一个对象追加一个主题。

3）若当前主题的数目超过七个，则对已经存在的主题进行归并。

归并的原则是当两个主题对应的属性和服务有着较密切联系时，就将它们归并为一个主题。主题是一个单独的层次，每个主题有一个序号，主题之间的联系是消息连接。ATM 分为“总行”“分行”和“ATM”三个主题，编号分别为 1、2、3。“总行”这个主题中包含的类有总行、中央计算机；“分行”这个主题中包含的类有分行、账户、分行计算机、柜员、柜员终端和柜员事务；“ATM”主题中包含的类有储户、银行卡、远程事务和 ATM。经过上述分析后，得出的 ATM 系统类图如图 10-6 所示。

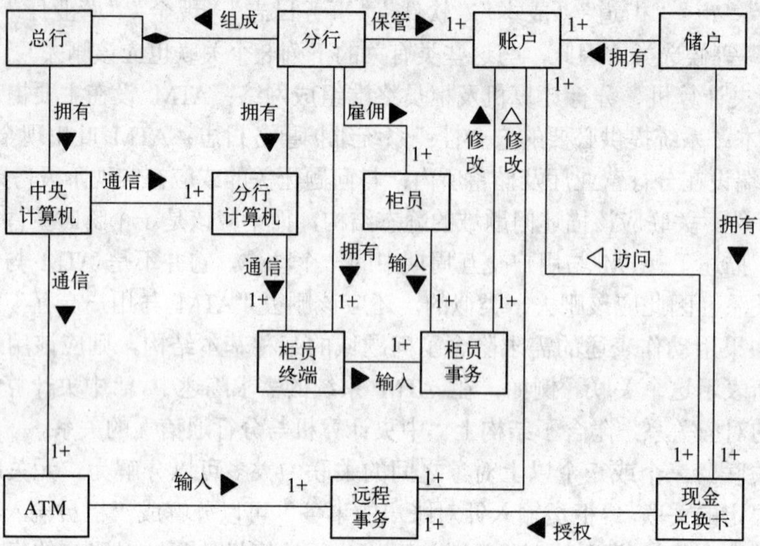

图 10-6　ATM 系统类图

10.3.2　动态模型

对于软件系统首先应确定其静态结构，即在某一时刻它的对象和这些对象之间相互关系的结构，然后分析系统任何时刻对象及其关系的改变。动态模型着重于系统的控制逻辑，着重于描述系统瞬时的、行为化的控制逻辑，其规定了对象模型中对象的合法的变化序列。动态模型具体工作步骤如下所示：

1）编写典型交互行为的脚本。

2）从脚本中提取事件，确定触发每个事件的动作对象以及接受事件的目标对象。

3）排列事件发生的次序，确定每个对象可能有的状态及状态间的转换关系，并用状态图描绘它们。

4）确定对象的状态及转换，绘制状态图。

（1）编写脚本

1）脚本的概念。系统的动态行为表现为用户与系统之间的一个或多个交互行为的过程。所谓脚本就是详细描述每一个动态交互过程动作序列的信息。脚本中应包括动态交互过程中发生的事件以及响应事件而采取的动作序列。脚本描写的范围并不是固定的，既可以包括系统中发生的全部事件，也可以只包括由某些特定对象触发的事件。脚本描写的范围主要由编写脚本的具体目的决定。

2）准备脚本。编写脚本的过程，实质上就是分析用户对系统交互行为的要求过程。首先编写正常情况的脚本。然后，考虑特殊情况。例如，输入或输出的数据为最大值（或最小值）。最后，考虑出错情况。例如，输入的值为非法值或响应失败。对每一个事件，脚本都应明确说明触发该事件的对象（如系统、用户或其他外部实体）、接受事件的目标对象以及该事件的参数。表 10-2 和表 10-3 分别给出了 ATM 系统的正常情况脚本和异常情况脚本。

表 10-2　ATM 系统的正常情况脚本

步骤	执 行 事 件
1	ATM 请储户插卡；储户插入一张银行卡
2	ATM 接受该卡并读它上面的分行代码和卡号
3	ATM 要求储户输入密码；储户输入自己的密码，如“123456”等数字
4	ATM 请求总行验证卡号和密码；总行要求“39”号分行核对储户密码，然后通知 ATM 这张卡有效
5	ATM 要求储户选择事务类型（如取款、存款、转账和查询等）；储户选择“取款”
6	ATM 要求储户输入取款额；储户输入“1000”
7	ATM 确认取款额在预先规定的限额内，然后要求总行处理这个事务；总行把请求转给分行，该分行成功地处理完这项事务并返回该账号的新余额
8	ATM 吐出现金，请求储户取现金；储户取走现金
9	ATM 问储户是否继续本次事务；储户回答“不”
10	ATM 打印账单，退出银行卡，请求储户取卡；储户取走账单和卡

表 10-3　ATM 系统的异常情况脚本

步骤	执 行 事 件
1	ATM 请储户插卡；储户插入一张银行卡
2	ATM 接受这张卡并顺序读它上面的数字
3	ATM 要求密码；储户误输入“8888”
4	ATM 请求总行验证输入的数字和密码，总行在向有关分行询问之后拒绝这张卡
5	ATM 显示“密码错”，并请储户重新输入密码；储户输入“123456”；ATM 请总行验证后知道这次输入的密码正确
6	请储户选择事务类型；储户选择“取款”
7	ATM 询问取款额；储户改变主意不想取款了，按“取消”键
8	ATM 退出银行卡，请求储户取走；储户取走卡

（2）设计用户界面

动态交互过程除了内部数据流和控制流交错执行的控制逻辑外，还必须提供一个初始事件或信息的外部输入界面。图 10-7 是初步设想出的 ATM 界面。

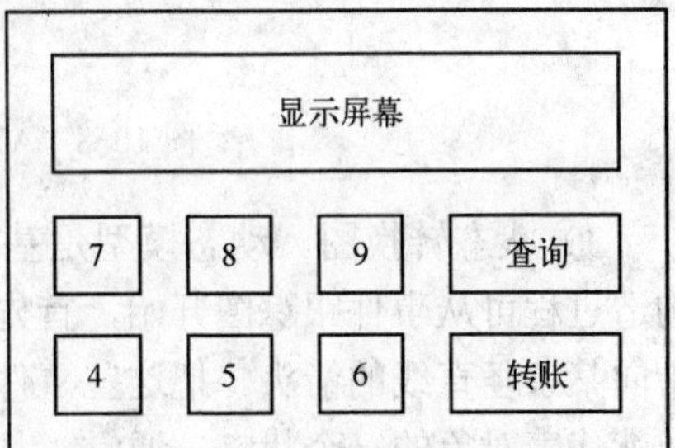

图 10-7　ATM 的界面

（3）画 UML 顺序图或活动图

为了有助于建立动态模型，在画状态图之前通常需要进一步明确事件及事件与对象的关系，并画出“事件跟踪图”，一般用简化了的 UML 顺序图或活动图来表示。

1）确定事件。事件包括系统与用户或外部设备交互的所有信号、输入、输出、中断、动作等等。传递信息的对象的动作也是事件。例如，储户插入现金兑换卡、储户输入密码、ATM 吐出现金等都是事件。大多数对象到对象的交互行为都对应着事件。另外，应该把对控制流产生相同效果的那些事件组合在一起作为一类事件。例如，“吐出现金”是一个事件类。而把对控制流有不同影响的那些事件区分开。例如“账户有效”“账户无效”“密码错”等都是不同的事件。一般说来，不同应用系统对相同事件的响应并不相同。因此，在最终分类所有事件之前，必须先画出状态图。

2）UML 顺序图或活动图。“事件跟踪图”将事件序列以及事件与对象的关系清晰地表示出来，图 10-8 是 ATM 系统正常情况下的 UML 顺序图。

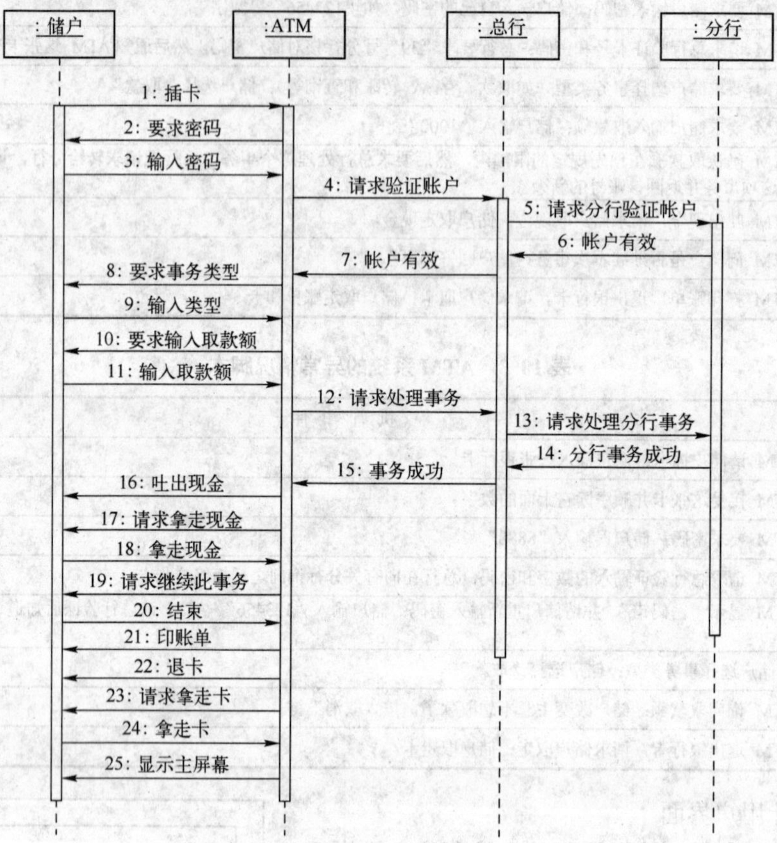

图 10-8 ATM 系统正常情况下的 UML 顺序图

3）状态转换图。动态模型是基于事件共享而互相关联的一组状态图的集合。状态图的构造过程可从事件跟踪图开始，首先分析某一类对象的关联事件，也就是说，事件跟踪图中指向某条竖直线的箭头。把这些事件作为状态图中的有向边，边上标记事件名。两个事件之间就代表对象的一个状态。通常，从事件跟踪图中当前考虑的对象（竖直线）射出的箭头，是这个对象到达某个状态时所做的动作（往往这又是引起另一类对象状态转换的事件）。根据一张事件跟踪图画出状态图之后，再把其他脚本的事件跟踪图合并到已画出的状态图中。

以 ATM 系统为例。“ATM”“柜员终端”“总行”和“分行”都是主动对象，它们相互发送事件。而“银行卡”“事务”和“账户”是被动对象，并不发送事件。“储户”和“柜员”虽然也是产生动作的对象，但是，它们都是系统的外部实体，无需在系统内实现它们。因此，只需要考虑“ATM”“总行”“柜员终端”和“分行”的状态图。

“总行”的状态图如图 10-9 所示，“ATM”的状态图如图 10-10 所示。

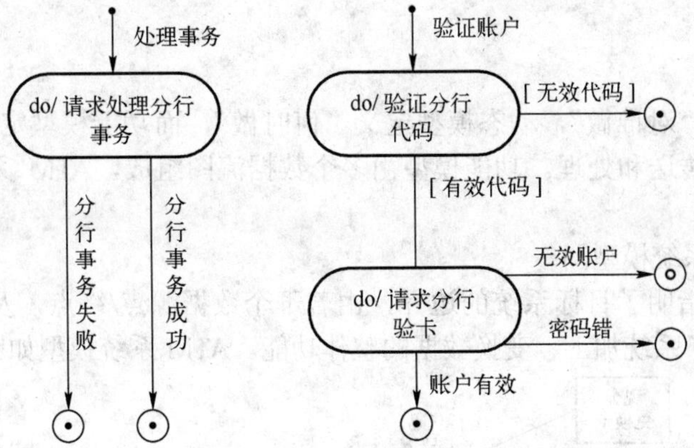

图 10-9　总行类的状态图

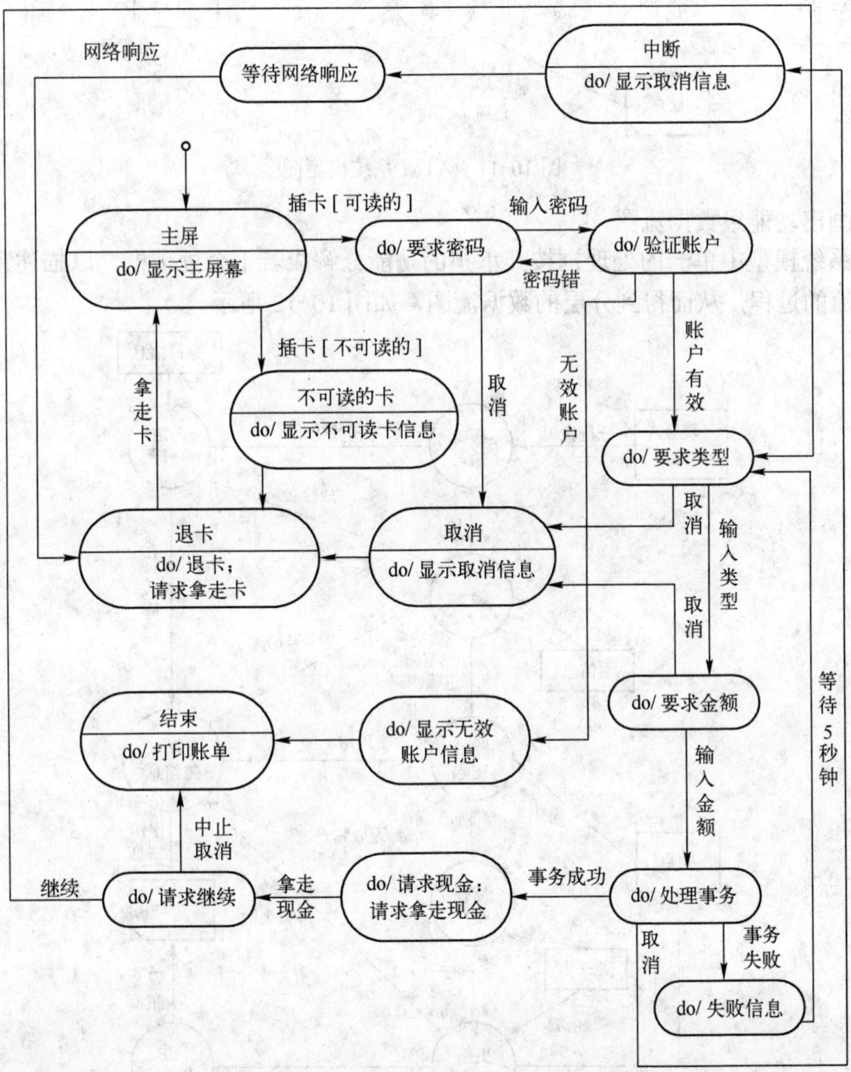

图 10-10　ATM 类的状态图

10.3.3 功能模型

对象模型定义“对谁做”，动态模型定义“何时做”，而功能模型定义“做什么”，着重于系统内部数据的传送和处理。功能模型由多个数据流图组成，ATM 系统的数据流图的画法步骤如下所示：

（1）画出基本系统模型图

基本系统模型指明了目标系统的边界，由若干个数据源点/终点，及一个处理框组成。其中，处理框代表了系统加工、变换数据的整体功能。ATM 系统模型如图 10-11 所示。

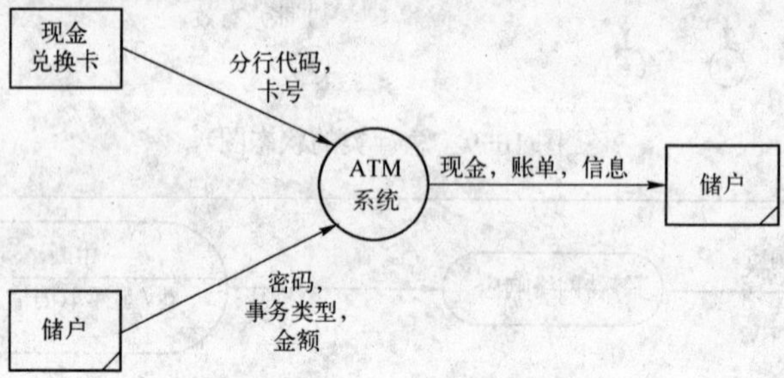

图 10-11 ATM 系统模型图

（2）画出功能级数据流图

基本系统模型中单一的处理框按其承担的功能分解成若干个处理框，以描述系统加工、变换数据流的过程，从而得到分层的数据流图，如图 10-12 所示。

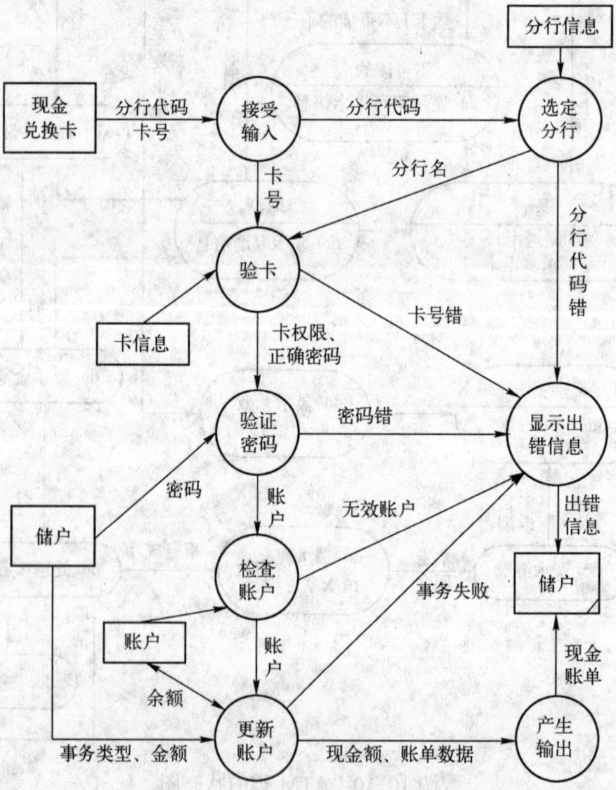

图 10-12 ATM 系统的功能级数据流

（3）描述处理框功能

数据流图分解细化到一定程度之后，就应该描述图中各个处理框的功能。表 10-4 给出了对“更新账户”的功能描述。

表 10-4 对更新账户的功能描述

加工名：更新账号
输入数据流：账号，事务类型，金额
输出数据流：现金额，账单数据，信息
加工处理逻辑说明：
如果取款额超过账户当前余额，拒绝该事务且不付出现金
如果取款额不超过当前余额，从余额中减去取款额后作为新的余额付出储户要取的现金
如果事务是存款，把存款额加到余额中得到新余额，不付出现金
如果事务是查询，不付出现金
在上述任何一种情况下，账单内容都是：ATM 号、日期、时间、账号、事务类型、事务金额（如果有的话）、新余额

小结

面向对象开发过程包括面向对象分析、面向对象设计和面向对象实现，面向对象分析的主要任务是理解用户的需求和应用领域中的关键性背景知识，识别出问题域内的对象，并分析它们相互间的关系，最终建立起问题领域的简捷、精确、可理解的正确模型。面向对象设计是将面向对象分析阶段得到的需求转变为符合成本和质量要求的、抽象的系统实现方案的过程。面向对象的实现主要包含编程和面向对象测试两部分。

UML 是一种定义良好、易于表达、功能强大且普遍适用的建模语言，采用用例图、类图。对象图、时序图、状态图等模型图实现系统的建模。本章最后介绍了 UML 在对象模型、动态模型和功能模型三种模型中的应用。其中，对象模型作为三个模型中最关键的模型，用于描述系统的静态结构，包括构成系统的类和对象，属性和操作以及它们之间的关系。动态模型着重于系统的控制逻辑，着重于描述系统瞬时的、行为化的控制逻辑，其规定了对象模型中对象的合法的变化序列。功能模型定义“做什么”，着重于系统内部数据的传送和处理。

习题

1．简述对象模型、动态模型和功能模型之间的关系。

2．面向对象方法有什么特点？

3．UML 是什么？如何理解？包括哪些内容？

4．某图书管理系统有以下功能：

1）借书。输入读者借书证。系统首先检查借书证是否有效。若有效，对于第一次借书的读者，在借书证上建立档案。否则，查阅借书文件，检查该读者所借图书是否超过 10 本，若已达 10 本，拒借，未达 10 本，办理借书（检查库存，修改库存目录并将读者借书情况录入借书文件。）

2）还书。从借书文件中读出与读者有关的记录，查阅所借日期，如超期（3 个月）作罚款处理。否则，修改库存目录与借书文件。

3）查询。通过借书文件，库存目录文件查询读者情况、图书借阅及库存情况，打印统计表。

请用面向对象方法进行需求分析，采用 UML 图完成类图、用例图、顺序图和状态图等。

第 11 章　软件工具与开发环境

软件工具与开发环境是指能支持软件生存周期各阶段（需求分析、设计、编码、测试、维护等）需求的软件系统。本章首先介绍了软件工具的作用、分类等；然后介绍了当前流行的软件工具，如通用项目管理工具、分析与设计工具、UML 工具、软件配置工具、软件测试工具、缺陷跟踪工具等。

11.1　软件工具与开发环境

软件开发环境（Software Development Environment，SDE）是指在基本硬件和宿主软件的基础上，为支持系统软件和应用软件的工程化开发和维护而使用的一组软件。SDE 由环境集成机制和软件工具构成，环境集成机制为工具集成和软件的开发、维护及管理提供统一的支持。

软件工具的范围很广，用以支持软件开发的相关过程、活动和任务，既包括比较成熟的传统工具，如操作系统、编译程序、解释程序和汇编程序等，又包括支持软件生存周期各阶段，需求分析、设计、编码、测试、维护等的开发和管理工具。软件工具的作用主要体现在以下几个方面：

（1）认识与描述系统需求

软件开发的需方和供方存在着交流鸿沟，一方面软件开发人员对软件项目所涉及的领域业务不熟悉；另一方面客户也对业务需求十分模糊，因此冻结需求往往非常困难。

（2）管理开发过程中的信息

软件开发的各个阶段会产生各种各样的信息。例如，需求分析阶段产生系统的需求信息，设计阶段会将这些信息转化为数据流图等，而软件的维护信息、版本更新信息必须在整个软件生存周期中经常使用并妥善保管。

（3）代码自动生成

面向对象程序设计平台基本都或多或少地提供了代码自动生成的工具，程序员只需编写很少或者不需要编写代码就可以完成程序代码的生成。软件开发工具也可以自动将设计阶段的信息转化为某一种设计语言的程序代码。

（4）文档编制

文档编制的工作量往往会占总开发工作量的 20%～30%，文档编制不但费时费力，而且软件开发各个阶段所生成的文档往往很难相互保持一致。

11.2　软件工具分类

软件工具可以从若干个不同的角度进行分类，以下是几种主要的分类方法：

（1）按应用阶段划分

软件开发工具按应用的阶段可分为三类：设计工具、分析工具、计划工具。

1）设计工具是在软件设计与编码阶段的工具。例如：各种代码生成器、程序开发环境和测试工具能够帮助人们编码、调试软件。在软件工程实践中，设计工具是出现最早、使用最多、数量最大的软件工具。

2）分析工具主要用来帮助开发人员进行需求分析、建立系统模型。这些工具不是直接帮助开发人员编写程序，而是帮助人们分析信息需求与流程，明确软件的功能与要求。如今许多建模工具不仅能够建立系统模型，而且能将这些模型直接转换成为程序代码。

3）计划工具一般用来管理项目的实施，同时还考虑版本更新、软件复用等问题。

（2）按功能划分

软件工具按功能来划分有很多种，归纳起来有以下几种：

1）项目管理工具。项目管理是 20 世纪 50 年代后期发展起来的软件管理方法，能最大限度地利用资源，保证项目在既定时间和费用等范围内完成。比较典型的工具有微软的 Project 等。

2）配置管理工具。一般而言，配置管理工具具有版本控制、历史记录、权限控制、基线、发布管理、过程控制、变更请求管理、构造和发布系统等功能。比较典型的软件配置管理工具有：CC（Rational ClearCase）、CVS（Concurrent Versions System）、VSS（Visual SourceSafe），其中 CVS 和 VSS 完全免费。

3）质量保证工具。这一类工具主要是为了保证软件的质量而提供的，包括软件测试工具、测试管理工具、静态与动态分析工具等。典型的产品有 Rational 公司的 SQA 和 Pure Atria 公司的 Purify 等。

4）分析与设计工具。分析与设计工具的主要任务是建模，对数据、软件功能与软件行为进行分析，设计软件的体系结构、过程和界面，并对模型进行一致性和合法性检查。典型的工具有 Rational ROSE、PowerDesigner 等。

5）用户界面开发工具。用户界面开发工具实际上是用来开发菜单、按钮、窗口、图标等程序构件的一个工具箱，目前广泛使用的面向对象程序设计的开发平台上都具备。原型模型开发方法和 XP 的流行，使得专用的界面原型实现工具可以快速地创建用户界面。

6）Web 开发工具。Web 工程相关的软件由一系列 Web 应用程序开发工具支持，包括辅助文本、图形、表格、脚本程序、Applet 程序等生成工具。

11.3 通用项目管理工具

通用项目管理工具应用于整个软件开发过程，提供了易于操作的图形界面，帮助用户制定任务、管理资源、进行成本预算、跟踪项目进度等。目前应用比较广泛的通用项目管理工具有 IBM 公司的 Rational Portfolio Manager（RPM）、Primavera 公司的 Primavera Project Planner（P3）、Welcome Software Technology 公司的 Open Plan、Microsoft 公司的 Project 等。通用项目管理工具主要功能如下所示：

（1）成本预算和控制

项目开始时，计算任务、工期，资源的使用成本、人员工资等，得到该项目的最初成本预算，在项目实施过程中，对资源或整个项目的实际成本及预算成本进行调整与分析。

（2）制订计划、资源管理及排定任务日程

用户对每项任务排定起始日期、预计工期、明确各任务的先后顺序以及可使用的资源，根据任务信息和资源信息排定项目日程，并可随任务和资源的修改而调整日程。

（3）监督和跟踪项目

对任务的完成情况、费用、消耗的资源、工作分配等进行跟踪，根据当前资源的使用状况或工程的完成情况，通过“资源使用状况表”“任务分配状况表”进度图表等多种报表和图表显示实际情况与基准计划之间的差异。

（4）图表生成

项目管理工具可以根据繁多的数据资料生成各种报表和图表，如甘特图、网络图、资源图表、日历等，帮助用户分析项目。

（5）资料交换

通用项目管理软件允许用户从其他应用程序中获取资料，如 Excel、Access、Lotus 或各种 ODBC 兼容数据库，并可以通过电子邮件向项目人员发送项目信息，如项目计划、修改计划和各种工作报表等。

软件工具由于其侧重软件开发过程的阶段不同，分为分析与设计工具、测试工具、缺陷跟踪工具、配置工具、UML 工具等，下面依次介绍相关的软件工具。

11.4 分析与设计工具

需求分析阶段所使用的软件工具有 Microsoft Project、Excel、Visio、PowerDesigner 等。其中，Project 可以进行项目控制和跟踪、详细的时间安排、早期的项目计划、甘特图等。Excel 用于成本预算、成本分析、跟踪和报表以及创建工作分解结构。Visio 可以完成软件项目计划、需求分析、设计等多个阶段所涉及的图表。PowerDesigner 用于完成数据库表格的设计。

11.4.1 Project

Project 是 Microsoft 公司推出的一款项目管理软件，该软件用于安排项目任务和资源，跟踪项目的工期、成本和资源需求，以标准、美观的格式形象具体地呈现项目计划，并可与其他应用程序（如 Excel）交换项目信息。Project 默认使用甘特图视图，如图 11-1 所示。

Project 包括如下多种视图：

1）甘特图。列出任务的详细信息，并以图形化形式显示任务的时间跨度。

2）资源工作表。以表格形式显示出资源的详细信息，包括资源名称、类型、单位、费率等。

3）资源使用状况。显示每一种资源所分配到的所有任务以及资源的工时分配情况。

4）任务分配情况。显示分配给每个任务的所有资源以及每个任务工时分配情况。

5）日历。以任务条的形式显示每个任务的时间跨度。

6）网络图。显示各任务之间的逻辑关系。

Project 具体完成以下功能：

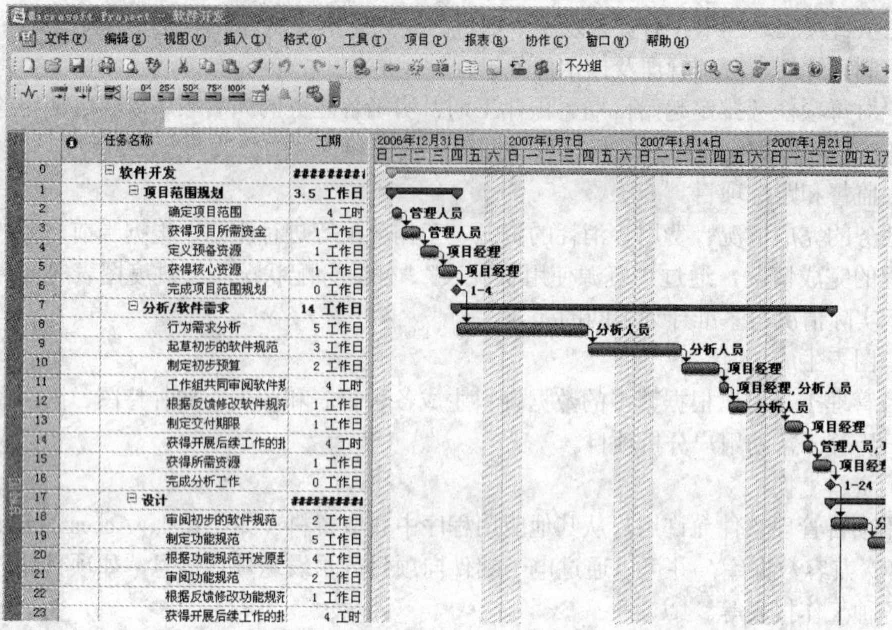

图 11-1　Project 的甘特图视图

（1）进度计划和跟踪

使用 Project 制定项目进度计划时，首先要创建项目任务，然后分阶段组织和链接任务。创建任务是在甘特图视图中输入每个任务的详细信息，包括名称、工期、备注等。每创建完一个任务，就会在甘特图视图右边的那一栏中显示出一个蓝色的横条，横条的长度就代表任务的时间跨度。任务之间存在特定的顺序和依赖关系，需通过任务链接来安排任务的执行顺序。项目通常是分为不同阶段的，每个阶段包含若干任务，因此常常需要把一些任务组织到一个阶段中。Project 用“摘要任务”表示项目阶段，在创建摘要任务后，使用“项目”菜单中“大纲”子菜单中的“降级”选项，可将若干任务全部组织在该阶段中。例如，在图 11-2 中，“项目范围规划”是一个摘要任务，表示一个项目阶段，它下面的五个任务属于该阶段。摘要任务的工期等于完成该阶段所有任务所需的工期。

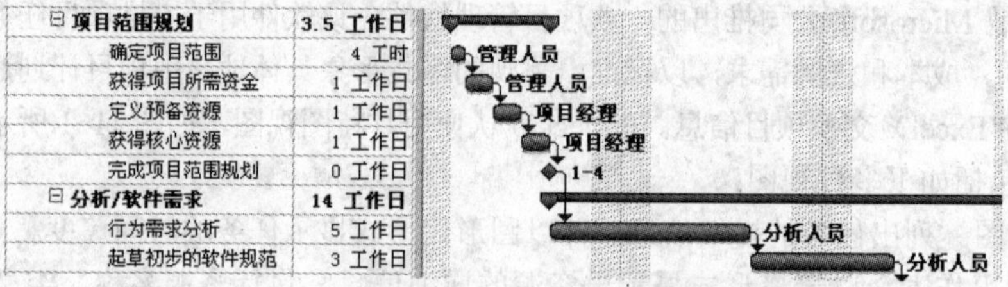

图 11-2　甘特图中的摘要任务和里程碑

里程碑是项目中的重要事件，标志着一个阶段的结束。在 Project 中，里程碑的工期设为 0，如在图 11-2 中，“项目范围规划”阶段的最后一个任务“完成项目范围规划”就是一个里程碑，里程碑所对应的图形符号是一个小的实心菱形。

制定了进度计划后，在项目执行期间还要对进度进行跟踪，将项目的实际进展与进度计划进行对比，Project 将原始进度保存为“基准”，基准用于与调整后的计划或实际执行情况进行对比。跟踪进度的最简单方法就是查看按照计划当前应完成多少任务。Project 记录在当前日期之前开始的任务的完成比例，然后会在甘特条形图中绘制这些任务的进度条以显示进度，对于已经完成的任务，会在任务的标记列中出现对钩。

（2）资源分配和成本管理

资源是指完成项目中的任务所需的人员和设备。在 Project 中可以设置项目资源，然后把这些资源分配给项目中的任务。分配资源有助于回答以下项目管理问题：谁承担了完成任务的工作？是否掌握了完成项目所需工作的确切资源数？是否将资源分配给过多的任务，以至于超出了资源的生产能力？项目是否超出了预算成本？Project 使用“资源工作表”视图设置各种资源。图 11-3 所示是在资源工作表中为项目设置人力资源。

资源名称	类型	缩写	最大单位	标准费率	加班费率
管理人员	工时	管	100%	¥60.00/工时	¥120.00/工时
项目经理	工时	项	100%	¥70.00/工时	¥140.00/工时
分析人员	工时	分	100%	¥70.00/工时	¥140.00/工时
开发人员	工时	开	100%	¥50.00/工时	¥100.00/工时
测试人员	工时	测	100%	¥50.00/工时	¥100.00/工时
讲师	工时	讲	100%	¥50.00/工时	¥100.00/工时
技术联络.	工时	技	100%	¥40.00/工时	¥80.00/工时
部署小组	工时	部	100%	¥60.00/工时	¥120.00/工时

图 11-3　在 Project 中设置项目人力资源

在 Project 中，人力资源既可以是用姓名代表的单个人员，也可以是用职务或技能代表的一个角色。例如，项目经理、开发人员等。在图 11-4 中，“最大单位”表示资源可用于完成任务的最大工作能力。例如，指定资源的“最大单位”为 100%，表示人员可将 100%的时间用于执行分配给他的任务。“标准费率”和“加班费率”分别是人员在正常工作和加班的情况下应付给他的单位时间的劳动报酬。

资源设置好后，就可以分配给每个任务，如图 11-4 所示，通过“分配资源”对话框和甘特图视图来实现，每一个任务被分配了资源后，系统会根据资源费率自动计算出任务成本。

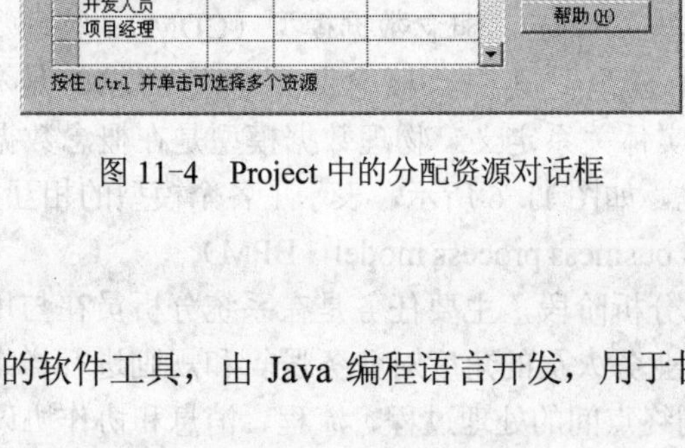

图 11-4　Project 中的分配资源对话框

11.4.2　GanttProject

GanttProject 是开源的软件工具，由 Java 编程语言开发，用于甘特图的描述。如图 11-5 所示。

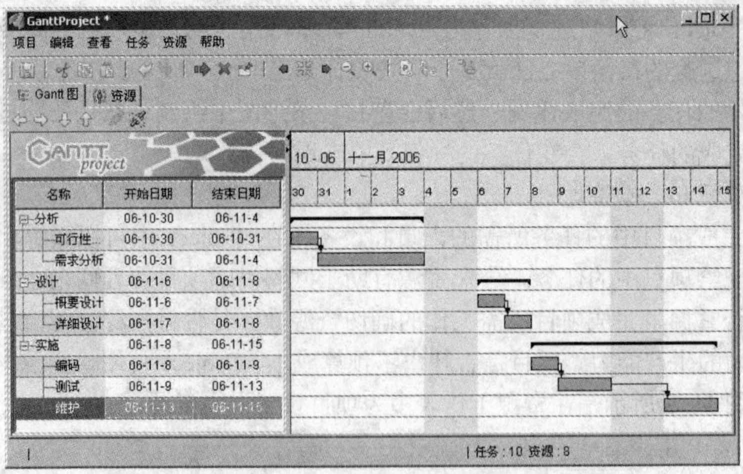

图 11-5　GanttProject 绘制的甘特图

11.4.3 Excel

Microsoft Excel 是微软的办公软件Microsoft Office的组件之一，用于各种数据的处理、统计分析和辅助决策操作，广泛地应用于管理、统计、财经、金融等众多领域。

11.4.4 Visio

Visio 用于绘制流程图、组织图、日程表、行销图、布置图等各种图形图表，其自带绘图模板集包含了数据流图、实体-联系（E-R）图、UML 图以及其他许多图形符号，提供了一个用于存储图表元素的定义和描述信息的有限资料库。

Visio 可以完成软件项目从计划、需求分析、设计等多个阶段中所涉及的图表，具体如下所示。

1）数据流图。点击“软件和数据库”->“数据流模型”，完成 DFD 图绘制。

2）数据库建模。点击“软件和数据库”->“数据库模型图”，完成 E-R 图绘制。

3）甘特图。点击“日程安排”->“甘特图”，完成甘特图绘制。

11.4.5 PowerDesigner

PowerDesigner（PD），用于数据分析、设计和实现，集成了 UML（统一建模语言）和数据建模的 CASE 工具，主要用于数据库 E-R 图、存储过程与触发器框架等的绘制。

PD 包括业务处理模型（BPM）、概念数据模型（CDM）、物理数据模型（PDM）和面向对象模型（OOM）四个模型。其中，概念数据模型描述的是独立于数据库管理系统（DBMS）的实体定义和实体关系定义。物理数据模型是在概念数据模型的基础上针对目标数据库管理系统的具体化，如图 11-6 所示，表示了各个模型的相互关系及其作用。

（1）业务处理模型（business process model，BPM）

BPM 主要用在需求分析阶段，主要任务是在系统分析员在与用户充分交流后，得出系统的逻辑模型。BPM 从业务人员的角度对业务逻辑和规则进行详细描述，并使用流程图来表示从一个或多个起点到终点间的处理过程、流程、消息和协作协议。

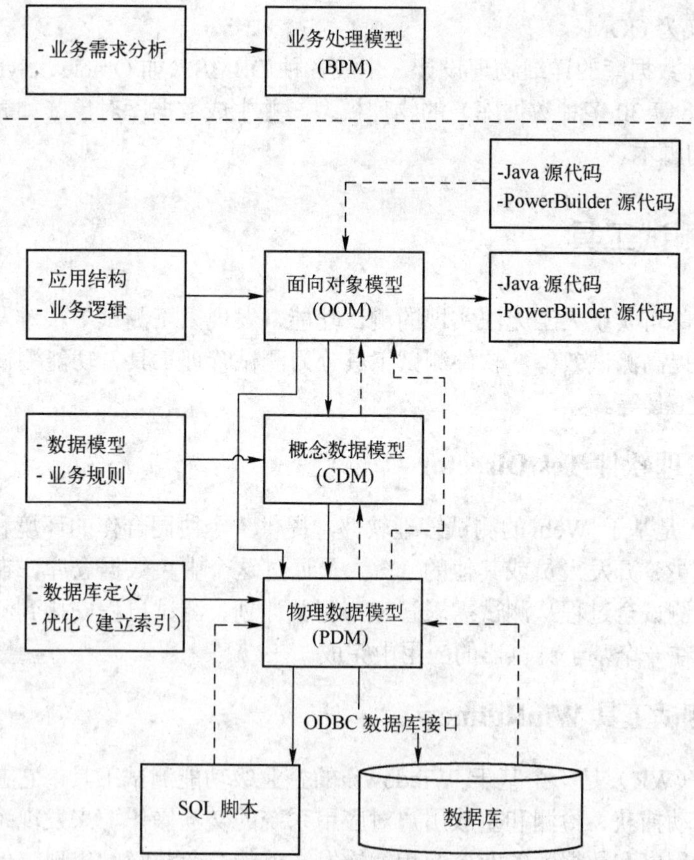

图 11-6　PowerDesigner 模型的相互关系和作用

（2）概念数据模型（conceptual data model，CDM）

CDM 主要用在系统开发的数据库设计阶段，是按用户的观点来对数据和信息进行建模，以实体-联系图（E-R 图）来体现。CDM 静态地描述系统中的各个实体以及相关实体之间的关系，系统分析员通过 E-R 图来表达对系统静态特征的理解。E-R 图实际上相当于对系统的初步理解所形成的一个数据字典，系统的进一步开发将以此为基础。

概念数据模型的主要功能包括：

1）以图形化（E-R 图）的形式组织数据。

2）检验数据设计的有效性和合理性。

3）生成物理数据模型（PDM）。

4）生成面向对象模型（OOM）。

5）生成可定制的模型报告。

（3）物理数据模型（physical data model，PDM）

PDM 提供了系统初始设计所需要的基础元素以及相关元素之间的关系。在 PDM 阶段，设计数据库存储过程、触发器、视图和索引等。物理数据模型的主要功能包括。

1）可以将数据库的物理设计结果从一种数据库移植到另一种数据库。

2）可以利用逆向工程把已经存在的数据库物理结构更新生成物理模型或概念模型。

3）可以生成可定制的模型报告。

4）可以转换为 OOM。

5）完成多种数据库的详细物理设计。生成各种 DBMS（如 Oracle、Sybase、SQL Server 和 SQL Anywhere 等 30 多种数据库）的物理模型，并生成数据库对象（如表、主键、外部键等）的 SQL 语句脚本。

11.5 软件测试工具

软件测试工具可实现人工无法实现的测试功能，发现人工测试中很难发现的缺陷，减少测试执行时间，提高测试效率。软件测试工具分为测试管理工具、功能测试工具、性能测试工具和单元测试工具等。

11.5.1 测试管理软件 TestDirector

TestDirector 是基于 Web 的测试管理软件，提供一个协同合作的环境和一个中央数据仓库，能让测试人员、开发人员或其他的 IT 人员通过这个中央数据仓库，在不同位置互通测试信息，并且将测试全过程从测试需求管理、测试计划、测试日程安排到测试执行，以至出错后的跟踪都仅在一个基于浏览器的应用中完成。

11.5.2 功能测试工具 WinRunner

WinRunner（WR）是一个基于 Windows 的企业级功能测试工具，它在业务应用正式部署之前，通过自动捕获、检测和重放用户对应用系统的交互操作，来发现系统缺陷，确保那些跨越多个应用程序和数据库的业务流程初次发布就能避免故障的出现，保证系统对所有关键业务处理功能、处理流程的正确性，保障应用的质量，使准备工作最优化。

11.5.3 性能测试工具 LoadRunner

LoadRunner 是预测系统行为和性能的负载测试工具，用于 Client/Server 结构软件（Browser/Server 结构也可以使用）的测试工具，可以模拟多个用户登录到同一台服务器的情况。它强调的是整个企业系统，通过模拟成千上万名实际用户和员工的行为，对企业应用系统进行测试，发现并隔离整个企业架构中存在的问题。因此，在应用生命周期的每个环节中，LoadRunner 都可以通过测试企业应用质量、可靠性和可扩展性来帮助企业维持稳定的业务和收益，在不添置额外硬件设备的条件下最大限度地提升 IT 性能，并确保最终用户的性能体验、缩短测试周期、优化系统性能、并加速应用系统的布署时间。

11.5.4 单元测试工具 JUnit

JUnit 作为 Java 的单元测试工具，主要进行类、对象的测试，参考网址为 http://www.junit.org/。

【例 11-1】 Eclipse 中使用 JUnit 进行测试实例。

在 Eclipse 中，新建 Java 项目 JUnit_Test，在 andycpp 包中编写 Calculator 类，实现简单的加、减、乘、除等功能，采用 Eclipse 中集成的 JUnit4 测试 Calculator 类的各种方法。

具体测试步骤如下所示：

1）在 Eclipse 中编写 Calculator 类。为了进行测试，特意给出方法的错误代码。Calculator 类代码如下：

```
package andycpp;
public class Calculator {
    private static int result;              // 静态变量用于存储运行结果
    public void add(int n) {
        result = result + n;
    }
    public void substract(int n) {
        result = result - 1;                // Bug: 正确的应该是 result =result-n
    }
public void multiply(int n) {
}                                           // 此方法尚未写好
public void divide(int n) {
    result = result /1;                     //Bug: 正确的应该是 result =result/n
}
public int getResult() {
    return result;
}

}
```

2）将 JUnit4 单元测试包引入 JUnit_Test 项目。在该项目上单击鼠标右键，选择“属性”，如图 11-7 所示。

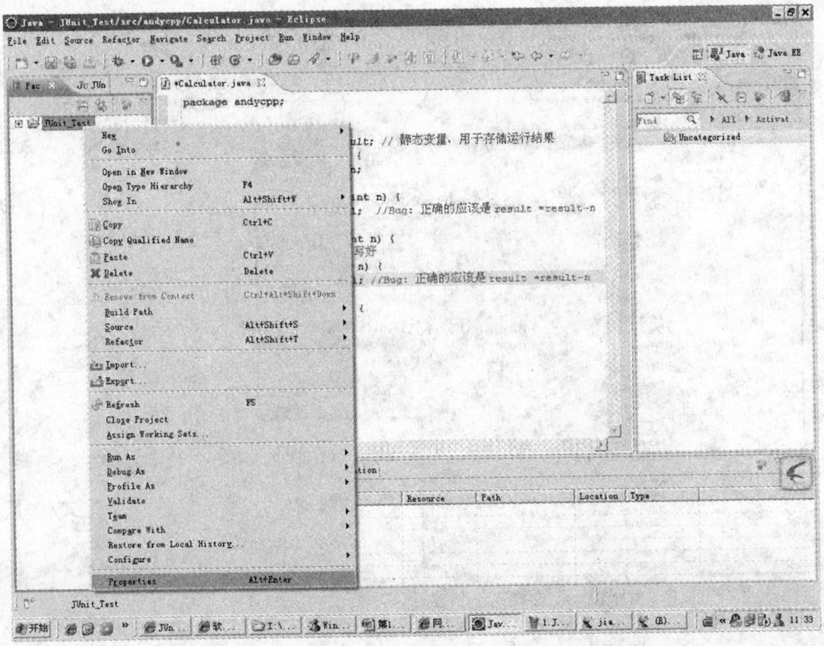

图 11-7 将 JUnit4 测试包引入 JUnit_Test 项目截图 1

在弹出的属性窗口中，首先在左边选择“Java Build Path”，然后到右上选择“Libraries”标签，然后在最右边单击“Add Library…”按钮，如图 11-8 所示。选择 JUnit4 并单击“确定”按钮，将 JUnit4 软件包加入到 JUnit_Test 项目。

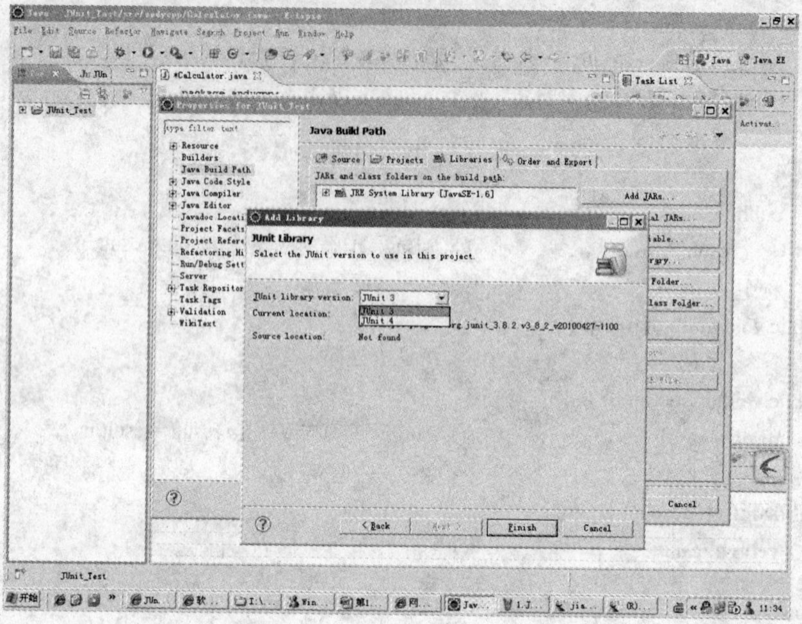

图 11-8　将 JUnit4 测试包引入 JUnit_Test 项目截图 2

3）生成 JUnit 测试框架。在 Eclipse 的 Package Explorer 中用鼠标右键单击“Calculator 类”弹出相应菜单，然后选择“New→JUnit Test Case”。如图 11-9 所示。

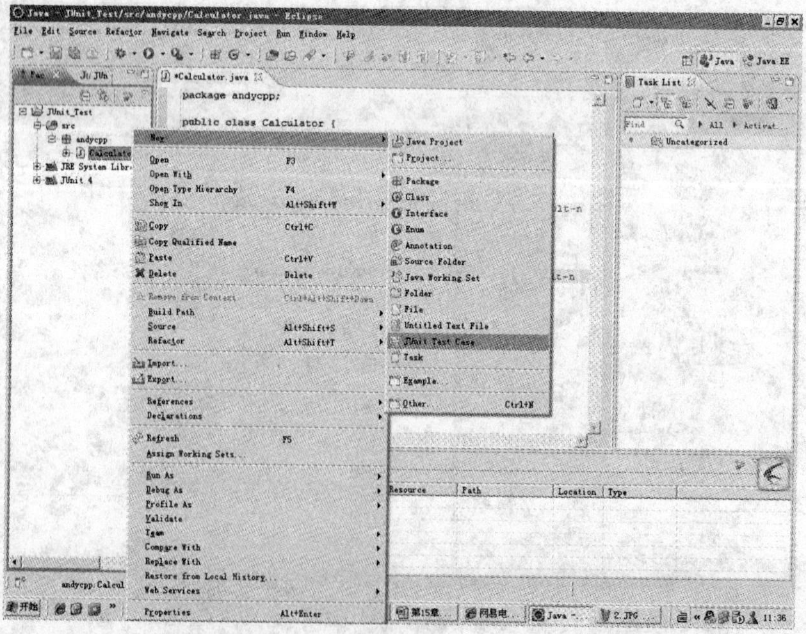

图 11-9　在 Eclipse 创建 Calculator 类的测试用例截图 1

然后在弹出的对话框中，选择“setUp()”和“teardown()”方法，如图 11-10 所示：

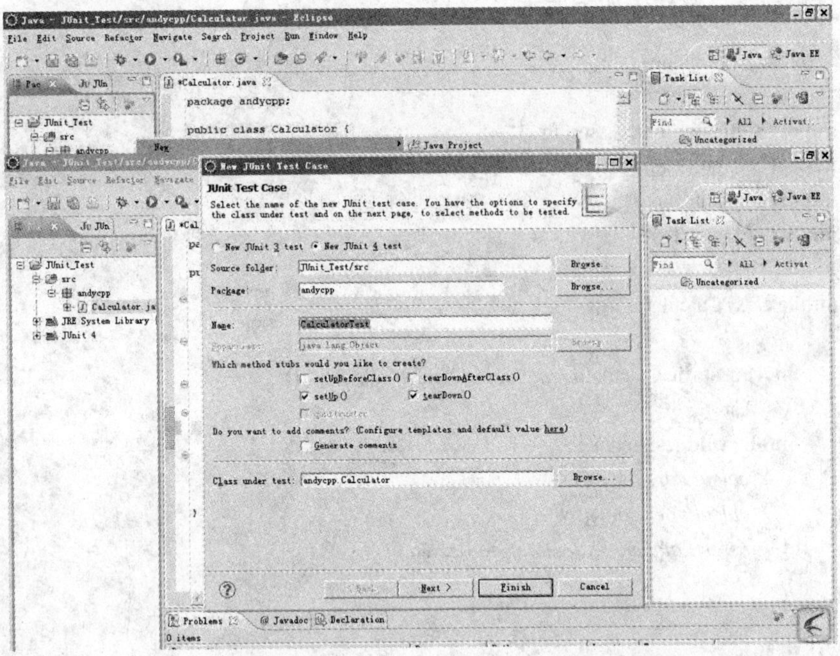

图 11-10　在 Eclipse 创建 Calculator 类的测试用例截图 2

点击“Next”按钮，系统会自动列出 Calculator 类中所包含的方法，如图 11-11 所示，选择所需测试的“加”“减”“乘”“除”四个方法进行测试。

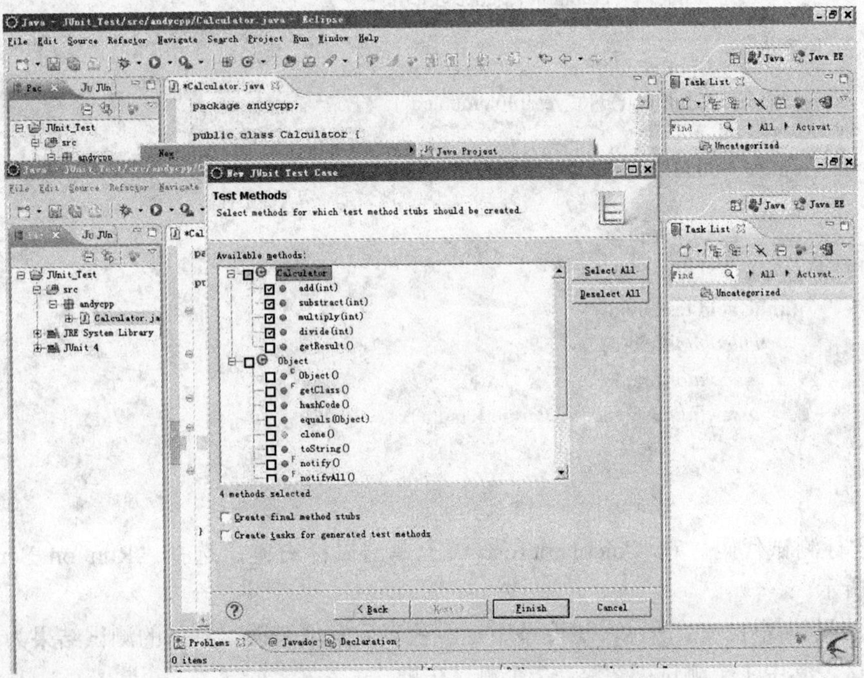

图 11-11　在 Eclipse 创建 Calculator 类的测试用例截图 3

Eclipse 自动生成名为 CalculatorTest 的新类，代码中包含一些空的测试用例。将 CalculatorTest 进行修改，完整代码如下所示：

```
package andycpp;

import static org.junit.Assert.*;
import org.junit.Before;
import org.junit.Ignore;
import org.junit.Test;

public class CalculatorTest {

    private static Calculator calculator = new Calculator();
    @Test
    public void testAdd() {
        calculator.add(2);
        calculator.add(3);
        assertEquals(5, calculator.getResult());
    }

    @Test

    public void testSubstract() {
        calculator.add(10);
        calculator.substract(3);
        assertEquals(7, calculator.getResult());
    }

    @Ignore("Multiply() Not yet implemented")
    @Test
    public void testMultiply() {
    }

    @Test
    public void testDivide() {
        calculator.add(6);
        calculator.divide(2);
        assertEquals(3, calculator.getResult());
    }
}
```

4）运行测试代码。在 CalculatorTest 类上单击鼠标右键，选择“Run on Server”，如图 11-12 所示。

运行结果如图 11-13 所示，进度条中红颜色表示发现错误，具体的测试结果为“共进行了 4 个测试，其中 1 个测试被忽略，2 个测试失败”。

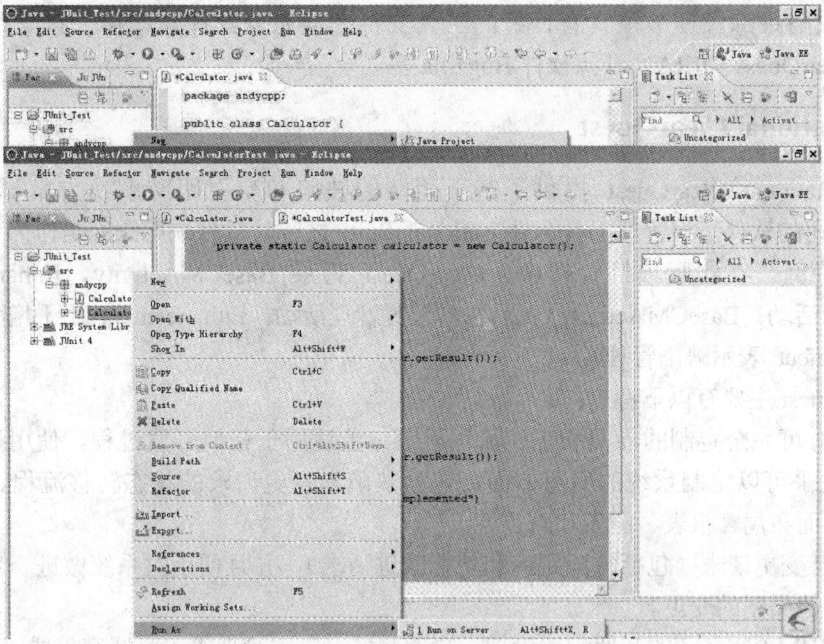

图 11-12　运行测试用例截图 1

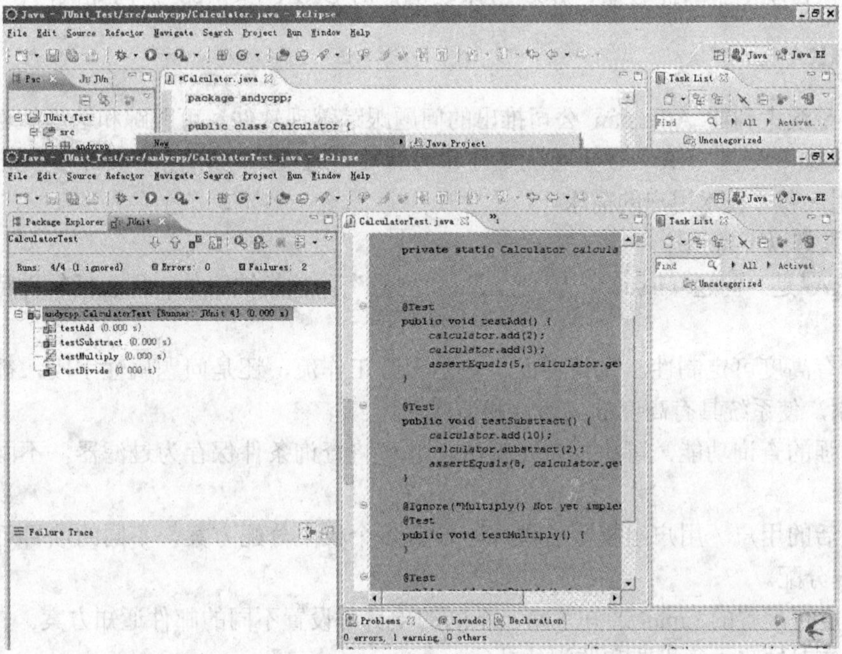

图 11-13　运行测试用例截图 2

11.6　缺陷跟踪工具

对缺陷进行跟踪管理，确保每个被发现的缺陷都能够及时得到处理是测试工作的一项重要内容。缺陷跟踪管理必须具有良好的工具支持才能充分发挥其作用，缺陷跟踪工具有 Rational ClearQuest、JIRA，开源软件 Bugzilla 等。

11.6.1 Rational ClearQuest

IBM Rational ClearQuest 提供了基于团队的缺陷和变更跟踪解决方案，属于 IBM Rational 公司的软件工程管理工具套件 Rational Suite 之一，软件缺陷跟踪是作为变更请求管理的一个特例。在实际项目管理中，ClearQuest 记录 BaseCMActivity，Enhancement 和 Defect 三种活动。BaseCMActivity 表示基本配置管理活动，Enhancement 用于增强型变更或新需求，Defect 表示缺陷管理。

ClearQuest 主要有以下特点：

1）拥有可完全定制的界面和工作流程机制，能适用于任何开发过程。使用 ClearQuest Designer 几乎可以定制系统的所有方面，包括缺陷和变更请求的状态转移流程、数据库字段、用户界面布局、报表、图表和查询等。

2）支持变更请求（包括缺陷跟踪和功能改进请求），并且便于对系统做进一步的定制，以便管理其他类型的变更。

3）与 IBM Rational 的其他配置管理、自动测试、需求管理等工具紧密集成。

4）强大的报告和图表功能。

5）提供自动电子邮件通知、Web 登录功能，对 UNIX 和 Web 访问提供内在支持。

11.6.2 JIRA

JIRA 是澳大利亚 Atlassian 公司推出的问题跟踪管理软件，可跟踪和管理软件项目中出现的各种问题和缺陷。JIRA 注重可配置性和灵活性，通过简洁易用的 Web 交互方式充分满足了技术用户和非技术用户的需求。

JIRA 具有以下特点：

1）JIRA 是“问题（issue）”管理工具，“问题”除包括缺陷外，还包括软件特征、任务和改进等。

2）具有高度可定制性，无论界面、缺陷跟踪工作流，还是问题属性字段，都可以由用户进行定制，使系统具有高度的灵活性和适应性。

3）很强的查询功能，可执行全文搜索，并可将查询条件保存为过滤器，不同的用户可共享过滤器。

4）灵活的用户 / 用户组权限管理。可设置多个权限分配方案，不同的项目可以有不同的系统权限分配。

5）高度可配置的 Email 通知策略，不同的项目可设置不同的邮件通知方案。

6）具有对缺陷进行投票和监视的功能。

7）易于和其他系统（Email，SOAP，Excel，XML，CVS，SVN，Perforce 等）实现集成，监听器和服务程序能够提供与现有系统的双向信息交换。具有良好的可扩展性，完整的 Java 应用程序接口允许用户通过编写代码直接与 JIRA 连接，从而可无限制地扩展 JIRA。

8）具有很好的平台兼容性，能够运行于所有安装了 JDK 的操作系统上，并能够与几乎所有兼容 JDBC 的数据库一起使用。

11.6.3 Bugzilla

Bugzilla 是 Mozilla 公司提供的开源缺陷跟踪工具，为软件组织建立一个完善的缺陷跟踪体系，包括报告缺陷、查询缺陷记录并产生报表、处理解决缺陷、管理员系统初始化和设置等。Bugzilla 具有如下特点：

1）基于 Web 方式，运行方便快捷、管理安全。

2）提供强大的查询，能根据各种条件组合进行缺陷查询，并能够记忆搜索条件。

3）缺陷从最初的报告到最后的关闭，都有详细的操作记录，确保了缺陷不会被忽略，并允许用户在检查缺陷状态时获取历史记录。

4）基于当前数据库的报表生成功能。

5）具有灵活和完善的权限管理功能，管理员可以根据需要定义由个人或者小组构成的访问组。

6）模型化的验证模块，使用户方便地添加所需系统验证。Bugzilla 已经内置了对 MySQL 和 LDAP 授权验证的支持。

7）本地化配置。管理员根据用户所在地域而配置使用本地的字体进行页面显示。

8）评论回复连接。对缺陷的评论提供直接的页面连接，帮助复查人员评审缺陷。

11.7 软件配置工具

软件配置工具有开源软件 Subversion（SVN）、微软出品的版本控制工具 Visual SourceSafe（VSS）、ClearCase（CC）、Concurrent Version System（CVS）等。

11.7.1 Subversion（SVN）

SVN 是当前最受欢迎的一款开源版本控制工具，适合中小型开发团队使用。SVN 在 CVS 的基础上增加了许多功能。例如，对目录的版本控制等，被认为是 CVS 的更新换代产品。

11.7.2 VSS

VSS 用于管理软件和 Web 站点的开发，提供了基本的认证安全和版本控制机制，包括 CheckIn（入库）、CheckOut（出库）、Branch（分支）、Label（标定）等功能，能够对文本、二进制等类型的文件进行控制，提供历史版本对比。

VSS 面向项目的特性能更有效地管理工作组应用程序或 Web 站点开发工作中的日常任务，其主要功能包括：

（1）跨组共享文件

使用检出文件锁定、可视化合并和差别报告，识别文件的变化和防止意外的代码覆盖。

（2）支持所有文档格式

编程人员或非编程人员都可用 VSS 来管理文档的修改过程。VSS 提供了保存 Web 内容、源代码和企业文档的安全方法。

（3）管理更容易

VSS 的图形化存档向导使用户可以方便地保存文件。其用户界面与 Windows 的资源管理器在外观和功能上都很相似。项目提示标签可用于指示项目状态中的变化。

（4）Web 站点管理

VSS 通过站点映射、超链接和直接的 Web 配置，可方便地管理网络内容和 HTML，并检查超链接和直接在 Web 上部署。

11.7.3 ClearCase

ClearCase 相对于传统的 CVS、VSS、PVCS 等版本管理工具，采用了UCM（统一配置管理）、VOB（版本对象基础）、View（版本视图）、Activity（更新活动）等新的配置思想。ClearCase 具有如下功能：

（1）版本控制

ClearCase 对所有文件系统对象（包括文件、目录和链接）进行版本控制，同时还提供了先进的版本分支和归并功能用于支持并行开发。

（2）空间管理

ClearCase 保证开发人员拥有自己独立的工作环境，同时可以访问成员间的共享信息。通过采用 View 技术，设定不同的视图配置规格，帮助程序员选择特定任务的每一个文件或目录的适当版本，并显示它们。

（3）建立管理

ClearCase 构造软件的处理过程，自动完成任务、保证重建的可靠性、存储时间和支持并行的分布式结构的建立。

（4）过程控制

ClearCase 为团队通信、质量保证、变更管理提供了非常有效的过程控制和策略控制机制。

11.7.4 CVS

CVS 是 Concurrent Version System（并行版本系统）的缩写，是 Linux 和 Unix 下系统自带的版本控制工具。

CVS 在服务器上建立仓库，保存的文件并不是每个版本的副本，而是可以从任意版本回溯到初始版本的一些代码的主控信息，节省了大量的存储空间。仓库不仅可以建立在本机上，也可以建立在网络上。仓库里可以存放许多不同项目的源程序。由仓库管理员统一管理这些源程序。

11.8 UML 工具

UML 工具主要有 Rational Rose、ArgoUML 等。

11.8.1 Rational Rose

Rose 是当前主流的 UML 建模工具，是一种可视化的、功能强大的面向对象系统分析与设计工具，用于对系统建模、设计与编码，还可以对已有的系统实施逆向工程，实现代码与模型的转换。

Rose 作为建立 UML 的软件系统的模型，完成静态建模（用例图、类图、对象图、组件图、配置图）和动态建模（合作图、序列图、状态转移图、活动图）的设计。

软件开发过程与 Rose 可视化建模如表 11-1 所示。

表 11-1　软件开发过程与 Rose 可视化建模

软件开发阶段	Rose 使用情况	Rose 模型图及元素
开始阶段	建立业务模型	业务用例、业务参与者、业务工人
	确定用例模型	参与者、用例、关系
细化阶段	细化用例	参与者、用例、关系
	事件流程建模	顺序图、协作图、状态图
	对系统静态结构和动态行为建模	类图、交互图、状态图
	确定系统构件	构件图
构造阶段	正向工程产生框架代码	类图、交互图、状态图、构件图
	逆向工程更新模型	构件图
	创建部署图	部署图
交付阶段	更新模型	构件图、部署图

11.8.2　ArgoUML

ArgoUML 是用 Java 编写的用于绘制 UML 图的软件工具，遵守开源的 BSD 协议。ArgoUML 通过使用案例视图（use case view）、类和逻辑视图（logical view）、构件视图（component view）和配置视图（deployment view）四种视图来描述系统的模型，对系统需求、处理过程、对象、构件、系统结构等进行可视化建模，如图 11-14 所示。

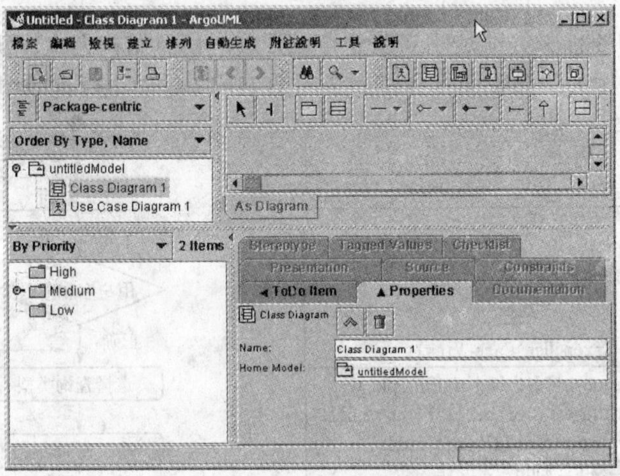

图 11-14　ArgoUML 用户界面

【例 11-2】 采用 UML 完成开放式学籍管理系统的建模。

开放式学籍管理系统由学校学籍管理信息中心监控，各教学系（部）、教研室分级管理，由学生档案管理、导师管理、授课教师管理、选课管理、成绩查询管理、打印报表等组成。

具体步骤如下所示：

1）确定系统用例和角色。业务建模和需求分析的目的是对学籍管理进行分析，采用用例模型表达，如图 11-15 所示。模型中的活动者代表外部与系统交互的角色，包括学生和系统管理员，用例视图是对系统需求的描述，包括学生档案管理子系统、导师档案管理子系统、课程管理子系统、授课教师管理子系统、选课管理子系统、成绩管理子系统、打印报表子系统等。

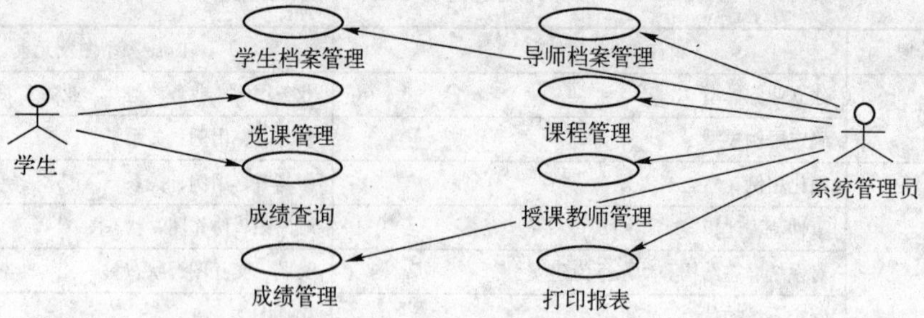

图 11-15　学籍管理的用例视图

2）进行系统分析与设计。系统分析与设计的结果是产生设计模型，其是对用例视图的实现，表现对象是如何相互通信和运作来实现用例。对于系统的静态结构，通过对象类图、对象图、组件图和配置图来描述；对于系统的动态行为，通过顺序图、协同图、状态图、活动图等描绘。

（1）静态结构

学籍管理系统中拥有大量数字化信息，其数据量大，信息格式多样。图 11-16 是学生类，具有 studentId、studentName、sex、birthday、nativePlace 等属性和 getItem()、selectCourse()、searchScore()方法。

（2）动态行为

学籍管理提供的各种服务都是建立在分布、开放的信息结构之上。每项服务都可以看成一个事件流，由若干相关的对象交互合作完成。图 11-17 是学生查询成绩的活动图。

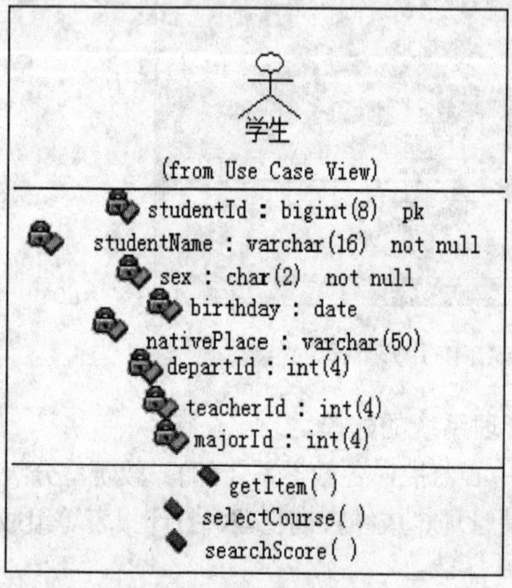

图 11-16　学生类图

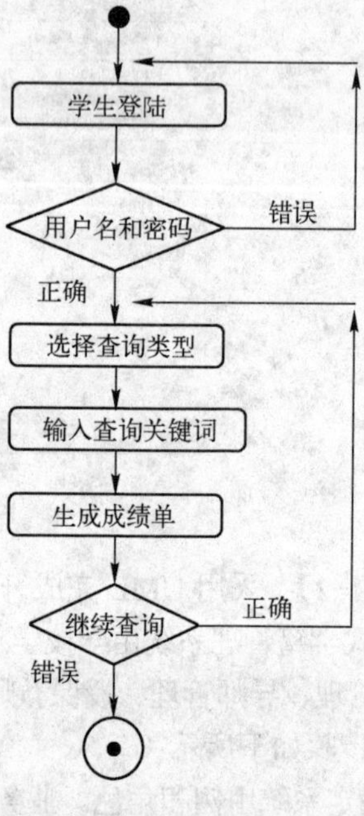

图 11-17　学生查询成绩活动图

小结

软件工具能够支持软件生存期的各个阶段。软件工具的种类繁多，从软件过程的观点通常可以分为项目管理工具、配置管理工具、分析和设计工具、程序设计工具、测试工具以及维护工具等。

通用项目管理工具应用于整个软件开发过程，提供了易于操作的图形界面，帮助用户制定任务、管理资源、进行成本预算、跟踪项目进度等。

分析与设计阶段所使用的软件工具有 Microsoft Project、Excel、Visio、PowerDesigner 等。其中，Project 可以进行项目控制和跟踪、详细的时间安排、早期的项目计划、甘特图、CPM 和 PERT。PowerDesigner 用于完成数据库表格的设计。

软件测试工具实现人工无法实现的测试功能，发现人工测试中很难发现的缺陷，减少测试执行时间，提高测试效率。软件测试工具分为测试管理工具、功能测试工具、性能测试工具和单元测试工具等。

缺陷跟踪管理必须具有良好的工具支持才能充分发挥其作用，本章介绍了几个常用的缺陷跟踪工具 Rational ClearQuest、JIRA、开源软件 Bugzilla 等。

软件配置工具有微软出品的版本控制工具 Visual SourceSafe（VSS）、ClearCase（CC）、开源软件 Subversion（SVN）、Concurrent Version System（CVS）等。

UML 的绘制工具有 Rose 和 ArgoUML。

习题

1. Project 软件工具的作用是什么？
2. Visio 工具的作用是什么？
3. PowerDesigner 的作用是什么？使用 PowerDesigner 设计学生管理系统的数据库。
4. JUnit 的作用是什么？
5. Bugzilla 工具的作用是什么？
6. SVN 工具的作用是什么？
7. ArgoUML 的作用是什么？使用 ArgoUML 完成学生选课系统 UML 图的描述。

第12章 文 档

文档作为软件开发过程中记录数据信息的载体，其作用不可忽视。本章介绍了文档在软件开发中的作用、文档编制的原则，还特别介绍了文档的分类，如可行性分析报告、软件开发计划、需求规格说明书、设计说明书、测试分析说明书以及用户手册等。

12.1 文档作用

文档是指某种媒体数据，用来表示对软件活动、需求、过程或结果进行描述、定义、规定、报告或认证的任何书面或图示的信息。

文档作为软件开发规范的体现和指南，具有极其重要的作用，具体表现如下所示：

1）提高软件开发过程的能见度。通过将软件开发过程中发生的事件以某种可阅读的形式记录在文档中，从而达到便于总结的目的。

2）作为软件开发进度和开发质量的依据。

3）提高开发效率。文档使得开发人员对各个阶段的工作进行记录，当发现错误和不一致性时，可以及时纠正和维护。

4）作为软件开发过程中的阶段性工作成果和结束标志。

5）提供软件的运行、维护和培训的有关信息，便于管理人员、开发人员、操作人员、用户之间的协作和交流。

12.2 文档编制原则

计算机软件产品开发文件编制指南 (GB-T8567-88) 给出十四种软件文件的编制提示。这十四种文件编制有以下几点基本原则：

（1）文件的读者

每种文件都具有特定的读者，文件的编写必须适应读者的水平、特点和要求。因此，文档应立足于读者的角度，而不是作者的角度。

（2）重复性

计算机软件产品开发文件编制指南的十四种文件存在某些重复。较明显的重复有两类。第一类是引言，它是每一种文件都要包含的内容，以向读者提供总的梗概。第二类明显的重复是各种文件中的说明部分，如对功能性能的说明、对输入和输出的描述、系统中包含的设备等。为了方便每种文件各自的读者，每种产品文件应该自成体系，尽量避免读一种文件时又不得不去参考另一种文件。当然，在每一种文件里，有关引言、说明等同其他文件重复的部分，在行文、所用术语和详细程度上，还是应该有一些差别，以适应各种文件不同读者的需要。

（3）精确性、完整性和灵活性

文件的行文应当十分确切，不能出现多义性的描述。如果文档对同一信息进行了不同形式的描述，就很容易引起混乱。这样，读者就会感到困惑：这些不同的记录的目的是什么？它们之间的差别是什么？文件编写应力求简明，应配以适当图表增强其清晰性。任何一个文件都应是完整的、独立的。

鉴于软件开发是具有创造性的脑力劳动，而且不同软件在规模上和复杂程度上差别极大，在文件编制工作中应允许一定的灵活性。

（4）可追溯性和最新性

由于各开发阶段编制的文件与各阶段完成的工作有着紧密的关系，因此前后两个阶段生成的文件具有一定的衔接关系。同时，文档必须及时地进行变更，通过与各种人员交流，把达成的共识用于更新文档，保持文档的最新的特性，这样才能向系统的参与者传递更准确和更及时的信息。

12.3 文档分类

文档大致可分为开发文档、管理文档和用户文档三类文档。

（1）开发文档是指软件在开发生命周期的不同阶段产生的不同文档，一般包括可行性研究报告、软件需求说明书、概要设计说明书、详细设计说明书、测试计划、测试分析报告。

（2）管理文档包括项目开发计划、开发进度月报等。

（3）用户文档包括用户手册、操作手册、项目开发总结报告等。具体如图 12-1 所示。

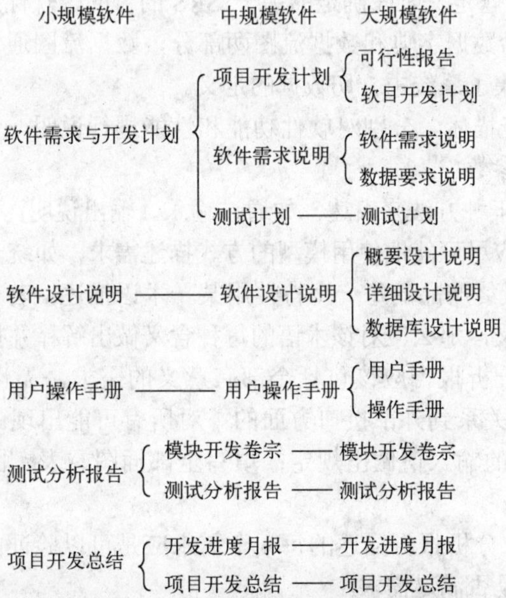

图 12-1 不同规模所需要的软件文档

12.3.1 可行性研究报告

可行性研究报告的编写目的是说明该软件开发项目在技术、经济和社会条件方面的实现可行性；评述为了合理地达到开发目标而可能选择的各种方案；说明论证所选定的方案。可行性研究报告的编写内容如下：

1）系统概述。主要是对当前系统及其存在问题的简单描述；新系统的开发目的、目标、业务对象和范围；新系统和其各个子系统的功能与特性等的介绍。

2）可行性分析。这是报告的主体。包括新系统在经济上、技术上、运行上、法律上的可行性以及对新系统的主客观条件的分析。

3）拟订开发计划。包括工程进度，人员配备情况，资源配备情况，估计出每个阶段的成本、约束条件。

4）结论意见。综合上述分析，说明新系统是否可行。

12.3.2 项目开发计划

编制项目开发计划的目的是用文件的形式，把开发过程中各项工作的负责人员，开发进度所需经费预算，所需软、硬件条件等问题作出安排并记载下来，以便根据本计划进行开发和检查本项目的开发工作。

12.3.3 软件需求说明书

软件需求说明书（Software Requirements Specification，SRS）是分析阶段需要完成的主要文档，其内容主要包括以下几项：

1）引言。叙述在问题定义阶段确定的关于 SRS 的目的、软件产品的作用范围。

2）数据描述。包括数据字典和数据流图两部分，数据流图通常是用来表达系统的逻辑模型，而数据字典则汇集了系统中一切数据的定义。

3）功能描述与性能描述。分别对软件功能和性能进行说明，性能需求包括软件系统的处理速度，响应时间等参数。

软件需求可以用若干种方法来表达，如通过输入、输出说明；使用代表性的例子；使用规范化的模型。开发者应尽可能地使用模型的方式描述需求，如统一建模语言（UML）。

4）无歧义性。对最终产品的每一个特性用某一术语描述；若某一术语在某一特殊的行文中使用时具有多种含义，那么应对该术语的每种含义做出解释并指出其适用场合。

5）完整性。需求分析报告应该包括全部有意义的需求，无论是关系到功能的、性能的、设计约束的，还是关系到外部接口方面的；对所有可能出现的输入数据的响应予以定义，要对合法和非合法的输入值做出规定；填写全部插图、表、图示标记等；定义全部术语和度量单位。

6）可验证性。需求分析报告描述的每一个需求应是可以验证的。可以通过一个有限处理过程来检查软件产品是否满足需求。

7）一致性。在需求分析报告中的各个需求的描述不能互相矛盾。

8）可修改性。需求分析报告应具有一个有条不紊、易于使用的内容组织；没有冗余，即同一需求不能在需求分析报告中出现多次。

9）可追踪性。每一个需求的源流必须清晰，在进一步产生和改变文件编制时，可以方便地引证每一个需求。

10）运行和维护阶段的可使用性。需求分析报告必须满足运行和维护的需要，说明功能的来源和目的。

12.3.4 概要设计说明书

概要设计说明书可称作系统设计说明书，对软件系统的设计进行考虑，包括程序系统的基本处理流程、程序系统的组织结构、模块划分、功能分配、接口设计、运行设计、数据结构设计和出错处理设计等，为软件的详细设计提供基础。

需求分析不涉及具体的技术实现，而概要设计注重从宏观上和框架上来描述采用何种技术手段、方法来实现这些需求。详细设计相对概要设计更注重微观上和框架内的设计，是编码的依据。概要设计是指导详细设计的依据。

概要设计的编写要求如下所示：

（1）一致性

概要设计的要求应该与需求分析报告所描述的需求一致。同时，概要设计的各项要求之间也应该一致。

（2）合理性

概要设计所提出的设计方法和标准应该是合理的、恰当的。

（3）可追踪性

对概要设计所提出的各项要求找到其清晰的源流，即在需求分析报告中有明确的需求描述。

（4）可行性

根据概要设计进行详细设计、操作和维护应该是可行的。

12.3.5 详细设计说明书

在详细设计中，描述实现具体模块所涉及的主要算法、数据结构、类的层次结构及调用关系，需要说明软件系统各个层次中的每一个程序(每个模块或子程序)的设计考虑，以便进行编码和测试。应当保证软件的需求完全分配给整个软件。详细设计应当足够详细，能够根据详细设计报告进行编码。如果软件产品需要使用数据库，那么软件的详细设计还应包括对数据库的设计。数据库设计应在软件的需求分析、概要设计完成之后、详细设计的其他工作之前进行。

详细设计的编写要求如下所示：

（1）一致性

详细设计的要求应该与需求分析报告所描述的需求以及概要设计一致。同时，详细设计的各项要求之间也应该是一致的。

（2）合理性

详细设计所提出的设计方法和标准应该是合理的、恰当的。

（3）可追踪性

对详细设计所提出的各项要求应该可以得到它的清晰的源流，即在需求分析报告、概要设计报告中有明确的需求描述。

（4）可行性

根据详细设计进行编码、测试、操作和维护应该是可行的。

12.3.6 测试计划

测试计划包括测试的进度安排、测试资料、测试培训，就测试设计说明给出输入、输出、过程信息，测试的评价准则、范围等。

开发者针对单元测试、集成测试、系统测试分别制定《测试计划》。集成测试需要根据需求分析报告和概要设计制作测试用例，并经过评审。软件测试按照《测试计划》、《需求分析报告》的要求进行，最后形成《软件测试报告》。

12.3.7 测试分析报告

测试分析报告用于记录确认测试的结果，具体内容包括测试概要、测试结果及对测试结论的说明。

12.3.8 用户手册

用户手册的编制是要使用非专门术语的语言，充分描述该软件系统工程所具有的功能及基本的使用方法，使用户了解该软件的用途。具体的内容包括用途、功能、精度、时间特性、灵活性、安全保密等性能，硬设备、支持软件、数据结构等运行环境；对使用过程从安装与初始化、输入（输入数据的现实背景、输入格式、输入举例）、输出（输出数据的现实背景、输出格式、输出举例）、出错处理与恢复和终端操作等。

12.3.9 项目开发总结报告

项目开发总结报告的编制是为了总结本项目开发工作的经验，说明实际取得的开发结果以及对整个开发工作的各个方面的评价。具体内容包括实际开发结果、对生产效率的评价、对产品质量的评价、对技术方法的评价和出错原因的分析等开发工作评价。

小结

文档编制是软件开发的重要内容。本章介绍了可行性研究报告、软件开发计划、需求说明书、设计说明书、测试分析报告以及用户手册相关文档内容，指导软件开发人员重视从需求分析、设计、编码到测试的各个环节，以保证完成高质量软件的开发。

习题

1. 文档的作用是什么？
2. 文档编制的原则是什么？
3. 软件需求分析包括哪些内容？
4. 测试分析报告包括哪些内容？

第 13 章　软件工程进展

本章介绍了软件工程进展。首先，介绍了软件外包和开源软件。其次，给出了净室软件工程的四个关键技术及其应用前景。再次，扼要地说明了软件再工程和软件复用作为重构软件新形式的相关知识。对面向方面的编程进行了简要的介绍。最后，还介绍了新兴的分布式软件系统具有的动态性、异构性、适应性等特点，阐述了多代理系统和网络技术的基本概念和内容。

13.1　软件外包

软件外包就是企业为了专注核心竞争力业务，将软件项目中的全部或部分工作发包给其他企业完成，从而降低软件开发成本，增强企业核心竞争力。

13.1.1　外包分类

软件外包包括软件研发以及开发服务和软件技术服务，具体内容如表 13-1 所示。

表 13-1　软件外包的内容

类　别	适用范围
软件研发及开发服务	用于金融、政府、教育、制造业、零售、服务、能源、物流和交通、媒体、电信、公共事业和医疗卫生等行业，为用户的运营/生产/供应链/客户关系/人力资源和财务管理、计算机辅助设计/工程等业务进行软件开发，定制软件开发，嵌入式软件、套装软件开发、系统软件开发、软件测试等
软件技术服务	软件咨询、维护、培训、测试等技术性服务

从软件外包的纵向角度看，一个软件外包项目过程可分为外包准备、承包方选择、软件策划、需求分析及资源验证、概要设计及详细设计以及编码、测试、软件试运行、验收和项目评价及总结等阶段。从横向角度看，软件外包项目管理主要包括各方主体管理、软件整体管理、软件范围管理、软件配置管理、软件质量管理、软件风险管理、进度和成本管理等。

软件外包还可以按照地理位置、外包内容重要性、服务方式、业务内容、外包的形式或范围进行分类，具体如图 13-1 所示。

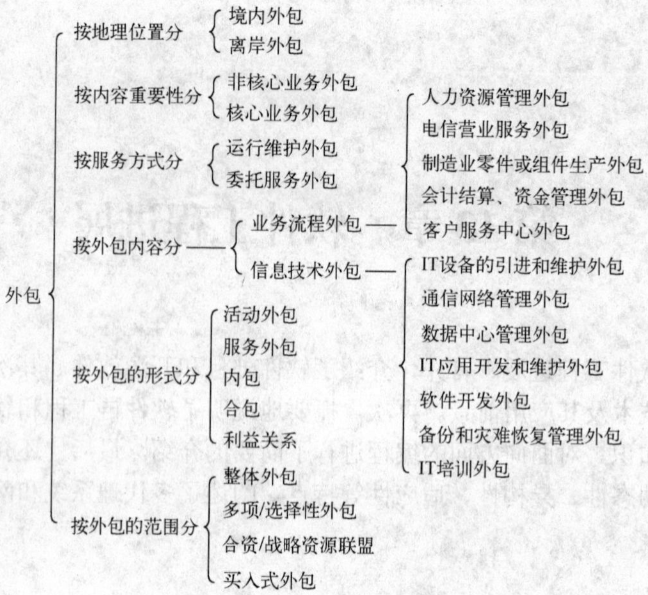

图 13-1　外包分类

13.1.2　外包项目监理

在软件外包的开发过程中需要持续监控和评价，每进入下一个阶段之前，都必须进行阶段性评审。按照监理程度不同，软件外包项目监理可分为咨询式监理、里程碑式监理和全程式监理三类。

（1）咨询式监理

咨询式监理是最简单的一种监理模式，监理只对发包方就软件开发过程中提出的问题进行解答，其性质类似于业务咨询或方案咨询。这种方式监理方的责任最轻，监理费用最少，适合对软件项目有较好的把握、技术力量较强的发包方采用。

（2）里程碑式监理

里程碑式监理是指按照软件项目的开发规律，将软件外包项目划分为若干个阶段，在每一个阶段结束时都设置一个里程碑，在里程碑到来时通知监理方进行审查或测试。

（3）全程式监理

全程式监理是最复杂的一种监理模式，监理方不仅要对软件开发过程中的里程碑进行审查，还需要派相应人员定期跟踪、收集软件开发过程中的信息，不断评估承包方的开发质量和效率。这种方式监理方的责任最大，监理费用也最高，适合那些对软件外包项目不太了解、技术力量偏弱的发包方采用。

13.2　开源软件

开源软件和自由软件一样有着可以自由使用并且公布源代码的主要特征。下面依次介绍开源软件的相关知识。

13.2.1 开源软件文档

开源软件（Open-Source）又名开放源码软件，是指可自由、发布、研究、改进等的软件。开源软件有如下两层含义：

1）开源软件具有免费软件的特征。

2）相对于商业软件而言开源软件的源代码是开放的。开源软件的开发改变了软件的开发模式以及软件的使用方式，将软件从“使用许可”为主的商业模式变成以支持、咨询等面向服务为主的商业模式。

开源软件一般包括如下几个文档：

1）README 文档。文档包含所有基本安装、编译，甚至基本的使用命令，能够安装和运行起软件所需的最少信息。

2）INSTALL 文档。INSTALL 比 README 短很多，该文档简练地描述了编译和安装程序的方法。

3）CHANGELOG 文档。CHANGELOG 是每一个良好管理的开源软件必须包括的内容，该文档用于记录程序的修改记录。

4）NEWS 文件。NEWS 文件和 CHANGGELOG 文件类似。与 CHANGGELOG 不同的是，NEWS 文件不随新版本的发布而更新。

5）FAQ 文件。FAQ 文件就是常见问题及回答。

13.2.2 开源软件协议

开源软件协议（Open Source Initiative，OSI）是目前世界上针对开源软件许可证体系认证的唯一机构，在其官方网站上列出经过 OSl 认证的开源软件许可证共有 7 大类 63 种，根据开源软件的开源彻底程度的不同，开源软件的许可证可分为四大类：

（1）强开源约束类许可证

这类许可证以 GNU 的通用公共许可证 GPL 为代表，要求任何针对开源软件的修改以及基于开源软件的衍生应用，都必须以相同的形式公开源代码，并不得收费。

GPL（GNU General Public License）：Linux 就是采用了 GPL, GPL 协议作为应用最广泛的软件许可证，允许修改程序的副本或程序的任何部分。GPL 的出发点是代码的开源 / 自由使用和引用 / 修改 / 衍生代码的开源 / 自由使用，但不允许修改后和衍生的代码作为闭源的商业软件发布和销售。

GPL 提供给软件应用一个 license 的详细方法，如下所示：

1）使得本人或者 FSF（自由软件基金会）作为版权持有者。

2）在源码和二进制发布中附上完成的 license 副本。

3）在每个源码文件的顶端加上版权提示，并包括找到 license 全文的途径。

4）如果程序是交互模式，需要每次交互时指出程序 license 信息。

5）注明你所在机构“版权放弃声明（Copyright Disclaimer）”信息。

（2）弱开源约束类许可证

以 Mozilla 公用许可证 MPL 和 LGPL 许可证为代表，这类许可证要求公开所做的修改源代码，在此之上的衍生应用，不需要公开其源代码。

MPL（Mozilla Public License）：Mozilla Public License 又称 MPL 协议，允许自由重发布、自由修改，但要求修改后的代码版权归软件的发起者。这种授权维护了商业软件的利益，使得该软件的所有代码版权都集中在发起开发人手中。但 MPL 允许修改，无偿使用，对链接没有要求。

LGPL（GNU Lesser General Public License）：LGPL 是 GPL 的一个主要为类库使用设计的开源协议。LGPL 协议要求代码修改，且衍生的代码都必须采用 LGPL 协议，不允许封闭源代码。GPL/LGPL 都保障原作者的知识产权，避免有人利用开源代码复制并开发类似的产品。

（3）无开源约束类许可证

这类许可证包括 Apache 许可证、BSD 许可证、MIT 许可证等。它只要求声明开源软件原作者的著作权，对于修改后的代码及衍生应用，并不要求公开源代码，并且允许用户用于商业目的。

BSD：BSD 协议允许自由使用，修改源代码，可以将修改后的代码作为开源或者专有软件再发布。使用 BSD 协议的代码或者以 BSD 为基础做二次开发的代码需要满足如下三个条件：

1）若再发布的产品包含源代码，则在源代码中需要遵守 BSD 协议。

2）若再发布的只是二进制类库 / 软件，则需要在类库 / 软件的文档和版权声明中包含原来代码中的 BSD 协议。

3）不可以用开源代码的作者 / 机构的名字做市场推广。

（4）其他开源许可证

这类许可证把来自各种种类的许可证的要素结合起来，再加上附加条款，构成新的许可证，如学术自由许可证等。

13.2.3 开源软件简介

下面介绍一些市场上流行的开源软件。

（1）Linux 操作系统

Linux 是一个众所周知的操作系统，由芬兰赫尔辛基大学的年轻学生 Linus Torvalds 编写。Linus 在 1991 年～1994 年间开发出了 Linux Kernel 1.0 版，由于是在 GNU General Public License（GPL）的许可下开发出来的，因此源代码可以被任何个人自由地使用。而 Linux 就是基于这个内核开发出来的，如今世界上有诸多公司和个人基于这个内核开发出了自己的操作系统。

除了自由使用和开源以外，Linux 兼具功能强大和易于移植的优点，这使得它成为除 UNIX 和微软 Windows 操作系统之外的另一重要选择。

开源给了 Linux 强大的生命力，而 Linux 也当之无愧地成为最有影响力的开源软件。

（2）Mozilla Firefox 浏览器

Mozilla Firefox（中文名为火狐）是一个可自由使用的开源网络浏览器，包括弹出模块、标签浏览和即时书签功能，支持开放的标准，还为插件提供了扩展机制。

除了普通浏览器的优点以外，Firefox 独特的分页浏览功能使用中可以在同一窗口内查看多个网页，可以将链接在后台选项卡中打开，从而无需花费等待时间。

（3）MySQL 数据库

MySQL 作为自由、开源的软件，与编程语言 PHP 常常捆绑使用。作为中小企业 Linux 平台的首选开源数据库系统，MySQL 是一个跨平台，多用户、多线程的 SQL 数据库系统，同时是具有客户机 / 服务器体系结构的分布式数据库管理系统，其在 Linux 系统中安装、使用、管理都非常简单。

（4）Apache HTTP Server 服务器软件

Apache HTTP Server 是一个自由、开源的服务器软件，支持类 UNIX 系统（如 BSD、Linux 和 UNIX 操作系统等）、Microsoft Windows、Novell NetWare 和其他平台。Apache 自 1996 年 4 月以后就成为互联网上最流行的 Web 服务器软件，而“Linux+Apache”的组合也是目前免费服务器中的最佳拍档。

（5）OpenOffice 办公套件

OpenOffice 是个整合性的软件，其功能丝毫不逊于 Microsoft Office，包括文字处理、电子数据表格、演示文稿、矢量绘图和数据库等，OpenOffice 还可以做出 Microsoft Office 中很难处理的数学符号等，并支持 XML，微软的 doc、xls、ppt 等文件格式。OpenOffice 适用于多个操作系统平台，如 Windows 操作系统、GNU/Linux、BSD、Solaris 等。

（6）GIMP 图像处理软件

GNU Image Manipulation Program 是一个免费的图形图像处理软件。GIMP 由 Peter Mattis 和 Spencer Kimball 在 1995 年共同创建。其功能相当强大，足以与 Photoshop 媲美。

GIMP 能通过扩展插件来完成各种任务，其高级脚本接口允许用户通过编写脚本程序来完成从最简单到最复杂的各种图像处理工作。

（7）PHP 编程语言

PHP 由 Rasums Lerdorf 创建，易学易用，方便编写出功能强大、运行速度快并可同时运行于 Windows、UNIX、Linux 平台的 Web 后台程序，主要应用于服务器方面。

PHP 采用 GNU 通用公共许可证，避免了他人占有自己的劳动成果。在符合 GNU 许可的条件下，源代码可以自由地发布，并且任何一个人都可以使用，但是任何来源于此代码的程序必须以同样种类的许可方式发布。换句话说，如果用户从 GNU 许可下的源代码中得到代码而编写自己的程序，则必须向任何想得到代码的人公布自己的程序。

（8）OpenSSH 加密软件

OpenSSH 是提供网络信息传输加密的自由开源软件，其使用的是 SSH 协议。它将所有通信加密，并有效地阻拦窃听、劫持等攻击。另外，OpenSSH 还提供了安全通道功能和一些鉴定方法，并且支持所有版本的 SSH 协议。

（9）BitTorrent P2P 软件

2002 年，布莱姆 · 科亨发布了首个 BT 软件 BitTorrent。该软件以 Python 语言编写，并以 MIT 许可证发布。BitTorrent 客户端软件以其对等计算（P2P）文件分布程序和其相关文件共享协议而著称。

HTTP/FTP 下载使用的是 TCP/IP，发布的文件仅在某个或某几个服务器上，下载的人太多，服务器的带宽就很容易不胜负荷而变得很慢。而 BitTorrent 协议是在 TCP/IP 之上的一个 P2P 文件传输协议，处于 TCP/IP 结构的应用层。根据 BitTorrent 协议，文件发布者会根据要发布的文件提供一个.torrent 文件，简称“种子”。通过 BitTorrent 协议下载的人越多，提供的带宽也就越多，种子也会越来越多，下载速度也就越来越快。

13.3 净室软件工程

本节主要介绍净室软件工程的历史和相关内容。

13.3.1 净室软件工程历史

净室理论产生于 20 世纪 70 年代末，IBM 客座科学家 Harlan Mills 受 Edsger Dijkstra 关于结构化编程、Niklaus Wirth 关于“逐步求精”方法和 David Parnas 关于模块化设计的影响，将数学、统计学及工程学的基本概念应用到软件工程方法中。

Mills 提出如下两大观点：第一个观点是使所有函数理论向软件开发开放，导致盒式结构规范及设计、函数理论正确性检验及增量开发等技术的产生；第二个观点是所有统计理论应用在软件测试方面，导致了质量认证。1979 年，Addison-Wesley 在《结构化编程：理论与实践》中介绍了软件规范、设计、认证及再工程中的函数理论方法；在《信息系统分析和设计原理》中介绍了系统规范、设计和认证中的盒式结构方法，并介绍了项目管理的增量开发；在《净室软件工程》中将这些思想融合起来。“净室”一词来源于半导体业，强调“防患胜于除患”的思想。

1990 年，Richard Linger 创建了 IBM 净室软件技术中心，并用 COBOL 开发了商业软件再工程产品，显示了卓越的质量水平及用户使用可靠性，净室方法由此得到了初步肯定。20 世纪 90 年代初，IBM 运用净室方法开发的海量存储控制单元适配器，直至 1997 年产品使用时间超过设计寿命仍未收到任何反映净室微码现场故障的报告。

从 20 世纪 80 年代末开始，美国国家航空航天局戈（NASA）达德飞行控制中心软件工程实验室在 Vic Basili，Scott Green，Rose Pajerski，Jon Valett 等人的领导下进行了一系列净室试验，这些试验被认为是迄今为止软件工程领域进行的一次最完整的研究。

13.3.2 净室软件工程内容

净室软件工程包含如下四个关键技术：在统计过程控制之下的增量开发；基于函数的规范、设计和验证；正确性验证；统计测试和软件认证。这些技术可分开使用，也可一起使用。

（1）在统计过程控制下的增量开发

增量开发基于“迭代”的工程原理，它将整个开发过程划分为一系列较小的增量。每个增量都是累积的，也就是所有以前的增量加上新的工作而不断累积。增量开发保证小组成员在任何时刻只需把注意力集中于工作的一部分，而不是一次考虑所有事情。

增量开发把净室项目分成有序的开发周期序列。在每个周期完成一些用户功能。在每个增量开发完成时，向客户演示产品的功能，使得客户对产品有真实的感观认识，从而使得双方将不满程度降到最低，便于合作沟通。增量开发由系统结构驱动，增量致力于重用、修改或者在体系结构的已知位置开发组件。在新的开发中，顶层结构要么先于第一个增量，要么成为第一个增量所关注的对象。而后续增量将具体完成结构中的桩模块。在一个存在的旧系统中，增量计划可以配合再工程计划，使得变化改进了系统。在维护环境中，修补和增强视为增量开发的一种延续。

在嵌入式系统中，硬件开发的进度协调是一个要考虑的要素。在图形用户界面系统中，第一个增量通常是制订用户接口原型，需求的最易改变部分是可讨论的，在较早的增量中要包含最具不确定性的部分，这样可尽早了解影响进度的因素。智能控制、客户反馈、风险管理以及增量开发的优点是使项目组有效地进行统计过程控制。在每一增量开发结束时，要评测产品的质量并和小组的质量目标进行比较。比较的结果可以确定项目是否在控制之下，出现较小的偏差时要对项目进行追踪，而出现不可接受的偏差时要进行仔细的性能审核。如果确定了问题，小组要进行过程调整以便在下一个增量中改进性能。

（2）基于函数的规范、设计和验证

净室采用的方法不仅有坚实的理论基础，而且有较好的可操作性。一个外部视图（称为状态盒）由一个过程（明盒）来实现。这些形式上不同、行为上等价的视图统称为盒子结构。盒子结构是基于对象，支持信息隐藏和实现分离的基本原则。下面依次介绍黑盒规范、状态盒规范和明盒规范。

1）黑盒规范。黑盒规范定义了一个系统或组件从输入到输出映射的外部行为。只需定义外部行为，而不必描述内部状态或实现细节。黑盒只定义一个系统或其组件的用户视图。这里的用户可能是一个人、硬件单元或其他程序。一个激励序列是对系统的一系列单一输入。一个激励可能由用户产生（如一次按键或单击），也可能是硬件（如一个时钟脉冲或来自传感器的信号）或者另一个软件组件（如操作系统或数据库）。一系列这样的激励组成一个独一无二的激励序列，它必须对应一个响应。黑盒由所有可能的激励列表、响应列表以及激励到响应的映射规则组成，是一种与状态无关，与过程无关的函数描述。

2）状态盒规范。状态盒规范由黑盒导出，是通向实现的第一步。状态盒把为获得黑盒指定的外部行为而需保存的激励元素定义为状态数据。状态盒把系统或其组件所需行为定义为一个从当前激励和旧状态到对应响应和新状态的映射。定义状态数据后，就不必考虑激励历史了。状态盒只描述了系统或其组件的响应和状态更新，仍不包括过程实现细节。

3）明盒规范。明盒规范实现对应的状态盒。这些过程实现了状态盒的映射规则，也有可能引进代表宏操作的新黑盒。过程必须足以完成必要的状态更新和所需的响应。明盒可由系统的设计语言或目标语言来加以定义。

（3）正确性验证

在盒子结构规范设计中，定义黑盒来记录所需的行为。状态盒是黑盒的细化，定义了所需的状态数据，明盒是状态盒的细化，定义了所需的过程。每一种盒结构在小组评审时都要经正确性验证。小组采用基于函数理论的推理根据前一步来验证每一细化步骤的正确性。换言之，开发小组确认在每一步中定义的激励—响应映射规则都在后续步骤中被保持。例如，在明盒过程验证中，函数理论的正确性定理为正确程序定义了必须满足的条件。开发小组在验证评审中将用想象和文字来验证这些条件的正确性。明盒过程可能包含无限多的路径，这些路径不可能通过基于路径的审查或软件测试来得到全部的检查。但正确性定义是基于验证单个控制结构而不是跟踪路径的。因为过程包括有限的控制结构，所以正确性定理将验证规定为有限情形的检查，并从逻辑上验证了所有可能的使用情况。

所有净室开发的软件在由开发组提交给认证测试组之前都必须经过基于函数理论的正确性验证。一个可行而有力的验证过程使得开发组可以根据规范彻底地验证软件的正确性，这也是净室提高软件质量的主要因素。

（4）统计测试和软件认证

净室测试方法采用了统计学的基本原理，即当总体太大时必须采取抽样的方法。首先确定一个使用模型来代表系统所有可能使用的总体，其次由使用模型产生测试用例。因为测试用例是总体的一个随机样本，所以可得到系统预期操作性能有效的统计推导。

使用模型是指系统使用中所有可能的情形及其发生的概率。使用模型可由许多形式（包括马尔可夫模型和形式化的语法）来表示。在马尔可夫模型中，使用模型由一个状态集组成，状态之间由转移弧线连接，转移弧线指系统测试时可能的激励，并有一个概率与之对应。概率指从给定状态进行特定转移的可能性大小，从起始状态穿过模型到终点状态便得到了一个测试用例。使用模型是可重用的项目资源，它能产生任意数目的测试用例。实际上，测试一个系统可采用多种使用模型，对每种使用模型可采用多种概率分布。例如，许多系统提供一些很少使用的功能，但这些功能处理失误会产生严重的后果，如在核电厂关闭反应堆。这种功能在一般的使用模型中的执行概率是很小的。当集中测试这种能产生重大后果的功能时，需要采用严格安全使用模型、冒险使用模型、恶意使用模型或其他特定环境使用模型。统计测试可以方便地结合其他测试一起进行。

13.4 软件再工程

软件再工程是指通过对目标系统的检查和改造，其中包括设计恢复（库存目录分析）、再文档、逆向工程、程序和数据重构以及正向工程等一系列活动，旨在将逆向工程、重构和正向工程组合起来，将现存系统重新构造为新的形式，以开发出质量更高、维护性更好的软件。

13.4.1 设计恢复

设计恢复结合系统的领域知识、外部信息、演绎和模糊推理去恢复更高层次的抽象表示。其中，库存目录分析将每个软件按照业务重要程度、生存期、可维护性以及其他局部重要标准对这些信息排序，从中选出再工程的候选者，然后可以分配资源。

13.4.2 逆向工程

“逆向工程”一词源于硬件领域，是指通过检查样品来开发复杂系统规约的过程，通过研究他人的系统，发现其工作原理，从而达到复制硬件系统的目的。随着软件业的发展，“逆向工程”这一术语被引入软件工程领域，又称为“反向工程”，是指从可运行的程序系统出发，运用解密、反汇编、系统分析、程序理解等多种计算机技术，对软件的结构、流程、算法、代码等进行逆向拆解和分析，推导出软件产品的源代码、设计原理、结构、算法、处理过程、运行方法及相关文档等。Chikofsky 和 Cross 将逆向工程定义为“通过分析目标系统，识别系统各个组件以及它们之间的关系，从而抽取和创建系统的抽象和设计的信息”。

软件的逆向工程是在比源代码更高的抽象层次上创建程序的某种表示的过程，通过逆向工程 CASE 工具从现存的程序中抽取数据、体系结构和过程的设计信息，是一个设计恢复过程。

逆向工程完整性是指在某抽象层次提供的细节程度。在大多数情况下，随着抽象层次的增高，完整性会降低。

13.4.3 正向工程

正向工程是从系统高层抽象和独立于设计的逻辑实现转为物理实现的过程。按照问题定义、可行性分析、需求分析、概要设计、详细设计、编码和测试的软件生命周期顺序开发系统的过程。正向工程也称为革新或改造，不仅从现存软件恢复设计信息，而且使用该信息去改变或重构现存系统，以改善其整体质量。在大多数情况下，被再工程的软件重新实现现存系统的功能，加入新功能和 / 或改善整体性能。

设计恢复使得组织能够系统地访问每个应用，目标是确定再工程的候选者；再文档创建一个文档框架，它是对应用的长期支持所必需的；逆向工程是分析程序试图从中抽取出数据的、体系结构的、过程的设计信息的过程；正向工程使用现代软件工程惯例和在逆向工程中获得的信息重构程序。

13.4.4 重构

软件重构修改源代码和 / 或数据以使软件它适应未来的变化。通常，重构并不修改整体的程序体系结构，而是趋向于关注个体模块的设计细节以及定义在模块中的局部数据结构。如果重构扩展到模块边界之外并涉及软件体系结构，则重构变成了正向工程。

软件重构可能得到如下一系列的收益：

1）导致高质量的程序——更好的文档和低复杂性；同现代软件工程惯例和标准一致。

2）减少执行维护活动所需的工作量。

3）使得软件易于测试和调试。

重构是在保持系统外部行为的前提下改变同一抽象层次上的表示。它包括代码重构和数据重构。代码重构较为常见，是将相对完整的程序体系结构中模块内的代码进行重构，目标是生成可提供相同功能的设计，但比源程序有更高的质量。通常代码重构技术采用布尔代数对程序逻辑建模，然后应用一系列变换规则来重构逻辑。

数据重构是将数据体系结构较差的程序进行数据分解，必要时以新的数据结构代替它，使其更易于进行适应性修改和增强。数据重构是一种抽象层次较低的重构，也是一种全范围的再工程活动。在开始数据重构前，软件开发者必须先进行分析源代码的逆向工程活动。评估所有包含数据定义、文件描述、I/O 以及接口描述的程序设计语言语句，目的是抽取数据项和对象，获取关于数据流的信息以及理解现存的已实现的数据结构。通过数据记录标准化澄清数据定义，以达到在现存数据结构或文件格式中的数据项名或物理记录格式间的一致性。另一种重设计形式称为数据名合理化，即保证所有数据命名约定遵从局部标准并且当数据在程序中流动时别名被删除。

13.5 软件复用

在软件工程的工程实践中，复用和基于构件开发越来越受到重视，软件复用是一种重复使用的行为，在软件演化的过程中，其行为主要发生在以下几个方面：

1）时间维。使用以前的软件版本作为新版本的基础，加入新的功能，适应新需求，即软件维护。

2）平台维。以某平台上的软件为基础，修改其中与运行平台相关的部分，使其运行于新平台，即软件移植。

3）应用维。将某软件用于其他应用系统中，使得新系统具有不同功能和用途，即软件复用。

软件复用通过使用“为复用而开发的软件（构件）”开发新的应用系统，可以提高软件生产力并降低开发代价，提高软件质量。

13.5.1 软件复用分类

Capers Jones 定义了十种可能复用的软件要素，分别是体系结构、需求模型和规格说明、各种设计、用户界面、数据、测试用例、用户文档和技术文档、项目计划、成本估计、源程序代码，可将其分为以下几类：

1）源代码复用。源代码复用是指对构件库中用高级语言编写的源代码复用，作为最常用的一种复用，其复用可靠性较高。

2）体系结构复用。体系结构复用是指对已有的软件体系结构的复用，这种复用既可以支持高层次的复用，也可以支持低层次的复用。

3）应用程序生成器。应用程序生成器用于对整个软件系统设计的复用，包括整个软件体系结构、相应子系统和特定的数据结构和算法，一般仅针对成熟的领域工程。

4）特定领域的软件体系结构的复用。这类复用是指对特定领域中存在的公共体系结构及其构件的复用。

13.5.2 软件复用技术

自从软件复用的思想产生以来，软件开发人员就致力于软件复用技术的研究和实践，继而开发出多种软件复用技术。

（1）库函数

高级程序设计语言往往都提供大量的库函数。软件开发者在调用函数功能时只需提供库函数的名称、返回值的类型和函数参数。

（2）面向对象技术

通过继承性、多态性和封装性等为软件复用提供强有力的支持。

（3）设计模式

设计模式描述不断重复发生的问题，为开发者所共享，并可以用共同的语言来描述，当前流行的有 MVC、GoF 等设计模式。

（4）模板

模板把不变的部分封装在内部，变化的部分提供了通用接口，由使用者来对这些接口进行设定或者实现，如文档模板、网页模板等。

（5）软件构件技术

构件技术发展的趋势主要包括两方面：

1）从集中式的小粒度组件向分布式的大粒度组件发展。

2）从界面组件向逻辑功能的业务组件发展。

（6）领域工程

领域工程是为一组相似或相近系统的应用工程建立基本能力和必备基础的过程，它覆盖了建立可复用软件构件的所有活动。领域工程包括三个主要的阶段：领域分析、领域设计和领域实现，其产品（可复用的软件构件）包括领域模型、领域构架、领域特定的语言、代码生成器和代码构件。

（7）软件构架

软件构架是对系统整体结构设计的抽象，包括全局组织与控制结构、构件间通信、同步和数据访问的协议、设计元素间的功能分配、物理设计、设计元素集成、伸缩性和性能设计选择等。

（8）软件再工程

软件再工程是将逆向工程、重构和正向工程组合起来，将现存系统重新构造为新的系统。再工程的基础是系统理解，包括对运行系统、源代码、设计、分析文档的全面理解。

（9）CASE 技术

CASE 技术的主要研究内容包括在面向复用的软件开发中，包括可复用构件的抽取、描述、分类和存储、检索、提取、组装及度量等。

13.6 面向方面的编程

本节主要介绍面向方面编程（Aspect Oriented Programming，AOP）的历史、相关概念、语言以及研究方向等内容。

13.6.1 AOP 概述

面向对象技术（OOP）较好地解决了软件系统中客观事物角色划分的问题，但是没有"横切关注点"功能，即不能自然地适应跨越了单个程序模块边界或者几个紧密相关的程序模块的行为。一个关注点就是一个特定的目的，或者说是一个系统需要实现的目标。简单地说，横切关注点就是在多个不同的模块中要实现同一个需求。采用 OOP 的方法来处理横切面会存在代码混乱和代码分散两大问题，导致可读性差、低生产效率、低代码重用率、代码质量差、难以扩展等问题。

为了解决系统中横切关注点的划分和组织的问题，AOP 应运而生。面向方面编程是施乐公司帕洛阿尔托研究中心（Xerox PARC）在 20 世纪 90 年代发明的一种编程范式，其基本出发点就是把复杂的系统看作是由多个关注点组合而成的。从其本质上讲，AOP 是用一种松散耦合的方式来实现独立的关注点，然后组合这些关注点实现最终系统。用 AOP 所建立的系统是使用松散耦合的、模块化实现的横切关注点来搭建的。

AOP 和 OOP 虽然在字面上十分相似，实际上却是面向不同领域的两种设计思想。OOP 针对问题领域中以及业务处理过程中存在的实体及其属性和操作进行抽象和封装，其核心概念是纵向结构的，目的是获得清晰高效的逻辑单元划分；而 AOP 则是针对业务处理过程中的切面进行提取，例如，某一个操作或功能在各个模块中都有涉及，这个操作或功能就可以看成"横切"存在于系统当中。在许多情况下，这些操作都是与业务逻辑相关性不强或者不属于逻辑操作的必需部分，而面向对象的方法很难对这种情况做出处理。AOP 则将这些操作与业务逻辑分离，使程序员在编写程序时可以专注于业务逻辑的处理，利用 AOP 将贯穿于各个模块间的横切关注点自动耦合进来。AOP 所面对的是处理过程中的某个步骤或阶段，对不同的阶段领域加以隔离，以获得逻辑过程中各部分之间低耦合性的隔离效果。AOP 的核心思想就是将应用程序中的业务逻辑处理部分同对其提供支持的通用服务——“横切关注点”进行分离，而这些“横切关注点”贯穿了程序中的多个纵向模块的需求。

AOP 机制开发软件首先将需求分解成一般关注点和横切关注点，即将核心模块级的关注点和系统级的横切关注点分离；其次各自独立地实现这些关注点；最后用工具将业务逻辑代码和横切关注点代码编织到一起，形成最终的程序。

使用 AOP 技术除了可帮助解决代码混乱和代码分散所带来的问题之外，还有一些别的好处：模块化横切关注点、系统容易扩展、设计决定的迟绑定以及更好的代码重用性。

13.6.2 AOP 术语

OOP 中常用的概念有继承、封装和多态。而 AOP 中常使用的概念有连接点、通知、元数据、切入点、导言、方面和方面编织器。下面简要介绍这些 AOP 概念。

（1）连接点（JointPoint）

连接点是 AspectJ 中的一个重要概念，它是程序执行过程中明确定义的点，在这些点中执行 Aspect 的代码。连接点可能定义在方法调用、条件检测、循环的开始或是赋值动作处。连接点有一个与之相关联的上下文。比如，一个方法调用连接点的上下文可能会包含一个目标对象及调用参数等。

（2）通知（Advice）

一个通知是一个被特定事件触发的逻辑，这个通知的行为可以被织入到一个调用者和被调用者队列之间。可以说，传达消息是面向方面编程的一个关键组成部分，它允许定义跨多个模块的行为，并且透明地应用这些通知到现有的对象模型中。

（3）元数据（Metadata）

元数据是能够在静态或者运行时间绑定到一个类的附加信息。

（4）切入点（Pointcut）

它是处理 Aspect 横切关系的关键，能够灵活地描述程序的静态结构和动态控制流，它没有对任何一个具体的函数类及模块做任何限制。Pointcut 告诉 AOP 框架，哪些 Advice 绑定到哪些类，什么元数据将应用于哪些类或者哪一个导言将被传入哪些类。Pointcut 定义各种 AOP 特征将怎样使用应用中的类。

（5）导言（Introduce）

导言是在一个存在的类中增加方法或者域的方法。它们甚至允许改变当前存在的类的显式接口，并且引入一个混合的类，这个类实现了新的接口。导言允许将多继承引入到一般的 Java 类。

（6）方面（Aspect）

Aspect 是 AOP 中最重要的概念之一。所谓 Aspect，从抽象意义上讲，是对系统组件的性能和语法产生一定影响的属性。在系统设计的不同阶段，Aspect 也会呈现出不同的特点。从设计上说，Aspect 即是指横切系统的一些关注点；在编码阶段，Aspect 是指用某一种 AOP 语言构造的程序单元，它支持将横切系统的关注点封装到单独的模块中。在实现阶段，通过专门的编织器（Weaver）将 Aspect 单元功能加入到已有的核心构件中，使其同时作用于所有相关的模块。通过 Aspect，AOP 允许编程人员采用一种松散耦合的方法，以独立实体的姿态对一个横切关注点进行书写、查看和编辑，然后再通过将各关注点进行联结以形成最终系统。

（7）方面编织器（Aspect Weaver）

编译由 AOP 语言开发的程序，AOP 首先通过方面编织器将代码和方面编织在一起，然后再将程序编译成可执行文件。

13.6.3 AOP 语言

AspectJ 实现了 AOP 和 Java 语言的无缝连接。AOP/ST、Apostle、AspectS 是支持 AOP 的 Smalltalk 语言。Coady 在试图用 AOP 的思想去改善 FreeBSD 操作系统的过程中，发展了 C 语言，AOP 支持版本 AspectC。AspectR 实现了 Ruby 语言对 AOP 的扩展。还有 JBoss AOP 和 Spring AOP，它们都有各自的优缺点，但是对于 AOP 技术的使用理念是一致的。

AspectJ 是当前实现 AOP 编程的基础，它是在 Java 语言基础上，扩展了导言、切入点、通知、方面等语言元素，加入了一些植入规则而形成的。它还允许为指定的类引入新的方法和属性以及重新指定父类型。AspectJ 的将方面和类编译在一起，成为纯 Java 字节码，并且提供了可视化的开发工具，同时给流行的 IDE（如 Eclipse、Forte 等）提供插件。

13.6.4 AOP 研究方向

自 1998 年提出 AOP 技术后，AOP 周边已经有许多成功的研究。未来会在以下几个应用方向上得到更深入广泛的研究和发展：

（1）AOP 编程语言的研究

一个好的编程方法首先要有好的编程语言支持，尽管现在一些主流的编程语言都有相应的 AOP 支持，但都存在使用难度大、速度慢且无相应集成开发环境支持等问题，无法广泛使用，有待进一步改善和优化。

（2）AOP 理论支持方面研究

如用什么理论能最好地描述方面与组件之间的交互等。

（3）AOP 可重用性研究

AOP 提出的目的就是为了降低软件的复杂度，提高软件的复用性，所以 AOP 技术同样也存在如何提高软件重用性的问题。

（4）AOP 在软件工程方面的应用研究

软件工程通常可分为系统分析、设计、编码、测试和维护等过程。各个工程阶段都需要相应的支持工具，若各个阶段的工具都能支持 AOP，可以在很大程度上降低软件开发过程的复杂度，从而提高软件质量。特别是软件设计过程中的支持工具将成为 AOP 以后研究的主要方向。

13.7 多 Agent 软件体系结构

代理（Agent）的理论和技术为分布开放系统的分析、设计和实现提供了一个崭新的途径，被誉为“软件开发的又一重大突破”。本节对 Agent 的相关知识进行了介绍。

13.7.1 Agent 概述

国际上公认对 Agent 的定义是：Agent 是一个处于特定环境中，能感知并灵活、自主地适应环境，可以代理设计者或使用者实现一定任务的具有较高自治能力的计算机实体。

Agent 具备以下几方面特性：

1）自主性。Agent 控制其自身的计算资源和自身行为，能在无外界直接操纵的情况下，根据其内部状态和感知到的（外部）环境信息，决定和控制自身的行为。

2）交互性。Agent 能与其他 Agent 进行多种形式的交互，能有效地与其他 Agent 协同工作。

3）反应性。Agent 能感知所处的环境，并对相关事件做出适时反应。

4）主动性。Agent 能遵循承诺采取主动行动，表现出面向目标的行为。

5）推理和规划能力。Agent 具有学习知识和经验以及进行推理和智能计算的能力。

Agent 是一个具有自适应和智能性的软件实体，能代表用户或其他程序，以主动服务的方式完成一项工作。从模型角度来看，Agent 是一个被建立起来完成某项任务或一系列任务的实体；从认知的角度来看，Agent 是一个由信念、能力、选择、承诺等功能部件组成的实体，在主流计算机科学中，Agent 像一个自我包含并行执行的软件过程一样，它封装某种状态，通过消息的传送与其他的 Agent 进行通信。

13.7.2 面向对象与面向代理

客观世界是由实体及其相互关系构成的，面向对象程序设计方法将客观世界中的实体抽象成问题空间的对象，通过对象及对象间消息传递等语言机制，使软件开发者在解空间中直接模拟问题空间中的对象及其行为，从而提供了一种直观的、自然的语言支持和方法学指导。

社会是人和人与人之间关系的复杂组合体，Agent 模拟人的思想和行为，用多 Agent 系统来模拟社会。面向 Agent 方法是希望通过对人解决应用问题的智能行为进行模拟，在软件解空间中建立一种嵌入在不断变化及不确定世界中，能进行感知并能自主采取行动的计算实体。Agent 是含有心智成分，如信念、愿望、能力、职责、承诺等的实体。Agent 程序控制 Agent 的行为和心智状态，Agent 间通过各种类型的 Speech Act 原语实现通信。

对象的概念更倾向于对客观世界中“物”的抽象，而 Agent 由于自己的特性，更倾向于对“人”的模拟，与对象相比，具有至少以下几点本质区别：

1）Agent 是主动的，对象是被动的。对象的方法执行与否是由外部的消息触发所决定的，也就是对象是被动执行的；对于 Agent 来说，它改变了对象的“要我做”的被动局而，变成了“我要做”的主动形式，即它在收到外部的请求时，不是盲目地执行，而是根据自身的状态和意愿自主做出是否执行的决定，并且在没有外部刺激的情况下能根据设计目标自主决策，相对对象来说体现了更强的自治性，更接近于人类真实的思维模式。

2）Agent 具有智能性而对象不具有。智能性是只有人类所具有的特性。Agent 模仿人类所具有的学习性、判断性、协作性和自主性等特点，能感知周围环境的变化和接受外部刺激、自主学习、自主决策、不断进步，更好地适应周围环境的变化，并且相互间可以分工协作，组成 Agent 社会群体，而对象对应的是“物”，不具有这些特性。

3）Agent 是多控制线程，对象是单控制线程。在多 Agent 系统中，每个 Agent 都有自己的控制线程，每个 Agent 都是一个主程序，自成系统，各自决策自身的行为，其运行是并行的，即在同一时刻有多个 Agent 处于活动状态。多控制线程是 Agent 得以在计算机上实现所必不可少的基础和保障。

13.7.3 MAS 系统

Agent 技术在分布式计算中的广泛应用带动了 MAS（Multi-Agent System）系统的研究热潮。MAS 由多个独立而又互动的 Agent 构成，每个成员 Agent 仅拥有不完全信息和问题求解能力，因而其观点是有限的，不存在全局控制，数据是分散或分布的，计算过程是异步、并发或并行的。对于不同的应用系统，Agent 被赋予不同的能力或者功能，依据不同的功能这些 Agent 分别扮演不同的角色。Agent 之间的通信建立在一组特定的协议之上，通过特定的语言交互信息，在构成了相互依赖关系。根据软件体系结构的理论，Agent 可以等同于能完成特定功能粒度的构件，连接件和配置等功能都被封装在 Agent 实现的底层，它们通过改变 Agent 之间的关系来进行任务调度。在系统运行的某一时刻 MAS 系统的体系结构是确定的，在整个系统运行期间 MAS 的体系结构处于不停的变化之中，而这种变化取决于不停的任务分配，所以 MAS 是动态的体系结构，能随不同任务而变化，其动态性主要表现在以下几点：

（1）Agent 自身结构的动态性

Agent 是具有一定智能的实体，它具有自适应能力，能通过不断地学习和反省，更新自己的知识和能力，调整自身的行为规范和行为。Agent 所扮演的角色由它在 MAS 中所起的作用，即向外界提供的服务而定。当发生角色转换时，Agent 向外界提供的服务，即 Agent 的能力或功能需要进行适当的调整，相应地 Agent 自身的结构必须发生变化以适应其角色的转化。

（2）Agent 之间通信结构的动态性

在 Agent 的不同阶段以及在完成不同的任务时，其通信对象都可能发生变化。多 Agent 之间的相互合作策略大致分为任务分担和结果共享两种策略。

1）任务分担。任务分担系统通过 Agent 之间任务和子任务联结的关系组织问题求解，其结果是一个典型的层次结构，用来综合从不同 Agent 得到的解答。任务分担系统中一个重要的隐含假设就是任务要由单个 Agent 独立工作来完成。因此，可以采用并行处理并依靠减少 Agent 间的通信量来提高问题求解的效率。

2）结果共享。结果共享是单个 Agent 通过共享局部结论而相互协助的一种协作方式，它基于从某些不同的角度对问题的分析和看法。在这种类型的系统中，控制是典型的“面向数据”。在任意时刻，一个 Agent 提供给另一个 Agent 计算所需的某参数的值。因而，其中一个 Agent 作为全局规划者或协调者，其他的 Agent 向此 Agent 发送信息，从而相互协作构造问题求解的整个计划。

这种系统的一个关键问题在于如何引导和协调参与问题求解的 Agent 之间的相互作用，从而问题可以通过整个群体协作求解，结果共享系统更可能应用于大型集中式组织结构中，此时单个 Agent 无法完成一个任务的全部，并且 Agent 之间需要频繁的通信。

13.7.4 MAS 优点

面向对象技术提供了对象、类、继承、多态等机制，提升了软件的可靠性、可维护性、可复用性等性能，面向 Agent 技术对软件性能的提高比面向对象技术更大，它提供了更好的支持。具体如下所示：

1）可靠性与健壮性。在多 Agent 系统中，若某一 Agent 出了问题，其工作可由其他 Agent

承担。而面向对象技术没有提供这种支持。

2）计算效率。一个复杂的任务可由多个 Agent 协作并行完成，系统的计算效率将大大提高。面向对象技术也没有提供这种支持。

3）可维护性。两种技术都支持信息的局部化和封装，提高了软件的可复用性，但面向对象的系统在维护时，对一个类的修改可能需要修改给它发送消息的类，因为对象之间的通信是直接通过方法引用来实现的。而在面向 Agent 方法中，修改 Agent 的行为不会引起其他 Agent 行为的改变，与对象比较，Agent 独立性更强，相互之间的耦合性更弱。

4）可重用性。面向对象技术通过类、继承、多态等特性实现复用，但 Agent 提供了更丰富的机制，不仅在系统部件和严格的交互（应用框架）上复用，而且 Agent 能使整个子系统和灵活的交互实现重用。

13.8 网格动态体系结构

网格（Grid）技术被认为是继因特网和 Web 之后的第三次技术浪潮，是下一代互联网技术与应用的重要领域之一。本节对网格的相关知识进行介绍。

13.8.1 基本概念

网格作为下一代信息基础设施，不仅备受学术界瞩目，也引起了产业界的广泛关注。

网格的目标是实现网络虚拟环境上的高性能资源共享和协同工作，消除信息孤岛和资源孤岛。网格的目的是利用互联网把分散在不同地理位置的信息及信息存储、处理能力以合理的方式“黏合”成一台“虚拟的超级计算机”，实现计算资源、存储资源、数据资源、信息资源、软件资源、通信资源、知识资源、专家资源等的高度融合和全面共享。其中每一台计算机就是一个节点，就像摆放在围棋棋盘上的棋子一样，而棋盘上纵横交错的线条对应现实世界的网络，所以整个系统称为“网格”。在网格上做计算，就像下围棋一样，不是单个棋子完成的，而是所有棋子互相配合合力完成。传统互联网实现了计算机硬件的联通，实现了网页的联通，而网格试图实现互联网上所有资源的全面联通。网格技术现在已经在物理学、地球科学、气象科学和生物科学等研究领域得到了充分的应用，能够为跨学科、跨地域的大型科学研究活动提供工作支撑环境。

网格有如此大的发展潜力主要归功于它的两大优点：第一，网格中不同的群体用不同的名词来称谓它；第二，网格没有固定精确的含义和内容，它是不断变化的。

13.8.2 网格的定义

全球网格研究的领军人物、美国阿岗（Argonne）国家实验室的资深科学家 Ian Foster 在 2002 年 7 月发表的论文《什么是网格？判断是否网格的三个标准》中，限定网格必须同时满足如下三个条件：

1）协调非集中控制资源——网格整合各种资源，协调各种使用者，这些资源和使用者在不同控制域中；网格还解决在这种分布式环境中出现的安全、策略、使用费用、成员权限等问题。

2）使用标准、开放、通用的协议和界面。网格建立在多功能的协议和界面之上，这些协议和界面解决认证、授权、资源发现和资源存取等基本问题。

3）服务质量改善。网格允许协调使用它的资源，以得到多种服务质量，满足不同使用者的需求，如系统响应时间、流通量、有效性、安全性及资源重定位，使得系统的功效比其各部分的功效总和要大得多。

13.8.3 网格的技术特征

网格作为一种新出现的技术，同时也是重要的基础设施，和其他系统相比具有如下技术特征：

（1）分布和共享

网格的分布性首先是指网格资源是分布的。组成网格的计算机、各种类型的数据库、文件资料以及其他各种设备和资源，分布在不同的地理位置，而不是集中在一起的，基于网格的计算也是分布式计算而不是集中式的计算。在网格这种分布式环境下，需要解决资源与任务的分配和调度问题、安全传输和通信问题、实时性保障问题、人与系统以及人与人之间的交互问题等。网格资源是可以充分共享的，即网格上的任何资源都可以提供给网格上的任何用户。解决分布资源的共享问题是网格的核心内容。分布是网格硬件在物理上的特征，而共享是在网格软件支持下实现的逻辑上的特征。

（2）自相似性

网格的局部和整体之间存在一定的自相似性，局部往往在许多地方具有全局的某些特征，而全局的特征在局部也有一定的体现。网格的自相似性在网格的建造和研究过程中有很大的意义。

（3）动态性和多样性

对网格来说，决不能假设它是一成不变的或固定的。网格的动态性包括动态增加和动态减少两个方面的含义。原来拥有的资源或功能在下一个时间可能就会因出现故障而退出；而原来没有的资源可能随着时间的推移会不断地加入进来。

网格资源是异构和多样的。网格环境中可以有不同体系结构的计算机系统和类别不同的资源，网格系统必须能够解决这些不同的结构、不同类别资源之间的通信和互操作问题。

（4）管理的自治性与多重性

网格上的资源首先是属于某一个组织或者某一个人的，因此网格资源的拥有者对该资源具有最高级别的管理权限，网格应该允许资源拥有者对其资源有自主的管理能力，这就是网格的自治性。但是网格资源也必须接受网格的统一管理，否则不同的资源就无法建立相互之间的联系，无法实现共享和互操作，无法作为一个整体为更多的用户提供方便的服务。因此网格的管理具有多重性，一方面它允许网格资源拥有者对网格资源具有自主的管理能力，另一方面又要求网格资源必须接受网格的统一管理。

13.8.4 网格的体系结构

网格的体系结构就是关于如何建造网格的技术。它给出了网格的基本组成与功能，描述了网格各组成部分的关系以及它们集成的方式或方法，刻画了支持网格有效运转的机制。在网格领域，现今影响最大的网格体系结构有两个：一是 Ian Foster 提出的五层沙漏结构；二是开放式网格服务结构（Open Grid Services Architecture，简称 OGSA）。

（1）五层沙漏结构

五层沙漏结构是一种影响十分广泛的结构，它的主要特点就是简单，主要侧重于定性的描述而不是具体的协议定义。在五层沙漏结构中，一个最重要的思想就是以“协议”为中心，当然也十分强调服务与 API 和 SDK 的重要性。

1）基本思想。

● 共享。强调的是对广域的异构资源的直接访问。而且必须是高度受控制的，需要在资源的提供者和使用者之间谨慎地定义：什么是可以共享的，哪些人可以共享，在什么条件下可以共享。由于网格具有动态性的特点，所以网格资源的共享也必然是一种随时间变化的动态共享。

● 互操作。互操作机制是动态虚拟组织（是指基于共享规则，由一些个人或者团体形成的集合体）形成的保证，只有提供了互操作机制，才可以使得虚拟组织之间形成一种跨越不同组织边界、使用策略以及资源类型的共享关系。

● 协议。协议指为了实现特定的操作而定义的分布式系统元素之间交互的方式以及交互过程中交换的信息结构。共享需要互操作，而实现互操作需要定义协议。

● 服务。服务是由使用协议和实现的行为定义的。标准服务（如对计算的访问，存取数据，资源发现，协同调度，数据重复等）的定义抽象了与资源相关的细节，所以非常有利于虚拟组织应用的开发。

● API/SDK。许多建立在网格上的应用是针对虚拟组织的，而不是针对协议或者服务。开发者要能够在复杂的动态执行环境中开发高级的应用，可以加速代码的开发，实现代码共享以及增强应用的移植性。

2）结构描述。

五层沙漏结构根据该结构中各组成部分与共享资源的距离，将对共享资源进行操作、管理和使用的功能分散在五个不同的层次中，越向下层就越接近于物理的共享资源，越向上层就越感觉不到共享资源的细节特征。

在五层沙漏结构中，最底层是构造层（Abric），构造层面对的是一个个具体的物理（也可以是逻辑）的资源，它通过对这些局部资源的管理，向上层提供对这些资源的管理和控制界面。构造层的上面是连接层（Connectivity），主要是为下层的物理资源提供安全的数据通信能力，这是资源之间进行互操作的前提，连接层使得孤立的单个资源之间建立了联系。连接层的上面是资源层（Resource），它反映的是抽象的局部资源的特征，而资源层上面的汇聚层（Collective），它所完成的功能是将下面以单个资源形式表现出来的资源集中起来，协调解决多个资源之间的问题。最上面的应用层（Application）关心的是有什么样的资源可以提供给虚拟组织，以解决不同虚拟组织的具体问题，如图 13-2 所示。

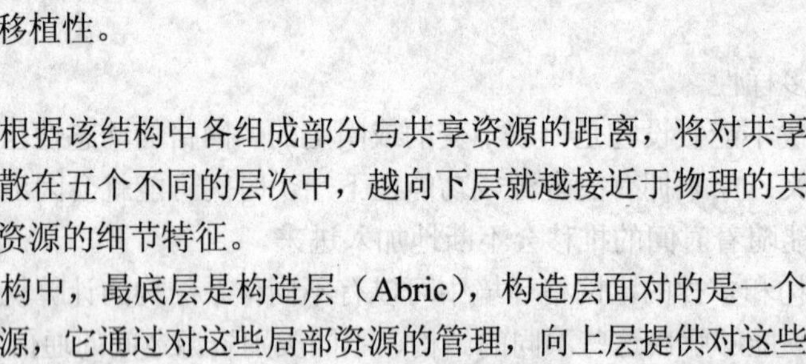

图 13-2　五层沙漏结构

（2）开放网格服务体系结构（OGSA）

开放网格服务结构（OGSA）是继五层沙漏结构之后最重要、也是目前最新的一种网格体系结构。它已成为实际开发默认的标准。

五层沙漏结构是以协议为中心的“协议结构”，OGSA 则是以服务为中心的“服务结构”。这里的“服务”是指具有特定功能的网络化实体，在五层沙漏结构中，强调的是被共享的物理资源或服务。在 OGSA 中，服务所指的概念更广，包括各种计算资源，存储资源、网络、程序、数据库等。简而言之，一切都是服务。五层沙漏结构实现的是对资源的共享，而 OGSA 实现的是对服务的共享。通过抽象地将资源、信息、数据等统一起来，从而便于灵活、一致、动态的共享机制的实现，使得分布式系统管理有了标准的接口和行为。为了使服务的思想更加明确和具体，定义了“网格服务”（Grid Service）的概念。网格服务是一种网络服务，该服务提供了一组接口，这些接口的定义明确并且遵守特定的惯例，可解决服务发现、动态服务创建、生命周期管理、通知等问题。在 OGSA 中，由于将一切都看作网格服务，因此网格就是可扩展的网格服务的集合。

小结

为了克服软件危机，软件工程在技术和管理等方面都不断取得进展。软件外包是指将软件项目中的全部或部分工作分包给其他企业完成，从而降低软件开发成本。开源软件与自由软件、免费软件等概念较为相似，是指其源码可以被公众使用的软件，并且此软件的使用，修改和分发也不受许可证的限制。

净室软件工程采用了四种关键技术：在统计过程控制下的增量开发；基于函数的规范、设计和验证；正确性验证；统计测试和软件认证等，以此保证了软件的高质量。软件再工程包括逆向工程、重构和设计恢复等一系列活动。软件复用是软件的重复使用的行为，本章介绍了其分类和相关技术。

最后，本章介绍了面向方面的编程、多 Agent 软件体系结构、网格动态体系结构等新兴的分布式软件系统，它们具有动态性、异构性、适应性等传统软件系统所不具备的特点。

习题

1．什么是并发模型？如何理解？

2．净室软件工程是什么？其内容是什么？

3．如何理解正向工程和反向工程？

4．什么是面向方面编程？现在支持 AOP 的语言有哪些？

5．如何理解 Agent 软件体系结构？

6．客户机/服务器软件体系结构是什么？

7．现今影响最大的网格体系结构是两种？

8．面向对象与面向代理的异同点是什么？

9．软件外包是什么？为什么要选择外包？

10．你所知道的开源软件有哪些？开源软件有何特点？

第 14 章　软件工程案例

本章给出了两个软件案例，分别采用面向过程开发方法和面向对象开发方法。其中，面向过程开发方法的案例是学生宿舍管理系统，采用数据流图、数据字典、数据库设计等技术实现需求分析、概要和详细设计、编码和测试。面向对象开发方法的案例为广告管理系统，采用 UML 的用例图、类图、顺序图、状态图等实现系统开发。

14.1　面向过程开发案例——学生宿舍管理系统

面向过程开发是从系统需求分析着手，进行数据库的概念设计、逻辑设计和物理实现，对系统进行总体设计和模块设计、编程、调试，完成各个环节相关文档。

（1）需求分析

本阶段根据系统的需求分析确定数据库的设计目标，收集数据库应用环境下该系统所需要的基础数据以及对这些数据的具体处理要求，确定用户的需求。用户对数据库的需求包括以下几点：

1）信息需求。即在数据库中需要存储哪些数据。

2）处理需求。在设计中要求确定系统应该实现的功能。

本阶段系统的分析采用功能模块分解图，数据流图等技术实现。

（2）软件设计

依据需求分析的结果，确定系统由哪些模块组成以及模块之间的相互关系，包括接口设计、数据结构设计、数据库设计和过程设计等内容。其中，数据库设计包括概念设计和逻辑设计。

1）概念设计。

● 数据抽象。即根据需求分析的结果，抽取出与系统相关的特性，运用 E-R 方法，根据概念模式设计系统的局部 E-R 模型。

● 设计全局概念模式。分析局部 E-R 模型，解决各个 E-R 模型关于对象定义不一致的问题，对各个 E-R 模型进行合并优化，最终形成数据库的全局概念模式。

2）逻辑设计。逻辑设计主要完成数据库表的建设，注明主码、外码，并作说明。具体内容如下所示：

● 初始关系模式。将全局概念模式（E-R 图）转换成初始的关系模式。

● 关系模式的规范化处理。根据数据库设计要求的规范级别，逐一分析各个关系模式是否满足规定的范式。

3）系统实现与测试。系统实现与测试主要实现将详细分析的结果翻译成符合编程语言的指令序列。另外，采用合适的数据库管理系统进行物理结构设计，即说明索引、数据物理储存位置等信息，一般采用 SQL Server 2000、MySQL、Oracle 或其他数据库管理系统实现数据库中表、视图、存储过程、触发器等的建设，完成各种查询，对数据库进行维护操作。

14.1.1 需求分析

学生宿舍管理系统主要用于学生住宿信息的管理，用户分为宿舍管理员和本宿舍楼的学生。其中，宿舍管理员能查询宿舍楼的所有相关信息，包括某一学号的学生在宿舍楼中住宿的详细信息，快递收发的所有信息，报修的所有信息，夜归的详细信息和学生离返校的信息。并能在学生基本信息发生变化时，对其进行修改。比如，某些同学搬到其他的宿舍中去，他们在本宿舍楼中相应的记录就应该删去；或者学生转换专业，他们记录中院系的信息也要作相应的修改等。当宿舍楼的电话号码发生变更时，宿舍楼管理员能根据有关证明做出修改。当快递到达本宿舍楼时，宿舍楼管理员应依据到达快递的相关信息在快递信息中插入一条记录，当同学们接收快递后，管理员应登记快递的接收时间，表明该信件已成功到达收信人的手中。当宿舍财产报修及时解决后，管理员应登记解决时间，表明该报修问题已成功解决。

本宿舍楼的学生能查询其所在的宿舍的所有信息，能查询本楼的指定宿舍的电话号码以利于同楼宿舍间的通信。能查询自己的快递信息。能查询自己的夜归记录和离返校记录。并在报修信息表中插入报修信息，表示本宿舍的财产发生了损毁需要学校派人维修。学生离校时，能在离返校记录表中插入离校时间；学生返校后，能在离返校记录表中插入返校时间，表示已经回校。

学生宿舍管理系统包括如下信息：

（1）学生基本信息（学号、宿舍号、入住时间）

（2）宿舍基本信息（宿舍号、入校时、宿舍电话号码）

（3）宿舍财产信息（电灯、床铺、柜子、桌椅等，为每种财产分配不同的财产号）

（4）快递收发信息（接收信件的学生姓名、宿舍号、多少封信件、接收信件的时间）

（5）报修信息（报修的宿舍号、损坏的财产编号、报修时间、损坏原因、解决时间）

（6）夜归信息（晚归学生姓名、宿舍号、时间和晚归原因）

（7）离校信息（离校的同学应登记离校时间，待返校后记录返校时间）

下面给出系统的数据流图与数据字典，主要包括报修、快递、离返校、夜归等数据流图。报修的数据流图如图 14-1 所示。

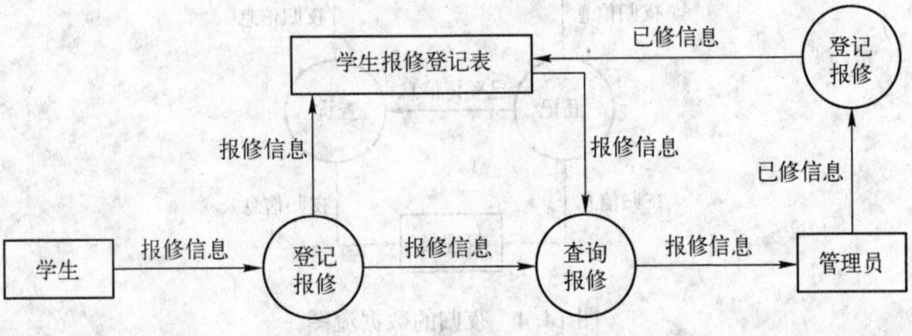

图 14-1　报修的数据流图

快递的数据流图如图 14-2 所示。

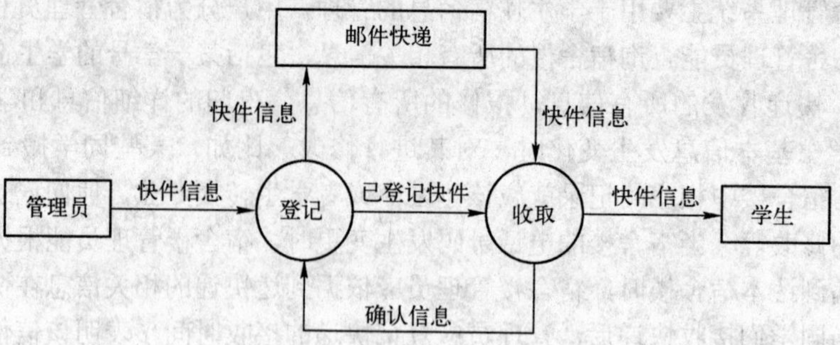

图 14-2　快递的数据流图

离返校的数据流图如图 14-3 所示。

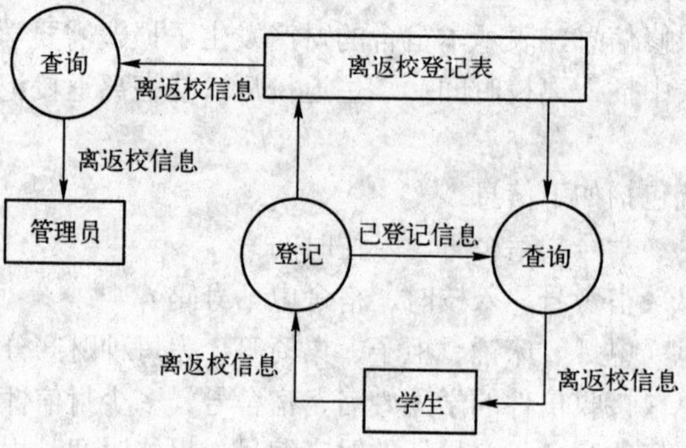

图 14-3　离返校的数据流图

夜归的数据流图如图 14-4 所示。

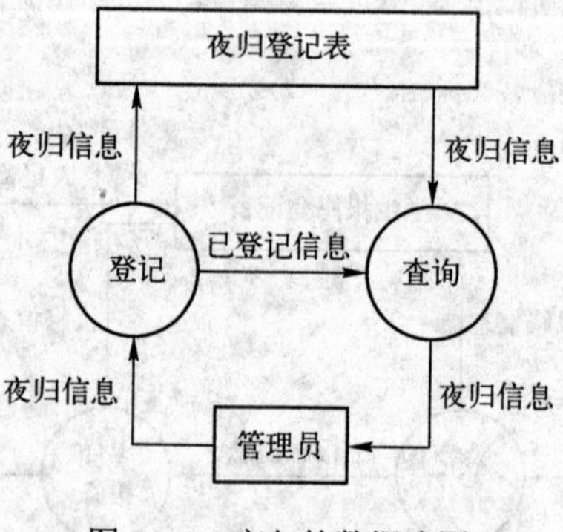

图 14-4　夜归的数据流图

完整的数据流图如图 14-5 所示。

学生宿舍管理系统的数据字典包括数据项、数据流、数据存储等信息描述。数据项描述如表 14-1 所示。

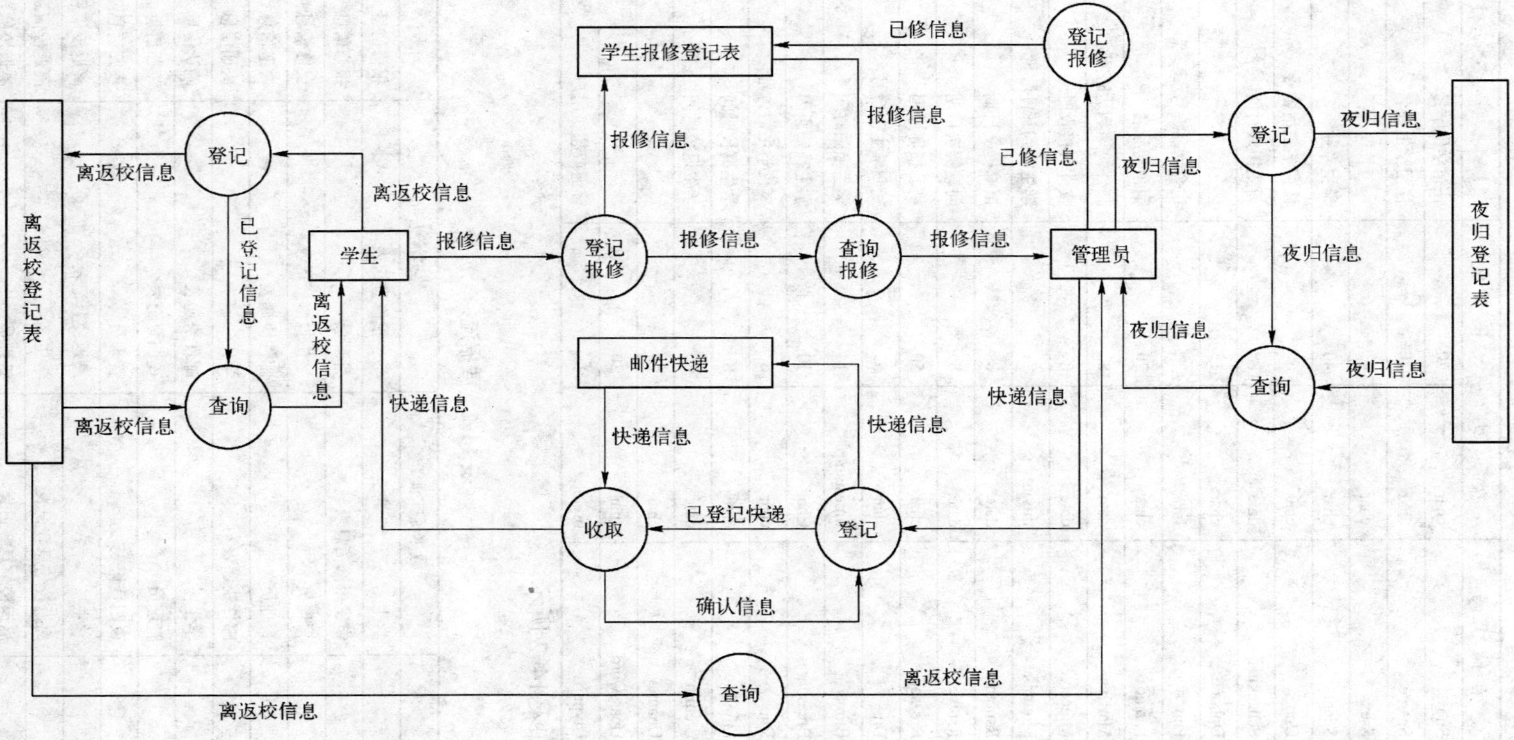

图14-5　完整的数据流图

表 14-1 数据项

属性名	存储代码	类型	长度	备注
学号	Sno	char	20	住宿学生学号
姓名	Sname	char	20	住宿学生姓名
性别	Ssex	char	4	
专业	Sdept	char	40	学生专业
宿舍号	Dno	char	6	住宿学生宿舍号
入住时间	Scheckin	date	8	新生搬入时间
宿舍电话	Dphone	char	15	
物品号	Pno	Int	2	宿舍物品编号
物品名	Pname	char	20	宿舍物品名
到达时间	Marrive	date	8	邮件快递到达时间
接收时间	Mreceive	date	8	收件人接收时间
邮件数量	Mnumber	tinyint	2	学生收到邮件数量
提交日期	Rsubmit	date	8	报修提交日期
解决日期	Rsolve	date	8	问题解决日期
报修原因	Rreason	char	50	物品损坏原因
宿舍号	Dno	char	6	晚归学生宿舍号
晚归时间	Btime	timestamp	14	学生晚归时间
晚归原因	Breasonr	Char	10	学生晚归原因
宿舍号	Dno	char	6	离校学生宿舍号
离校时间	Ltime	date	8	学生离校时间
返回时间	Lreturn	date	8	学生返校时间
用户 ID	Uname	char	20	
用户密码	Upassword	char	20	
用户类型	Utype	tnyint	1	普通或超级用户

数据流描述如表 14-2 所示。

表 14-2 数据流

数据流名	数据流来源	数据流去向	组成
登记报修信息	学生	学生报修登记表	报修信息
查询报修信息	学生报修信息表	管理员	报修信息
登记已修信息	管理员	学生报修登记表	已修信息
登记快件信息	管理员	邮件快递表	快递信息
收取快递信息	邮件快递表	学生	快递信息
登记确认信息	学生	邮件快递表	确认信息
登记夜归信息	管理员	夜归登记表	夜归信息
查询夜归信息	夜归登记表	管理员	夜归信息
登记离返校信息	学生	离返校登记表	离返校信息
查询离返校信息	离返校信息登记表	学生	离返校信息
查询离返校信息	离返校信息登记表	管理员	离返校信息

数据存储描述如下表 14-3 所示。

表 14-3　存储过程

数据存储名	数据流来源	数据流去向	组成
学生报修登记表	报修信息 已修信息	报修信息	报修信息 已修信息
邮件快递表	收取快递信息	快递信息 确认信息	快递信息 确认信息
夜归登记表	夜归信息	夜归信息	夜归信息
离返校登记表	离返校信息	离返校信息	离返校信息

处理过程描述如下表 14-4 所示。

表 14-4　处理过程

处理过程名	数据流来源	数据流去向
登记报修	登记报修信息	确认报修信息
查询报修	查询报修信息	确认报修信息
登记已修信息	已修信息	已修信息
收取快递	快递信息	快递信息
登记快递信息	快递信息	快递信息
登记夜归	夜归信息	夜归信息
查询夜归	夜归信息	夜归信息
登记离返校信息	离返校信息	离返校信息
查询离返校信息（管理员）	离返校信息	离返校信息
查询离返校信息（学生）	离返校信息	离返校信息

14.1.2　软件设计

数据库设计分为概念设计和逻辑设计。根据数据字典的数据项设计出系统的各个局部 E-R 模型，对各个 E-R 模型进行合并优化等，形成全局概念模式。学生宿舍管理系统包括住宿信息子系统、报修子系统、收取快递子系统、离返校子系统和夜归管理子系统等。其中，住宿信息子系统涉及宿舍和学生两张表，如图 14-6 所示。

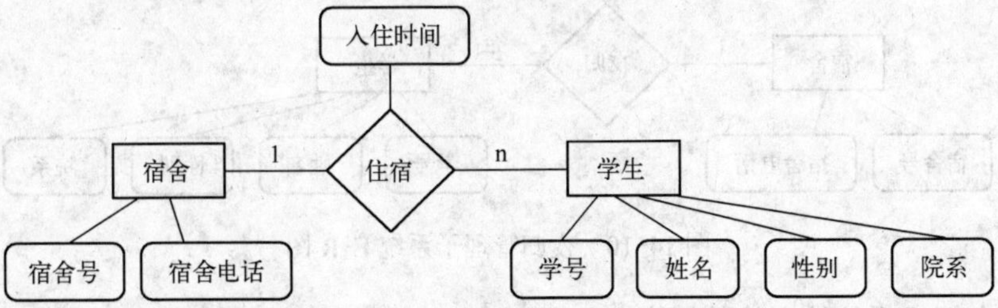

图 14-6　住宿信息子系统 E-R 图

报修子系统涉及宿舍和财产两张表，如图 14-7 所示。

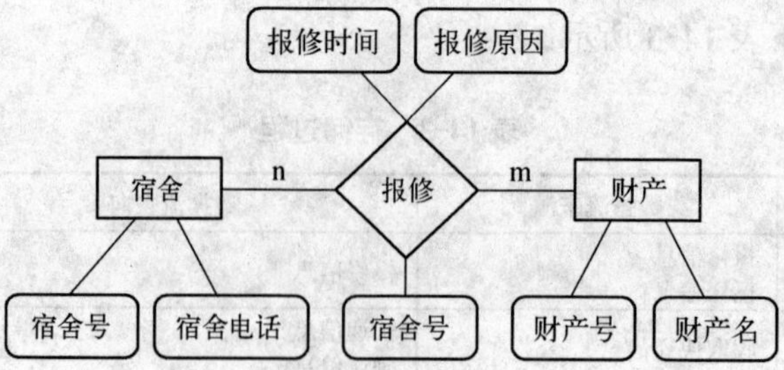

图 14-7　报修子系统 E-R 图

收取快递子系统涉及快递和学生两张表，如图 14-8 所示。

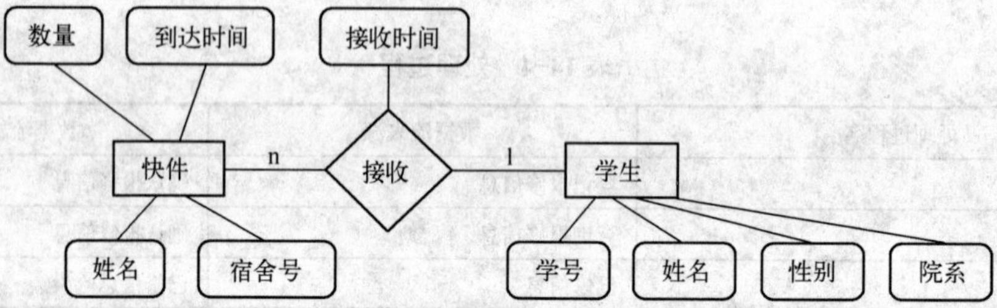

图 14-8　收取快递子系统 E-R 图

离返校子系统、夜归管理子系统的数据库关系表分别如图 14-9、图 14-10 所示。

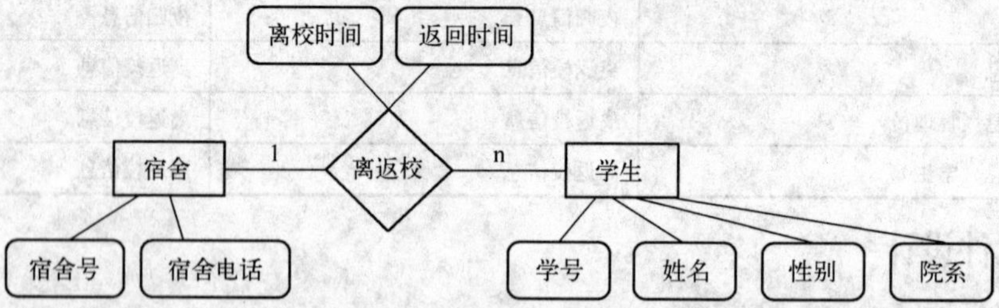

图 14-9　离返校子系统 E-R 图

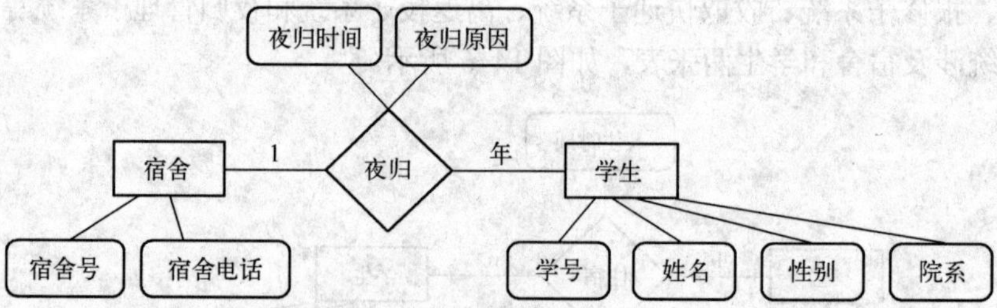

图 14-10　夜归管理子系统 E-R 图

学生宿舍管理系统的完整数据库 E-R 图如图 14-11 所示。

学生宿舍管理系统的逻辑设计阶段主要根据关系模式的规范化处理，逐一分析各个关系模式是否满足规定的范式。学生宿舍管理系统包括如下实体，其中画下画线的为主键，下面的关系模式均为 BCNF。

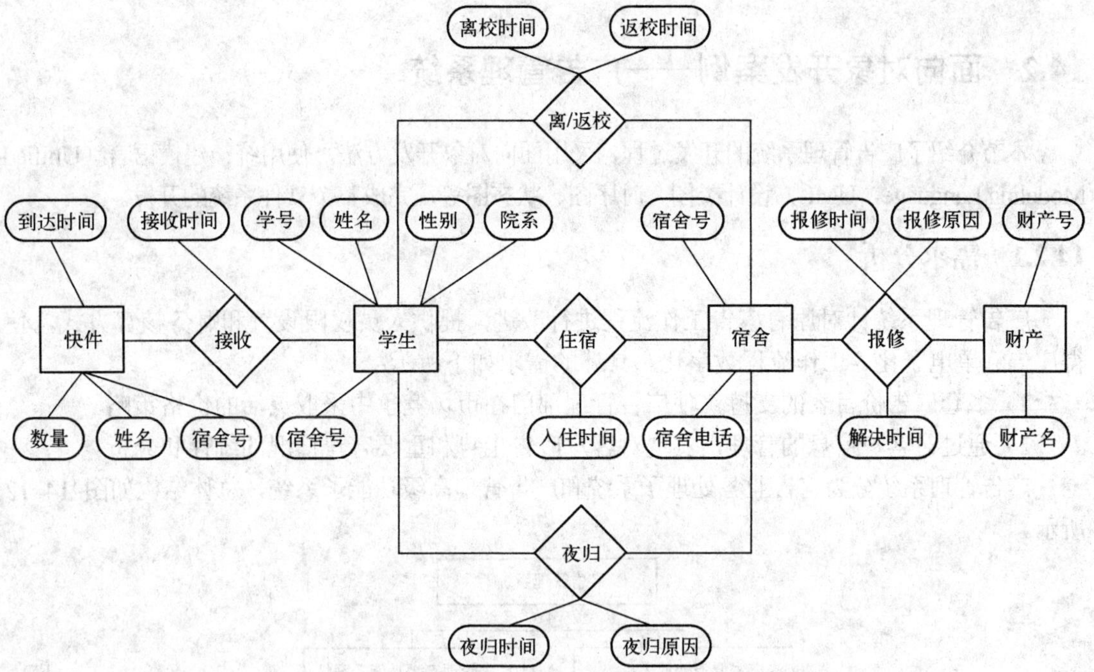

图 14-11　整个系统 ER 图

（1）学生（学号，姓名，性别，专业，宿舍号，入住时间）
（2）宿舍（宿舍号，宿舍电话）
（3）宿舍财产（物品号，物品名）
（4）邮件快递（姓名，宿舍号，到达时间，接收时间，邮件数量）
（5）报修（宿舍号，物品号，提交日期，解决日期，报修原因）
（6）夜归（学号，宿舍号，晚归时间，晚归原因）
（7）离校（学号，宿舍号，离校时间，返回时间）
学生宿舍管理系统包括如下视图：
学生信息视图（学号，姓名，性别，院系，宿舍号，宿舍电话）
财产报修视图（宿舍号，财产名，报修时间，处理时间，报修原因）
学生夜归视图（学号，姓名，性别，院系，宿舍号，时间，夜归原因）
学生离校视图（学号，姓名，性别，院系，宿舍号，离校时间，返校时间）
学生在校视图（学号，姓名，性别，院系，宿舍号，宿舍电话）

14.1.3　系统实现

数据库的物理实现可以采用具体的数据库管理系统，如 SQL Server、MySQL、Oracle 等，也可采用 PowerDesigner 完成，主要实现如下内容：

1）系统自动在每个表的主码上建立索引。

2）在 STUDENT 表 SNAME 列上建立 STU_SNAME 索引，因为查询操作很多都是通过学生的姓名属性进行的，这样可以提高查询速度。

14.2 面向对象开发案例——广告管理系统

本节介绍了广告管理系统的开发过程，采用面向对象开发方法，使用统一建模语言（Unified Modeling Language，UML）设计类图、时序图、状态图等，完成整个软件系统的开发。

14.2.1 需求分析

广告管理系统针对原有广告工作流程进行改进，提供人员权限设置和财务核算方式，使得广告订单电子化、工作流程数字化。具体的需求如下所示：

1）多套广告价目表的支持，使广告管理部门在市场竞争中采取灵活的价格策略。

2）通过对客户信息的管理，实现对客户广告走势和重要客户情况的统计和分析。

广告管理系统分为广告业务处理子系统和广告管理高级功能子系统，总体结构如图 14-12 所示。

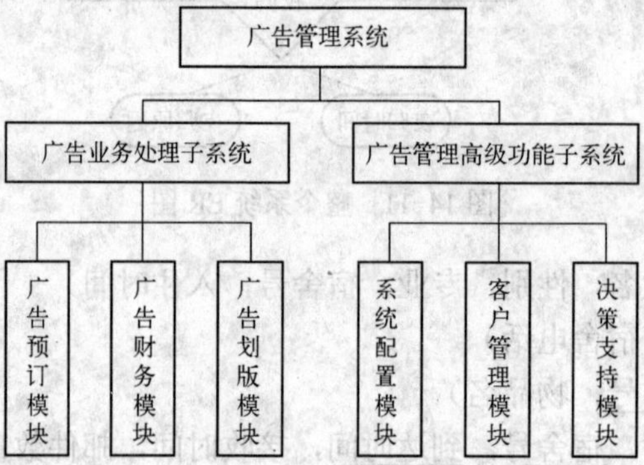

图 14-12 广告管理系统总体结构图

14.2.2 软件设计

下面通过 UML 分析广告管理系统，绘制用例图、类图、顺序图、协作图等，具体如下所示：

广告管理系统分为预订子系统、财务子系统、划版子系统、系统管理子系统、客户管理子系统和决策支持子系统。广告管理系统的客户分为代理公司和个人用户，代理公司是指与报刊签订一段时间的特定类型广告代理机构，该报刊广告通过代理公司这个渠道进入系统，称为代理广告，代理广告涉及与代理公司的合同履行情况跟踪；而一般客户主要是指没有通过代理公司的企业或者个人广告客户。

广告管理系统的用例图如图 14-13 所示，与系统交互的单元包括预订员、划版员、财务员、业务员、系统管理员和集团领导以及外部数据源。

广告管理系统的完整类图如图 14-14 所示。

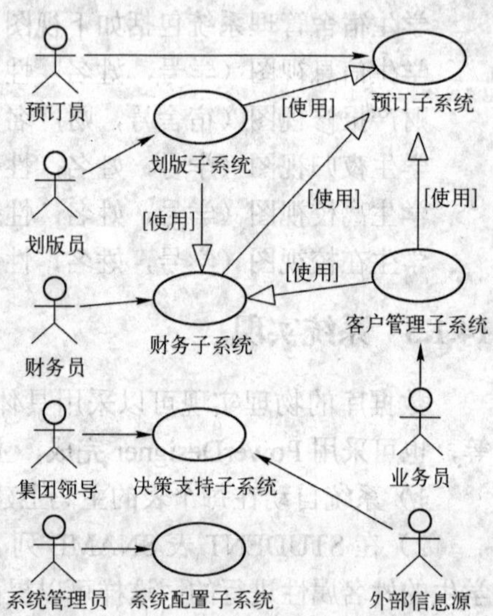

图 14-13 广告管理系统业务用例框图

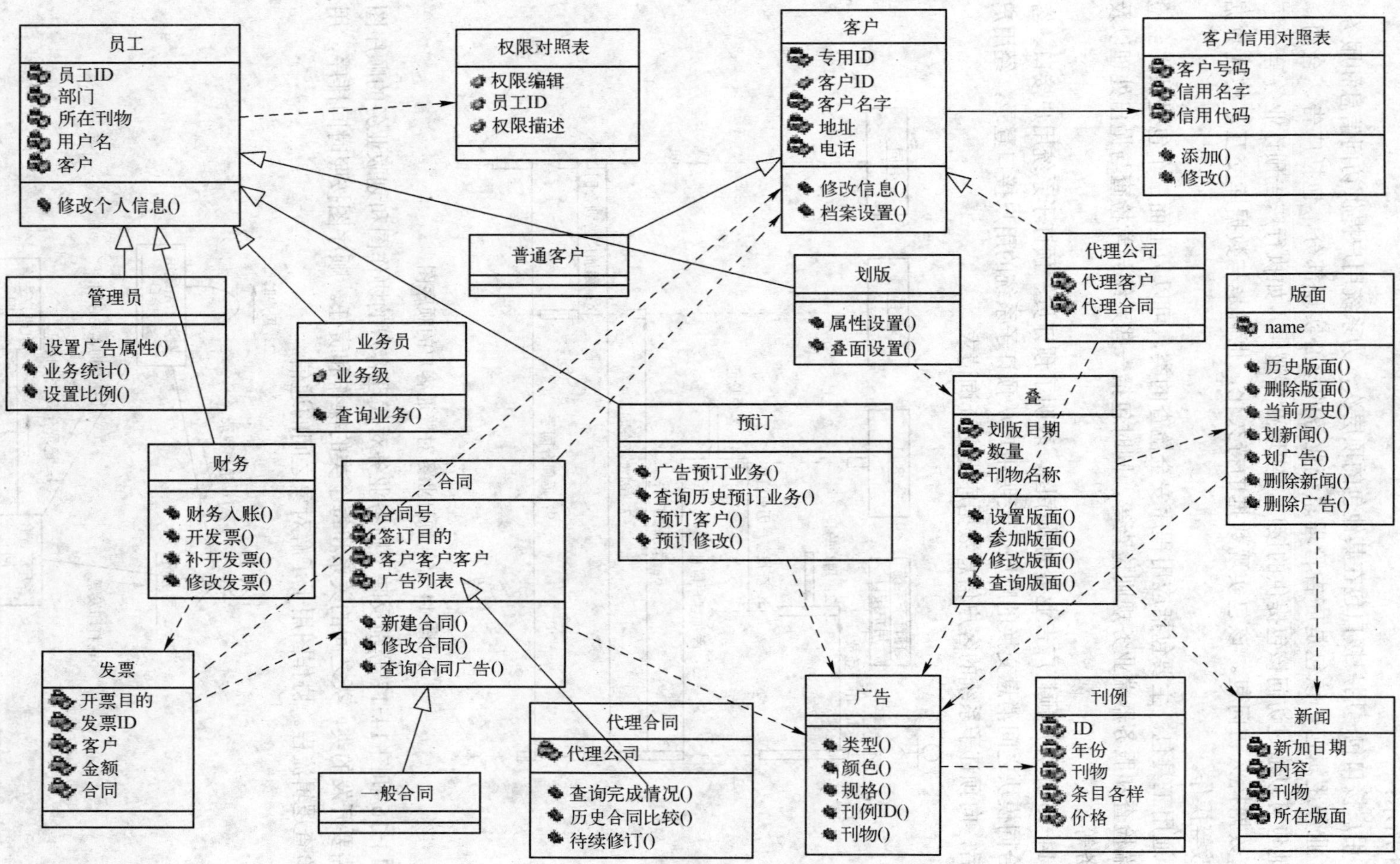
员工
员工ID
部门
所在刊物
用户名
客户
修改个人信息()
权限对照表
权限编辑
员工ID
权限描述
客户
专用ID
客户ID
客户名字
地址
电话
修改信息()
档案设置()
客户信用对照表
客户号码
信用名字
信用代码
添加()
修改()
普通客户
划版
属性设置()
叠面设置()
代理公司
代理客户
代理合同
版面
name
历史版面()
删除版面()
当前历史()
划新闻()
划广告()
删除新闻()
删除广告()
管理员
设置广告属性()
业务统计()
设置比例()
业务员
业务级
查询业务()
预订
广告预订业务()
查询历史预订业务()
预订客户()
预订修改()
叠
划版日期
数量
刊物名称
设置版面()
参加版面()
修改版面()
查询版面()
财务
财务入账()
开发票()
补开发票()
修改发票()
合同
合同号
签订目的
客户客户客户
广告列表
新建合同()
修改合同()
查询合同广告()
发票
开票目的
发票ID
客户
金额
合同
一般合同
代理合同
代理公司
查询完成情况()
历史合同比较()
待续修订()
广告
类型()
颜色()
规格()
刊例ID()
刊物()
刊例
ID
年份
刊物
条目各样
价格
新闻
新加日期
内容
刊物
所在版面

图14-14　系统类图

广告管理系统架构设计包括用户接口包、业务逻辑包、数据持久访问包和通用工具包，具体如下所示：

1）用户接口包。用户接口包在其他包的顶层次，为系统用户提供访问信息和服务。

2）业务逻辑包。该包是广告管理系统业务的核心实现部分，包括广告、合同、客户等，其他包可以通过访问该包提供的接口，实现业务逻辑，如执行广告预订业务等。

3）数据持久访问包。该包实现数据的持久化，也就是与数据库交互，实现数据的存取、修改等操作。

4）通用工具包。主要包括应用程序安全检查的类，可以为上面三个包提供安全检查，如客户端检查和服务器端业务规则检查等，同时包括一些系统异常检查与抛出处理以及系统日志服务等。

图 14-15 是客户预订广告业务的顺序图，表明了预订员、预订子系统用户接口、客户、广告和合同模块之间消息交换的顺序，表明用户从预订子系统的用户接口登录，经用户合法性验证后，向预订子系统的客户信息数据库提交查询请求。

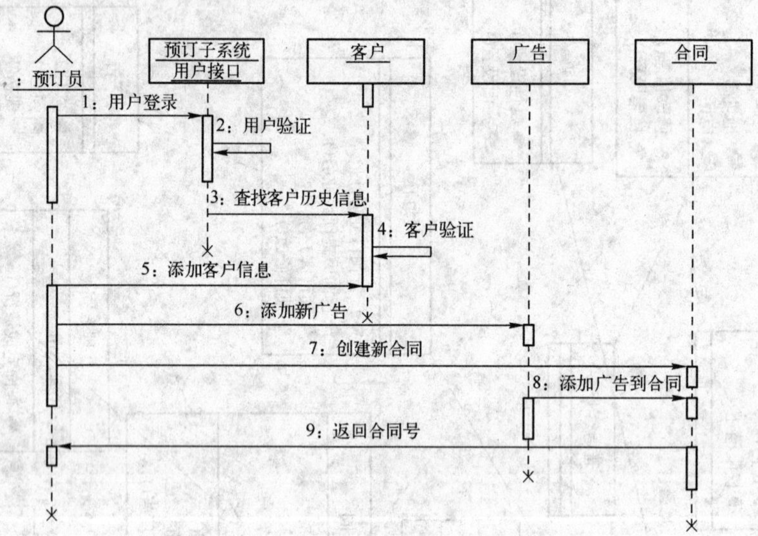

图 14-15　预订业务对普通客户的顺序图

图 14-16 和图 14-17 分别反映了财务业务对代理客户的协作图和划版业务的顺序图，用于确定需要开发的类，类之间的关系和每个类的操作和责任。顺序图按照时间排序，用于通过情景检查逻辑流程。协作图用于了解对象之间的通信。

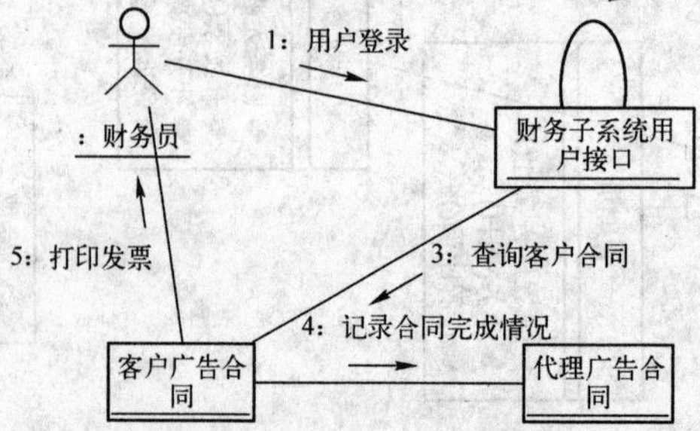

图 14-16　财务业务对代理客户的协作图

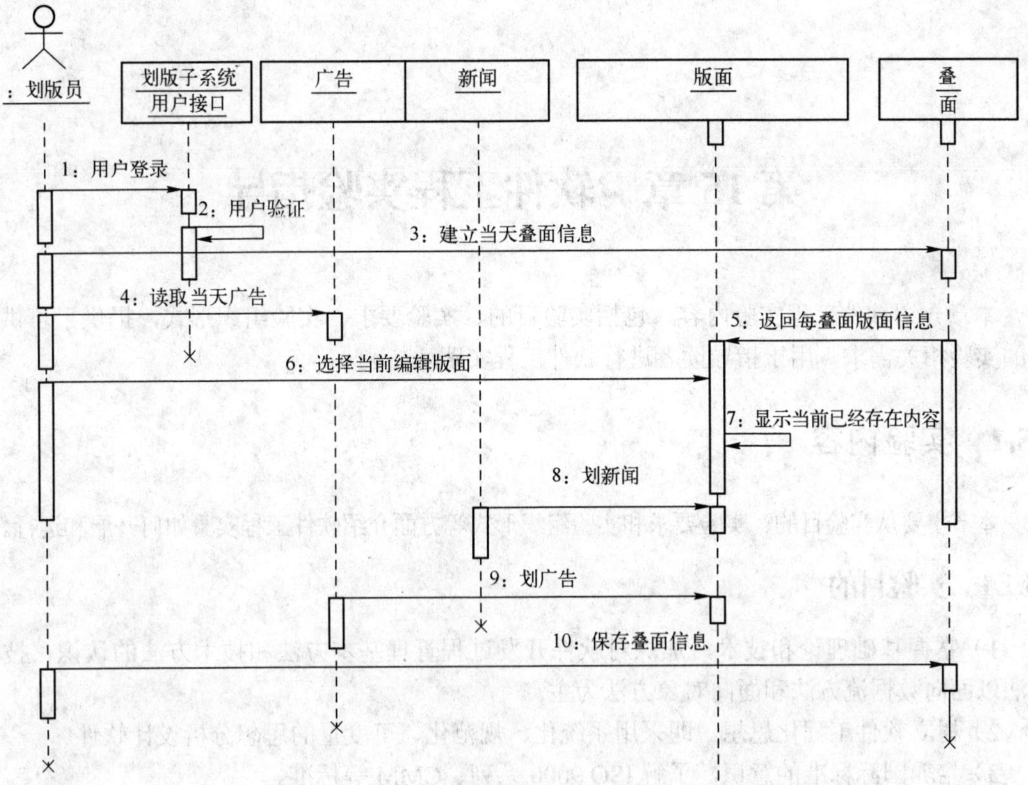

图 14-17　划版业务的顺序图

通过部署图完成界面、业务逻辑、数据库三层逻辑结构，编写源代码实现系统，其后，对系统进行测试和排错，发布和维护。

14.2.3　系统实现

采用 Rational Rose 等 UML 建模软件实现软件系统的各种图形，并且可以自动转化成符合 C++、Java 等语言和系统的代码。

小结

本章介绍了学生宿舍管理系统和广告管理系统。学生宿舍管理系统采用面向过程的分析方法，通过数据词典、数据流图和 E-R 图完成系统的开发过程。广告管理系统采用面向对象的分析方法，运用 UML 分析与设计完成软件系统的开发。

习题

1．结构化设计有哪些技术？
2．面向对象设计方法与结构化设计方法的区别是什么？
3．实现本章的两个案例。

第 15 章　软件工程实验指导

本章介绍软件工程实验内容，包括实验目的、实验要求、实验组织形式，提供了可供选择的实验相关需求，用于指导读者进行软件工程实践。

15.1　实验内容

本节主要从实验目的、实验要求和实验组织形式等方面介绍软件工程实验如何开展和运行。

15.1.1　实验目的

1）掌握基础理论和技术，加深对软件开发过程管理基本方法和技术方法的认识，技术方法以面向数据流方法和面向对象方法为主。

2）树立软件工程化思想，即采用系统化、规范化、可度量的思想分析设计软件。

3）培养国际标准的意识，了解 ISO 9000 系列、CMM 等标准。

4）锻炼团队合作精神，以小组为单位分工协作。

15.1.2　实验要求

1）理解软件工程的基本概念，熟悉软件、软件生存周期及其各阶段的定义和内容。

2）熟悉软件工具和软件开发环境的基本概念及其分类。

3）了解主流的软件工具和软件开发环境产品。

4）了解软件文档管理的基本要求。

15.1.3　实验组织形式

采用项目经理制，每组一名组长，管理整个项目的实施过程，并合理调整资源和项目全局，根据项目的难易分配组员及相应任务。

软件工程实验具体要求如下：

1）班级按项目小组进行分组，每组 4～6 人，分工合作，共同完成该项目任务，给出实验报告、程序源代码。

2）由项目经理召集项目组成员讨论、选定开发项目。

3）题目可采用 15.1.2 中的题目或自定，通过调查研究、可行性研究、需求分析、总体设计、详细设计、编码、测试及维护等一系列阶段开发项目，学生结合所学习的理论知识，完成设计。

15.2 实验题目

本节给出了一些实验题目的需求，如工资管理系统、学校课程、安排系统、学校教材订购系统，实验设备管理系统、机票预定系统，便于学生在软件工程的学习中能理论联系实践，团结合作有的放矢。

15.2.1 工资管理系统需求

（1）系统简介

学校共有教职工约 1000 人，10 个行政部门和 8 个系。每个月 20 日前各个部门（包括系和部门）要将出勤情况上报人事处，25 日前人事处将出勤工资、奖金及扣款清单送到财务处。财务处于每个月月底将教职工的工资表做好并将数据送银行。每个月 10 日将工资条发给每个部门。若有教职工调入或调出、校内调动、离退休等变化情况，则由人事处通知相关部门和财务处。

（2）要求条件

1）本系统的数据存储至少包括：工资表、部门汇总表、扣税款表、银行发放表等。

2）除人事处、财务处外，其他职能部门和系名称可以简化表示。

3）工资、奖金、扣款细节由学生自定义。

（3）实验步骤

1）先对系统进行系统分析，确定技术、经济和操作可行性，画出该系统的逻辑模型。

2）对该系统进行需求分析，完善数据流图，再将其细化。

3）选择软件设计方案，对软件进行结构设计，画出该软件的结构图。

4）对该系统进行总体设计，设计该系统的人机交互界面。

5）使用 OOP 语言。

6）实现系统的添加、删除、修改及查询等基本功能。

7）为该系统添加身份验证登录界面，以提高其安全性。

8）考虑该系统是否可以在网络上实现互联。

9）测试该系统的功能和性能是否满足用户的需求。

15.2.2 学校课程安排系统需求

（1）系统简介

每个学期的期中，学校教务处向各个学院发出下学期的教学计划，包括课程名称、课程代码、课时、班级类别（本科、专科、成人教育、研究生）、班号等；学院教学主管人员根据教学任务和要求给出各个课程的相关限制（如任课教师的职称、上课的班数、最高和最低周学时数等）；任课教师自报本人授课计划，经所在教研室协调，将教学计划上交学院主管教学计划的人员，批准后上报学校教务处，最终由教务处给出下个学期全学院教师的教学任务书。

（2）要求条件

1）每位教师的主讲课程不超过 2 门 / 学期；讲师以下职称的教师不能承担主讲任务。

2）学院中层干部的主讲课时不能超过 4 学时 / 周。

3）本学期出现严重教学事故的教师不能承担下学期的主讲任务。

4）本系统的输入项至少包括：教务处布置的教学计划，学院教师自报的授课计划和学院定的有关授课限制条件。

5）本系统的输出项至少包括：教务处最终下达全院教师的教学任务书和学院各个班级下学期的课程表。

15.2.3 学校教材订购系统需求

（1）系统简介

本系统分为两个子系统：销售系统和采购系统。销售系统的主要工作过程为：先由教师或学生提交购书单，经教材发行人员审核是有效购书单后，开发票、登记并返给教师或学生领书单，教师或学生到书库领书。采购系统的主要工作过程为：若是教材脱销，则登记缺书，发缺书单给书库采购人员；一旦新书入库后，即发进书通知给教材发行人员。

（2）要求条件

1）当书库中书籍数量发生变化（包括进书和出书）时，都应修改相关的书库记录，如库存表或进 / 出库表。

2）在实现销售和采购的工作过程时，需进行相关的合法性验证。

3）系统的外部项至少包括：教师、学生和教材工作人员。

4）系统的相关数据存储至少包括：购书表、库存表、缺书登记表、待购教材表、进库表和出库表。

15.2.4 实验室设备管理系统需求

（1）系统简介

学校每学年要对实验室设备使用情况进行统计、更新。其中：

1）对已彻底损坏的设备进行报废处理，同时详细记录有关信息。

2）对严重故障的设备及时修理，并记录修理日期、设备名、编号、修理厂家、修理费用、责任人等。

3）对新设备，需以“申请表”的形式送交上级领导请求批准购买。新设备购入后要立即进行设备登记（包括类别、设备名、编号、型号、规格、单价、数量、购置日期、生产厂家、保质期和经办人等信息），同时更新申请表的内容。

4）对现有设备及其修理、报废情况能够按类别和时间段等进行统计和查询。

（2）要求条件

1）所有工作由专门人员负责完成，其他人不得任意使用。

2）每件设备在做入库登记时均由系统按类别自动顺序编号以形成设备号；设备报废时要及时修改相应的设备记录，且由领导认可。

3）本系统的数据存储至少包括：设备记录、修理记录、报废记录、申请购买记录。

4）本系统的输入项至少包括：新设备信息、修理信息、申请购买信息、具体查询统计要求。

5）本系统的输出项至少包括：设备购买申请表、修理 / 报废设备资金统计表。

15.2.5 机票预订系统需求

（1）系统简介

各个旅行社把预订机票的旅客信息（姓名、性别、工作单位、身份证号码（护照号码）、旅行时间、旅行始发地和目的地，航班舱位要求等）输入到系统中，系统为旅客安排航班。当旅客交付了预订金后，系统打印出取票通知和账单给旅客，旅客在起飞前一天凭取票通知和账单交款取票，系统核对无误即打印出机票给旅客。此外航空公司为随时掌握各个航班的乘载情况，需要定期进行查询统计，以便适当调整。

（2）要求条件

1）每条航线所涉及的信息有：终点站名、航班号、飞机号、飞行周日（星期几）、成员定额、余票量、已订票的客户名单（包括姓名、订票量、舱位等级）以及等候替补的客户名单（包括姓名、所需票量）。

2）系统应实现的操作和功能如下：

● 查询航线。根据旅客提出的终点站名输出下列信息：航班号、飞机号、星期几飞行，最近一天航班的日期和余票量。

● 承办订票业务。根据客户提出的要求（航班号、订票数额）查询该航班票额情况，若尚有余额，则为客户办理订票手续，输出座位号；若已满员或余票额少于订票额，则需要重新询问客户要求。若需要，可登记排队候补。

● 承办退票业务。根据客户提供的情况（日期、航班），为客户办理退票手续，然后查询该航班是否有人排队候补，首先询问排在第一的客户，若所退票额能满足他其求，则为其办理订票手续，否则依次询问其他排队候补的客户。

小结

本章介绍软件工程实验的相关内容，实验组织形式按项目小组进行分组，每组 4～6 人，分工合作，共同完成该项目任务，给出实验报告、程序源代码。给出了一些可以选择的实验题目，目的是让学生对软件开发过程的管理方法和技术方法有所认识，技术方法以面向数据流方法和面向对象方法为主。

习题

1．软件工程实验目的是什么？

2．软件工程实验组织形式是什么？

3．选择实验题目，完成实验要求。

参 考 文 献

[1] 韩万江，等．软件项目管理案例教程[M]．2版．北京：机械工业出版社，2009.

[2] 张海藩．软件工程导论[M]．5版．北京：清华大学出版社，2008.

[3] 齐治昌．软件工程[M]．2版．北京：高等教育出版社，2004.

[4] 孙慧．项目成本管理[M]．北京：机械工业出版社，2009.

[5] 阳王东．软件项目管理方法与实践[M]．北京：中国水利水电出版社，2009.

[6] Frederick P Brooks.人月神话[M]．汪颖，译．北京：清华大学出版社，2002.

[7] 朱少民．韩莹．软件项目管理[M]．北京：人民邮电出版社，2009.

[8] 董越．未雨绸缪——理解软件配置管理[M]．北京：电子工业出版社，2012.

[9] 徐晓春，李高健．软件配置管理[M]．北京：清华大学出版社，2002.

[10] 林锐．软件工程与项目管理解析[M]．北京：电子工业出版社，2003.

[11] 张青．软件工程项目管理[M]．北京：电子科技大学出版社，2006.

[12] 沈建明．项目风险管理[M]．2版．北京：机械工业出版社，2010.

[13] 忻展红．IT 项目管理[M]．北京：北京邮电大学出版社，2006.

[14] 刘海，周元哲，陈燕．软件项目管理[M]．北京：机械工业出版社，2012.

[15] 周元哲．软件测试[M]．北京：清华大学出版社，2013.

[16] 普雷斯曼．软件工程——实践者的研究方法[M]．郑人杰，译．北京：机械工业出版社，2011.

[17] 王英龙，张伟，杨美红．软件测试技术[M]．北京：清华大学出版社，2009.

[18] 王曙燕．C 语言程序设计[M]．北京：科学出版社，2005.

[19] 周元哲，张庆生，王伟伟，等．软件测试案例教程[M]．北京：机械工业出版社，2013.

[20] 周元哲．Visual Basic.NET 程序设计[M]．西安：西安电子科技大学出版社，2014.

[21] 孙家广．软件工程——理论、方法与实践[M]．北京：高等教育出版社，2008.